W0370109

Angerer/Nettekoven

Übungsbuch zu Grundlagen der Finanzierung

Übungsbuch zu Grundlagen der Finanzierung

verstehen – berechnen – entscheiden

von

Ass.-Prof. Dr. Martin Angerer
Universität Liechtenstein

Ass.-Prof. Dipl.-Ing. Dr. Michaela Nettekoven
Wirtschaftsuniversität Wien

1. Auflage

Linde
international

Zitiervorschlag: *Angerer/Nettekoven*, Übungsbuch zu Grundlagen der Finanzierung (2015) Seite

Bibliografische Information der Deutschen Nationalbibliothek

Die Deutsche Nationalbibliothek verzeichnet diese Publikation in der Deutschen Nationalbibliografie; detaillierte bibliografische Daten sind im Internet über http://dnb.d-nb.de abrufbar.

Hinweis: Aus Gründen der leichteren Lesbarkeit wird auf eine geschlechtsspezifische Differenzierung verzichtet. Entsprechende Begriffe gelten im Sinne der Gleichbehandlung für beide Geschlechter.

ISBN 978-3-7143-0288-2 (Print)
ISBN 978-3-7094-0735-6 (E-Book-PDF)

1210 Wien, Scheydgasse 24, Tel.: 01/24 630
www.lindeverlag.de

Satz: Autoren

Druck: Hans Jentzsch & Co GmbH
1210 Wien, Scheydgasse 31
Dieses Buch wurde in Österreich hergestellt.

PEFC
PEFC/06-39-15

PEFC zertifiziert
Dieses Produkt stammt aus nachhaltig bewirtschafteten Wäldern und kontrollierten Quellen
www.pefc.at

Gedruckt nach der Richtlinie „Druckerzeugnisse" des Österreichischen Umweltzeichens, Druckerei Hans Jentzsch & Co GmbH, UW Nr. 790

mit biologischen Druckfarben
Jentzsch

Vorwort

Mit dem vorliegenden Buch möchten wir Studierende beim Lernen und Vertiefen der Inhalte des Lehrbuchs „Grundlagen der Finanzierung: verstehen – berechnen – entscheiden“ von Geyer, Hanke, Littich und Nettekoven, das mit Wintersemester 2015/16 in der 5. Auflage erscheint, unterstützen. Der Fokus liegt darauf, Studierende besser auf die Leistungsüberprüfungen vorzubereiten und ihr nachhaltiges Verständnis des Lernstoffes zu fördern. Als zweite Zielgruppe sollen auch Vortragende in der Vermittlung der theoretischen Inhalte als auch der notwendigen rechnerischen Fertigkeiten unterstützt werden.

Warum ein Übungsbuch?

Die Idee zur Erstellung dieses Übungsbuches entstand einerseits auf Basis zahlreicher Rückmeldungen von Studierenden der letzten Semester und andererseits aufgrund persönlicher Erfahrungsberichte von Vortragenden. Wir hoffen, mit diesem das Lehrbuch ergänzenden Übungsbuch folgende Problemfelder, die aus den Rückmeldungen und Berichten abgeleitet sind, abdecken zu können:

Verbesserte Prüfungsvorbereitung:

Die im Lehrbuch gestellten Aufgaben sind – didaktisch sinnvoll – mit langsam ansteigendem Schwierigkeitsgrad gestellt. Dadurch ergibt sich jedoch, dass nur ein Teil der Übungsbeispiele tatsächlich jene Komplexität aufweist, die später in der Klausur abgefragt wird. Das vorliegende Übungsbuch liefert viele neue, anspruchsvolle Aufgaben und befriedigt damit den häufig geäußerten Wunsch der Studierenden nach mehr und schwierigeren Beispielen.

Aufgrund steigender Studierendenzahlen werden Prüfungen an vielen Universitäten entweder teilweise oder komplett in Multiple-Choice Form abgelegt. Diese Form der Prüfungsleistung erfordert nicht nur ein

Üben der Stoffinhalte, sondern auch das Üben des Prüfungsmodus selbst. Daher sind hier (im Gegensatz zum Lehrbuch) viele der Beispiele in klassischer Multiple-Choice Form gestellt und erlauben damit eine realistischere Übungssituation als Vorbereitung auf die tatsächliche Klausur.

Vertieftes Üben der Theorie:

Studierende wie Vortragende wiesen gleichermaßen darauf hin, dass während des Lernprozesses anhand von offenen Theoriefragen kaum kontrolliert werden kann, in welcher Tiefe oder mit welcher Sicherheit der Lernstoff beherrscht wird. Aus diesem Grund bietet dieses Buch vor allem auch für die Theorieinhalte Multiple-Choice Fragen an, da diese es erlauben, bestimmte komplexe Zusammenhänge gezielt abzufragen. Die Lösungen sind kurz gefasst, sodass schnell überprüft werden kann, ob die entsprechenden Konzepte verstanden wurden. Das Übungsbuch ersetzt jedoch nicht das Lehrbuch – für die Darstellung der zugrundeliegenden Konzepte und ausführliche Erklärungen sollte immer noch dieses herangezogen werden!

Lernunterlage für interaktive Lehrformen:

Die Hochschuldidaktik unterstreicht in den letzten Jahren immer mehr die Vorteile prüfungsimmanenter und interaktiver Lehrveranstaltungsformen (wie Seminare und Übungen) gegenüber Vorlesungen in Bezug auf nachhaltige Wissensvermittlung. Universitäten versuchen dies zwar umzusetzen, scheitern aber oft an der großen Anzahl Studierender. Das vorliegende Buch bietet Vortragenden die Möglichkeit, auf Basis einer breiten Aufgabensammlung interaktive Lehrveranstaltungstypen zu organisieren und durchzuführen. Denkbar wäre beispielsweise die Vorbereitung bestimmter Beispielgruppen vor einer Lehrveranstaltung, die gruppenweise Behandlung von Themenfeldern durch mehrere Studierende, wöchentliche Hausaufgaben, usw.

Besonders gut für Seminare mit kleiner Teilnehmerzahl geeignet ist auch die im Buch enthaltene umfangreiche Fallstudie, die beispielsweise von den Studierenden in Form einen kleinen Seminararbeit als Hausübung bearbeitet werden könnte.

Vernetzung der Inhalte und Realitätsnähe:

Ein Punkt, der öfter in den Rückmeldungen zum Lehrbuch erwähnt wurde, betrifft die teilweise schwer festzustellende Vernetzung der Lehrinhalte und deren realitätsnahe Anwendung. Im Lehrbuch sind solche Zusammenhänge oft schwer aufzuzeigen, da zuerst nach und nach Basiswissen in verschiedenen Bereichen vermittelt werden muss, bevor der große Zusammenhang deutlich gemacht werden kann. Das Übungsbuch setzt jedoch voraus, dass die entsprechenden Inhalte bereits erlernt wurden, und kann daher stärker vernetzte und kapitelübergreifende Beispiele anbieten. Zusätzlich findet sich am Ende des Buches eine umfangreiche dreiteilige Fallstudie, die nicht nur alle wichtigen Konzepte des Lehrstoffes verknüpft, sondern auch realitätsgetreu ein Unternehmen vom Start-up weg begleitet und damit alle wichtigen finanzwirtschaftlichen Entscheidungen in ein sinnvolles Gesamtbild setzt und verbindet.

Zur Verwendung dieses Übungsbuches

Dieses Buch kann sowohl zum selbständigen Studium als auch zur Begleitung einer interaktiven Lehrveranstaltung verwendet werden. Die Unterteilung der den Hauptteil einnehmenden Übungsaufgaben in die verschiedenen thematischen Kapitel entspricht jener des Lehrbuchs.

Wir empfehlen, sich zuerst die Inhalte mit Hilfe des Lehrbuchs (inklusive der dort behandelten Aufgaben) und/oder des Besuchs einer Lehrveranstaltung anzueignen. Anschließend können die Inhalte mit diesem Übungsbuch vertieft werden. Die Aufgaben sind hier von Anfang an mit einem höheren Schwierigkeitsgrad versehen, führen also nicht langsam in die Thematik ein. Zudem sind Antworten zu Theoriefragen zwar prinzipiell vollständig, jedoch meist sehr knapp gehalten. Dies ist zwar ausreichend, um den Wissensstand zu kontrollieren, nicht aber, um Neues dazu zu lernen. Aus diesen beiden Gründen ist es auch nicht empfehlenswert, ausschließlich dieses Übungsbuch zur Prüfungsvorbereitung zu verwenden.

Im Anschluss an die Übungsaufgaben findet sich eine dreiteilige Fallstudie, die das fiktive Unternehmen „Frozen Delight“ von der Gründung bis zur weltweiten Expansion begleitet. Die Studie folgt dabei nicht genau der thematischen Reihenfolge des Buches, sondern versucht realitätsnah Entscheidungssituationen so zu lösen, wie sie anfallen. Möchte man dennoch versuchen, die Teile den Kapiteln des Lehrbuchs zuzuordnen, so gehört Teil 1 am ehesten zu Kapitel fünf und sechs, Teil 2 zu Kapitel vier und Teil 3 zu Kapitel fünf und sieben. Die Fallstudie ist sowohl dazu geeignet, im Selbststudium einen abschließenden Wissenstest durchzuführen, als auch im Rahmen einer Lehrveranstaltung teilweise oder zur Gänze bearbeitet zu werden.

Der letzte Abschnitt des Buches enthält Lösungen zu sämtlichen Übungsaufgaben und zur Fallstudie. Die Trennung der Lösungen von den Aufgaben soll dabei das eigenständige Probieren und Rechnen fördern. Auch wenn nicht sofort das richtige Ergebnis gefunden wird, führt diese Vorgangsweise erfahrungsgemäß zu einem weit besseren Lernerfolg als ein reines „Nachvollziehen“ des Lösungsweges. In den Lösungen werden alle Rechenwege ausführlich erklärt, bei Multiple-Choice Aufgaben wird in den meisten Fällen auch bei den falschen Antwortmöglichkeiten kurz kommentiert, worin hier der Denk- oder Rechenfehler gelegen ist. In den Rechenbeispielen wurde jeweils erst das Endergebnis auf die entsprechende Anzahl der Nachkommastellen gerundet. Zwischenergebnisse wurden ungerundet weiter verwendet, auch wenn sie zur übersichtlicheren Darstellung gerundet angegeben sind. Aus dem selben Grund werden auch Währungssymbole (z.B. das Euro-Zeichen €) meistens nur in Angaben, bei Endergebnissen, oder wo es für die Erklärung besonders wichtig ist, verwendet. Steuern werden komplett vernachlässigt, um den Komplexitätsgrad nicht unnötig zu erhöhen.

Danksagungen

Unser Dank gilt allen, die an der Entstehung diese Buches direkt oder indirekt beteiligt waren. Für das Korrekturlesen und -rechnen verschiedener Fassungen des Manuskripts bedanken wir uns sehr herzlich (in alphabetischer Reihenfolge) bei: Mag.ª Cornelia Angerer, Mag.ª Christina Foltin, Wiebke Szymczak, MSc, und Mag.ª Maria Weiler. Die unzähligen Übungsbeispiele basieren teilweise auf Aufgaben, die im Laufe der Zeit mit geschätzten Kollegen und Kolleginnen zusammen erarbeitet wurden. Wir bedanken uns auch hier bei allen, können aber nur die wichtigsten namentlich erwähnen: Dr. Karl Ledermüller, Ass.-Prof. Dr. Georg Peter, Ass.-Prof. Dipl. Ing. Sebastian Stöckl, PHD und PD Dr. Thomas Stöckl. Die Verantwortung für sämtliche verbliebenen Fehler liegt natürlich ausschließlich bei den Autoren selbst. Eine laufende aktualisierte Liste von bekannt werdenden Errata findet sich im WWW unter der URL http://www.wu.ac.at/finance/buch.

Vaduz und Wien, im August 2015

Martin Angerer – Michaela Nettekoven

Inhaltsverzeichnis

Teil I

Übungsaufgaben

Kapitel 1

Grundlegendes zur Finanzwirtschaft: Übungsaufgaben

Diese Aufgaben dienen zur vertieften Wiederholung der wichtigsten Konzepte der Finanzwirtschaft. Dabei werden neben zentralen finanzwirtschaftlichen Inhalten auch die Abgrenzungen zu benachbarten Themen wie Buchhaltung und Kostenrechnung behandelt.

Übungsaufgabe 1.1:
Erläutern Sie kurz die wichtigsten Unterschiede zwischen Finanzwirtschaft und Rechnungswesen!

Übungsaufgabe 1.2:
Welche der folgenden Aussagen über den güter- und finanzwirtschaftlichen Kreislauf ist/sind richtig?

a) Der güter- und finanzwirtschaftliche Kreislauf bringt mit sich, dass Einzahlungen aus der operativen Geschäftstätigkeit in aller Regel den Auszahlungen nachgelagert sind.

b) Sind die Einzahlungen aus der operativen Geschäftstätigkeit größer als die Auszahlungen der gleichen Periode, muss dieser Finanzierungsbedarf extern gedeckt werden.

c) Finanzierungsmaßnahmen kommt eine wesentliche Aufgabe in der Überbrückung von Auszahlungsüberschüssen zu, die sich aus dem güterwirtschaftlichen Kreislauf ergeben.

d) Beim güter- und finanzwirtschaftlichen Kreislauf steht die Produktion im Mittelpunkt, die Finanzwirtschaft soll diese ermöglichen und unterstützen.

e) Beim güter- und finanzwirtschaftliche Kreislauf handelt es sich um das Grundmodell der modernen Sichtweise der Finanzwirtschaft.

Übungsaufgabe 1.3:
In der modernen Sichtweise der Finanzwirtschaft

a) müssen bei der Investitionsplanung die Präferenzen des Entscheidungsträgers selbst dann berücksichtigt werden, wenn Geld zu einem einheitlichen Zinssatz veranlagt oder aufgenommen werden kann.

b) sind Finanzierung und Investition Maßnahmen, um die Präferenzen des Entscheidungsträgers an die Konsumströme anzupassen.

c) dient die Finanzwirtschaft vor allem der Unterstützung der Produktion von Gütern oder Dienstleistungen.

d) geht man davon aus, dass Entscheidungsträger ihren Konsumnutzen maximieren wollen.

e) können mit Hilfe von Investition und Finanzierung die Zahlungsströme zu Konsumströmen transformiert werden.

Übungsaufgabe 1.4:
Zu den monetären Zielen der Eigenkapitalgeber gehören beispielsweise

a) Selbstverwirklichung

b) Rentabilität

c) Maximierung der Entnahmen

d) Selbstbestimmtheit

e) Arbeitszufriedenheit

Übungsaufgabe 1.5:
Welche der folgenden Aussagen ist/sind korrekt?

a) Ein Unternehmen ist nur dann liquidierbar, wenn es jederzeit seine Zahlungsverpflichtungen in voller Höhe erfüllen kann.

b) Die Folgen temporärer Illiquidität sind erhöhte Unsicherheit der Kreditgeber, damit verbunden höhere Kapitalkosten sowie der verstärkte Bedarf an Kreditsicherheiten.

c) Unter Liquidität versteht man die Synchronisation von Mittelverwendung und Mittelbeschaffung.

d) Die Fähigkeit zur termingerechten Deckung von Zahlungsverpflichtungen ist eine wichtige Nebenbedingung für die Existenz eines Unternehmens.

e) Die Liquidität berechnet man als Quotient aus dem Überschuss der Kapitalnutzung und dem Kapitaleinsatz.

Übungsaufgabe 1.6:
Der Begriff „Rentabilität“ bezeichnet

a) eine finanzwirtschaftliche Kenngröße, die oft im Zielkonflikt zur Liquidität steht.
b) die Differenz zwischen dem Überschuss aus Kapitalnutzung und dem Kapitaleinsatz.
c) den Kehrwert der Liquidität.
d) ein finanzwirtschaftliches Ziel.
e) den Quotienten aus Kapitaleinsatz und Kapitalertrag.

Übungsaufgabe 1.7:
Erklären Sie, warum zwischen Liquidität und Rentabilität üblicherweise ein Zielkonflikt besteht!

Übungsaufgabe 1.8:
Zum Liability (Passiva) Management gehören beispielsweise

a) die Auswahl geeigneter Investitionsprojekte.
b) die effiziente Gestaltung der Finanzierungsbeziehungen.
c) das interne Rechnungswesen.
d) die Absicherung von Fremdwährungsforderungen.
e) die Auswahl zwischen verschiedenen Formen der Kapitalerhöhung.

Übungsaufgabe 1.9:
Zu den üblichen Aufgaben des Finanzmanagements gehören beispielsweise

a) die Bewertung und Steuerung von Risikopositionen.
b) die kurzfristige Finanzplanung.
c) die Zusammenstellung eines Investitionsprogramms.
d) die Beschaffung langfristiger Finanzmittel.
e) die Beschaffung betriebsnotwendiger Roh- und Hilfsstoffe.

Kapitel 2

Modelle in der Finanzwirtschaft: Übungsaufgaben

Dieses Kapitel beschäftigt sich mit den Modellen der Investitions- und Finanzierungsrechnung. Es werden sowohl die verschiedenen Arten der Modelle als auch der grundsätzliche Aufbau eines Entscheidungsmodells unter Risiko behandelt. Besonderes Augenmerk wird dabei auch auf das Verständnis des Konzepts der Risikoeinstellung gelegt.

Übungsaufgabe 2.1:
Welche der folgenden Aussagen über Modelle ist/sind richtig?

a) Mit einem Beschreibungsmodells verfolgt man das Ziel, Strukturen und Zusammenhänge zwischen den einzelnen Variablen zu erkennen.

b) Im Zusammenhang mit einem Entscheidungsmodell spricht man dann von Aktionen, wenn man den bei der Anschaffung mehrerer identischer Investitionsprojekte erhaltenen Mengenrabatt im Modell berücksichtigt.

c) Mit einem deskriptiven Modell soll, gemessen an einer bestimmten Kriteriumsgröße, die beste Entscheidungsalternative bestimmt werden.

d) Ein Modell ist ein vereinfachtes Abbild der Wirklichkeit.

e) Modellfehler entstehen unter anderem durch die im Modell getroffenen Vereinfachungen der Realität und lassen sich im Allgemeinen nicht vermeiden.

Übungsaufgabe 2.2:
Beschreibungsmodelle

a) beschreiben die (an einem bestimmten Kriterium gemessene) beste Handlungsalternative.

b) lassen erkennen, welche Modellelemente für die Zielgröße besonders wichtig sind.

c) vermitteln ein besseres Verständnis der Zusammenhänge zwischen den einzelnen Modellelementen.

d) verwenden üblicherweise historische Daten.

e) basieren meistens auf einem Prognosemodell.

Übungsaufgabe 2.3:
Ein „gutes“ Prognosemodell

a) baut üblicherweise auf einem guten Entscheidungsmodell auf.

b) erleichtert die Bestimmung zukünftiger Werte von interessierenden Größen.

c) liefert neben der besten Handlungsempfehlung auch eine Wahrscheinlichkeitsverteilung der möglichen Handlungsergebnisse.

d) muss auf einem Beschreibungsmodell beruhen, das keinen Modellfehler aufweist.

e) liefert als Modelloutput neben der Wahrscheinlichkeitsverteilung einer interessierenden Größe auch deren Umweltzustand.

Übungsaufgabe 2.4:
Entscheidungsmodelle

a) versuchen, die optimale Handlungsempfehlung zu geben.

b) benötigen ein Entscheidungskriterium zur Bewertung der verschiedenen Handlungsfolgen.

c) stellen Zusammenhänge dar, ohne sie näher zu begründen.

d) setzen ein entsprechendes Beschreibungs- oder Prognosemodell voraus.

e) beinhalten normalerweise mehrere einander ausschließende Handlungsalternativen.

Übungsaufgabe 2.5:
Auf einem vollständigen Kapitalmarkt

a) gibt es für einen bestimmten zukünftigen Zahlungsstrom nur einen Preis.

b) können nur vollständige Zahlungsströme gehandelt werden.

c) kann kein Marktteilnehmer die Preise beeinflussen.

d) kann jeder beliebige zukünftige Zahlungsstrom gehandelt werden.

e) gibt es für jeden beliebigen Zahlungsstrom einen Marktpreis.

Übungsaufgabe 2.6:
Unter einem vollkommenen Kapitalmarkt versteht man einen Kapitalmarkt, auf dem

a) jeder beliebige zukünftige Zahlungsstrom gehandelt werden kann.

b) keiner der Teilnehmer sich Preisvorteile gegenüber anderen Teilnehmern verschaffen kann.

c) es für einen bestimmten zukünftigen Zahlungsstrom nur einen Preis gibt.

d) Zahlungsströme, die sich nur in der Unsicherheit ihrer Zahlungen unterscheiden, den gleichen Preis aufweisen.

e) die Zinssätze für Kapitalbeschaffung und Kapitalveranlagung gleich sind.

Übungsaufgabe 2.7:
Welche der folgenden Aussagen zum Kapitalmarktmodell ist/sind korrekt?

a) Ein Kapitalgeber erhält als Gegenleistung für ein sofortiges Kapitalangebot einen zukünftigen Zahlungsstrom.

b) Der Preis eines Zahlungsstromes ist eine dafür zu leistende Zahlung in t=0, deren Höhe durch Kapitalangebot und Kapitalnachfrage bestimmt wird.

c) In jedem Kapitalmarktmodell geht man von den vereinfachenden Annahmen des vollkommenen und vollständigen Kapitalmarkts aus.

d) Bei einem Zinssatz von null (und bei Vernachlässigung von Risiko und Inflation) ist jener Geldbetrag, der heute für einen zukünftigen Zahlungsstrom geleistet wird, gleich groß wie die Summe der zukünftigen Zahlungen.

e) Ein Kapitalnehmer erhält heute eine Einzahlung und erwirbt damit einen zukünftigen Zahlungsstrom.

Übungsaufgabe 2.8:
Der Erwartungswert

a) kann für einen risikoneutralen Investor ein passendes Entscheidungskriterium darstellen.

b) ist die Wahrscheinlichkeit des Eintreffens einer Aktion, deren Handlungsfolge den größten Kapitalwert aufweist.

c) sollte immer mit objektiven statt mit subjektiven Wahrscheinlichkeiten berechnet werden.

d) einer in unterschiedlichen Umweltzuständen unterschiedlich hohen Zahlung ist für einen risikoneutralen Investor gleichzeitig sein Sicherheitsäquivalent.

e) ist der mit den Eintrittswahrscheinlichkeiten gewichtete Durchschnitt der monetären Handlungsfolgen einer Aktion.

Übungsaufgabe 2.9:
Ein Müslihersteller möchte für die kalte Jahreszeit ein neues „Wintermüsli" einführen. Die dafür benötigten Nüsse könnte das Unternehmen heute schon vorbestellen, die Preise sind dabei nach der bestellten Menge gestaffelt und betragen

Bestellmenge	€-Preis pro Kilogramm
bis 250 kg	2,50
bis 500 kg	2,30
ab 501 kg	2,00

Eine Vorbestellung kann später nicht mehr rückgängig gemacht werden. Alternativ können die Nüsse bei Bedarf auch kurzfristig um 3,00 € je kg beschafft werden. Gekaufte, aber nicht verbrauchte Nüsse können am Ende der Wintersaison um 1,10 € pro kg weiterverkauft werden.

Der Müslihersteller rechnet mit drei verschiedenen möglichen Szenarien für die Nachfrage nach dem neuen Müsli. Die entsprechenden Wahrscheinlichkeiten und die resultierenden benötigten Mengen an Nüssen in diesen Szenarien sind in der folgenden Tabelle zusammengefasst:

Nachfrage	gering	mittel	hoch
Wahrscheinlichkeit	20%	50%	30%
Bedarf an Nüssen (kg)	200	400	800

Der Müslihersteller überlegt nun, wie viele Kilogramm Nüsse er vorbestellen sollte, um seine gesamten Zahlungen so gering wie möglich zu halten.

a) Stellen Sie die entsprechende Entscheidungsmatrix auf!

b) Welche Menge an Nüssen sollte der Müslihersteller vorbestellen, wenn er sich nach dem Erwartungswert der einzelnen Handlungsalternativen richtet?

Übungsaufgabe 2.10:
Von zwei Wertpapieren wurden folgende Renditen prognostiziert:

Rendite	Umwelt-zustand 1	Umwelt-zustand 2	Umwelt-zustand 3
Wertpapier A	18%	4%	–4%
Wertpapier B	–2%	–1%	12%

Die Wahrscheinlichkeiten für die einzelnen Umweltzustände betragen 20%, 40% und 40%.

a) Wie hoch sind die erwarteten Renditen der einzelnen Wertpapiere?

b) Wie hoch ist die erwartete Rendite eines Investors, der 70% seines Vermögens in Wertpapier A und 30% in Wertpapier B investiert?

c) Der Investor möchte sein Vermögen so auf die beiden Wertpapiere aufteilen, dass er in keinem der möglichen Umweltzustände eine negative Portfoliorendite erzielt. Wie sollte er die einzelnen Wertpapiere gewichten, um dieses Ziel zu erreichen?

d) Der Investor möchte zusätzlich zur nicht-negativen Portfoliorendite in jedem Umweltzustand noch eine möglichst hohe erwartete Rendite erreichen. Welche Anteile sollte er jetzt wählen?

Übungsaufgabe 2.11:
Erklären Sie anhand eines einfachen Beispiels, warum

a) das Sicherheitsäquivalent eines risikoneutralen Investors gleich hoch wie der Erwartungswert einer unsicheren Zahlung ist.

b) das Sicherheitsäquivalent eines risikoscheuen Investors niedriger als der Erwartungswert einer unsicheren Zahlung ist.

c) das Sicherheitsäquivalent eines risikofreudigen Investors höher als der Erwartungswert einer unsicheren Zahlung ist.

Übungsaufgabe 2.12:
Das Sicherheitsäquivalent

a) einer risikoneutralen Investorin kann auch niedriger als der Erwartungswert einer unsicheren Einzahlung sein.

b) einer risikofreudigen Investorin ist manchmal kleiner als der Erwartungswert einer unsicheren Zahlung.

c) einer Investorin kann durch deren Befragung ermittelt werden.

d) ist jener Betrag, den eine Spielerin maximal für die Teilnahme an einer Lotterie zu zahlen bereit ist.

e) einer risikoscheuen Investorin ist immer kleiner als der Erwartungswert einer unsicheren Zahlung.

Übungsaufgabe 2.13:
Welche der folgenden Aussagen zur Risikoeinstellung von Investoren ist/sind korrekt?

a) Ein risikoneutraler Investor wird aufgrund des höheren erwarteten Ergebnisses vorzugsweise in riskante Projekte investieren.

b) Die Investitionsentscheidungen eines Investors werden normalerweise durch seine Risikoeinstellung beeinflusst.

c) Ein risikoscheuer Investor übernimmt ein Risiko nur gegen eine entsprechende Entschädigung.

d) Die Risikoeinstellung eines Investors kann über sein Sicherheitsäquivalent bestimmt werden.

e) Die Risikoeinstellung einer Person hängt üblicherweise auch von der Höhe des notwendigen Kapitaleinsatzes ab.

Übungsaufgabe 2.14:
Bei einer Lotterie, bei der mit einer Wahrscheinlichkeit von 80% nichts und mit einer Wahrscheinlichkeit von 20% 40 € gewonnen werden, kostet ein Los 10 €.

a) Spieler A verhält sich risikoscheu, Spieler B risikoneutral, Spieler C risikofreudig. Wer von ihnen wird an der Lotterie teilnehmen?

b) Spieler D nimmt an der Lotterie teil. Lässt das Rückschlüsse auf seine Risikoeinstellung zu?

c) Spieler E beteiligt sich nicht an dieser Lotterie. Was kann man über dessen Risikoeinstellung bzw. Sicherheitsäquivalent sagen?

Übungsaufgabe 2.15:
Anlässlich der bevorstehenden Fußball-Europameisterschaft bietet eine Bank ein „Fußballsparbuch" mit folgenden Konditionen an:

Bei einer Laufzeit von drei Jahren beträgt der garantierte Mindestzinssatz 1% p.a. Dieser Mindestzinssatz kann, abhängig von der durchschnittlichen Kursentwicklung der Aktien der offiziellen Sponsoren der Fußball-Europameisterschaft, bis auf 4% p.a. steigen. Ein weiterer Prozentpunkt p.a. kommt hinzu, wenn bei der Fußball-EM mehr als 80 Tore erzielt werden.

Welche der folgenden Aussagen ist/sind in diesem Zusammenhang richtig?

a) Das Risiko bezüglich der bei der Fußball-EM erzielten Tore kann weder mit Futures noch mit börsengehandelten Optionen gehedgt werden.

b) Aufgrund der garantierten Mindestverzinsung von 1% p.a. ist mit diesem Sparbuch kein Risiko verbunden.

c) Aufgrund der garantierten Mindestverzinsung von 1% p.a. ist dieses Sparbuch jedem risikoaversen Investor zu empfehlen.

d) Für einen risikofreudigen Investor kann dieses Sparbuch eine interessante Anlageform darstellen.

e) Wegen der maximalen Verzinsung von 5% p.a. wird auch ein risikoneutraler Investor dieses Sparbuch in Erwägung ziehen, da dieser Ertrag die gegebenen Risiken jedenfalls aufwiegt.

Übungsaufgabe 2.16:
Ein Elektronikhändler bietet im Juni folgende „Regenwette“ an: Wenn es am Sonnwendtag (am 21. Juni) regnet, erhalten Kunden für Waren, die sie in der ersten Junihälfte gekauft haben, die Hälfte des Kaufpreises bar zurück.

Tina möchte sich Anfang Juni ein neues Tablet kaufen. Ihr Wunschgerät kostet bei dem Händler mit der Regenwette 650,00 €, bei einem anderen Händler 615,00 €. Tina schätzt die Wahrscheinlichkeit für Regen am 21. Juni auf 15% ein.

Welche der folgenden Antworten ist/sind richtig? (Beachten Sie, dass es sich bei dem jeweiligen Kaufpreis um eine Auszahlung handelt!)

a) Wenn Tina risikoscheu ist, kauft sie das Tablet jedenfalls bei dem anderen Händler um 615,00 €.

b) Wenn Tina diesen beiden Varianten indifferent gegenüber steht, dann verhält sie sich risikoneutral.

c) Wenn Tina risikoneutral ist, kauft sie das Tablet bei dem Händler mit der Regenwette um 650,00 €.

d) Der Erwartungswert des Kaufpreises bei dem Händler mit der Regenwette beträgt 601,25 €.

e) Wenn Tina risikofreudig ist, kauft sie das Tablet jedenfalls bei dem Händler mit der Regenwette um 650,00 €.

Kapitel 3

Elementare Finanzmathematik: Übungsaufgaben

Diese Aufgaben dienen zum Üben der verschiedenen finanzmathematischen Verfahren, die die Grundlage für alle weiteren Kapitel darstellen. Es wird daher stark empfohlen, diese Rechenverfahren zur Gänze verstanden und ausführlich geübt zu haben, bevor die nachstehenden Kapitel bearbeitet werden.

Übungsaufgabe 3.1:
Sie legen heute 8.000 € auf ein Sparbuch. Die Bank garantiert einen Zinssatz von 4% p.a. bei zusammengesetzter Verzinsung. Über welchen Betrag verfügen Sie in sechs Jahren bei

a) jährlicher,

b) monatlicher und

c) stetiger Verzinsung?

Warum steigt das Endvermögen mit der Anzahl der Zinstermine?

Übungsaufgabe 3.2:
Sie möchten in zehn Jahren einen Betrag von 20.000 € angespart haben, wobei Ihnen zur Veranlagung ein Sparbuch mit 3% p.a. bei zusammengesetzter Verzinsung zur Verfügung steht. Welchen Betrag müssen Sie heute bei

a) jährlicher,

b) vierteljährlicher und

c) stetiger Verzinsung

auf dieses Sparbuch legen, um Ihr Ziel zu erreichen?

Wie erklären Sie, dass dieser Betrag umso kleiner ist, je mehr Zinstermine im Jahr anfallen?

Übungsaufgabe 3.3:
Eine Bank wirbt mit der folgenden Aktion um neue Kunden: Bei einer Einlage von 5.000 € auf ein Sparbuch wird nach Ablauf eines Monats eine Prämie in Höhe von 75 € – zusätzlich zu den in diesem Monat angefallenen Zinsen (Zinssatz 2,5% p.a., monatliche Verzinsung) – gutgeschrieben.

Lukas legt am 1. Jänner dieses Jahres den Betrag von 5.000 € Euro auf dieses Sparbuch. Ein Monat später, am 1. Februar, löst er das Sparbuch wieder auf.

a) Wie hoch ist der effektive Monatszinssatz, den Lukas erzielt hat?

b) Wie hoch ist der entsprechende effektive Jahreszinssatz?

Übungsaufgabe 3.4:
Ihre Bank bietet Ihnen an, die Verzinsung Ihrer Geldanlage von derzeit 3,5% p.a. (monatliche Verzinsung) auf 3,7% p.a. bei jährlicher Verzinsung umzustellen. Werden Sie dieses Angebot annehmen?

a) Ja, denn der Zinssatz von 3,7% p.a. ist um 0,2 Prozentpunkte höher als der bisherige Zinssatz von 3,5% p.a.

b) Nein, denn der zu 3,5% p.a. gehörende konforme monatliche Zinssatz ist niedriger als 3,7% p.a.

c) Ja, denn die 3,5% p.a. bei monatlicher Verzinsung entsprechende jährliche effektive Verzinsung ist niedriger als 3,7% p.a.

d) Ja, denn der zu 3,7% p.a. gehörende konforme monatliche Zinssatz ist höher als 3,5% p.a.

e) Nein, denn die 3,5% p.a. bei monatlicher Verzinsung entsprechende jährliche effektive Verzinsung ist niedriger als 3,7% p.a.

Übungsaufgabe 3.5:
Anna legt am 31.12.2015 4.000 € auf ein Sparbuch. Die Bank verspricht vorerst einen Zinssatz von 3% p.a. bei jährlicher Verzinsung. Am 01.01.2018 reduziert die Bank den Zinssatz auf 2,4% p.a. bei vierteljährlicher Verzinsung. Am 30.09.2019 legt Anna weitere 5.000 € auf das Sparbuch. Am 31.12.2022 benötigt sie 12.000 € als Anzahlung für eine Eigentumswohnung und löst daher das Sparbuch auf.

Welchen Betrag muss sie zusätzlich zum Endvermögen des Sparbuchs aufbringen, um die Anzahlung leisten zu können?

Übungsaufgabe 3.6:
Otto möchte in vier Jahren 10.000 € angespart haben. Er plant, jedes Jahr, beginnend in t=1, letztmalig in t=4, einen bestimmten Betrag auf ein Sparbuch zu legen, und zwar in jedem Zeitpunkt um 1.000 € mehr als im Zeitpunkt davor. Die Bank verspricht einen Zinssatz von 3% p.a. (jährliche Verzinsung). Wie hoch ist der Ansparbetrag in t=1?

Übungsaufgabe 3.7:
Vierteljährliche Verzinsung

a) führt beim Aufzinsen bei gleichem (positivem) Nominalzinssatz zu einem geringeren Endwert als jährliche Verzinsung.

b) führt beim Abzinsen bei gleichem (positivem) Nominalzinssatz zu einem höheren Barwert als stetige Verzinsung.

c) liefert bei gleichem (positivem) Nominalzinssatz eine höhere effektive Verzinsung als halbjährliche Verzinsung.

d) ergibt bei gleichem Effektivzinssatz einen höheren konformen Zinssatz als monatliche Verzinsung.

e) ergibt bei gleichem effektiven Zinssatz einen niedrigeren konformen Zinssatz als halbjährliche Verzinsung.

Übungsaufgabe 3.8:
Welche der folgenden Aussagen zu Zeitwert und Äquivalenz ist/sind richtig?

a) Nur äquivalente Zahlungen können verglichen werden.

b) Zahlungen, deren Barwerte übereinstimmen, sind äquivalent.

c) Wenn zwei Zahlungen dieselben Barwerte besitzen, müssen bei gleichem Zinssatz, gleicher Verzinsungsart und gleicher Laufzeit auch ihre Endwerte übereinstimmen.

d) Zahlungen, die auf einen gemeinsamen Zeitpunkt bezogen werden können, heißen äquivalent.

e) Der Barwert und der Endwert einer bestimmten Zahlung sind immer äquivalent.

Übungsaufgabe 3.9:
Sie haben von einem entfernten Verwandten 7.000 € geerbt, damit möchten Sie Ihr Urlaubsbudget in den nächsten vier Jahren aufbessern. Welchen konstanten Betrag können Sie in diesem Zeitraum bei einem Zinssatz von

a) 1% p.a.,

b) 3% p.a. bzw.

c) 6% p.a.

jedes Jahr im Urlaub zusätzlich verbrauchen?

Warum ist die Annuität in diesem Beispiel umso höher, je höher der Zinssatz ist?

Übungsaufgabe 3.10:
Sie möchten in sechs Jahren 18.000 € angespart haben. 4.000 € können Sie heute schon veranlagen, den Rest möchten Sie durch jährliche konstante Raten ansparen, erstmalig in einem Jahr, letztmalig am Ende des sechsten Jahres. Ihre Bank garantiert einen Zinssatz von 4% p.a. Wie hoch ist Ihre jährliche Sparrate bei

a) jährlicher bzw.

b) monatlicher Verzinsung?

Wie erklären Sie sich, dass die Annuität in diesem Beispiel umso kleiner ist, je mehr Zinstermine pro Jahr anfallen?

Übungsaufgabe 3.11:
Die Annuität ist (ceteris paribus) bei gegebenem positiven Barwert

a) umso höher, je höher der (positive) Kalkulationszinssatz ist.

b) umso niedriger, je mehr Zinstermine pro Jahr anfallen.

c) umso niedriger, je kleiner der Annuitätenfaktor ist.

d) umso höher, je kürzer die Laufzeit ist.

e) umso niedriger, je größer die Anzahl der Annuitätenzahlungen ist.

Übungsaufgabe 3.12:
Die Annuität ist (ceteris paribus) bei gegebenem positiven Endwert

a) umso niedriger, je mehr Zinstermine pro Jahr anfallen.

b) umso höher, je länger die Laufzeit ist.

c) umso niedriger, je höher der (positive) Kalkulationszinssatz ist.

d) umso niedriger, je weniger Zinstermine pro Jahr anfallen.

e) umso höher, je höher der (positive) Kalkulationszinssatz ist.

Übungsaufgabe 3.13:
Bei einer Lebensversicherung mit einer Laufzeit von 25 Jahren zahlen Sie (jeweils am Jahresende) in den ersten zehn Jahren 1.000 € pro Jahr, in den nächsten zehn Jahren jeweils 1.500 € und in den letzten fünf Jahren jeweils 2.000 € ein.

a) Über welchen Betrag verfügen Sie am Ende der Laufzeit, wenn die Versicherung eine Verzinsung von 3% p.a. bei jährlicher Verzinsung garantiert?

b) Welchen Betrag könnten Sie als ewige Rente ab dem 26. Jahr jeweils am Jahresende entnehmen, wenn der Zinssatz unverändert bei 3% p.a. bleibt?

Übungsaufgabe 3.14:
Sie legen heute 100.000 € auf ein Sparbuch, die Bank garantiert für die nächsten fünf Jahre einen Zinssatz von 3% p.a. bei halbjährlicher Verzinsung. In diesen fünf Jahren heben Sie jedes Jahr am Jahresende 2.000 € vom Sparbuch ab. Danach ändert die Bank den Zinssatz auf 4% p.a. bei jährlicher Verzinsung.

Welchen Betrag können Sie, beginnend ab dem sechsten Jahr, jedes Jahr jeweils am Jahresende als ewige Rente entnehmen?

a) 3.186,65 €

b) 3.575,08 €

c) 3.633,86 €

d) 4.217,24 €

e) 4.385,93 €

Übungsaufgabe 3.15:
Sie legen jährlich (jeweils am Jahresende) über einen Zeitraum von zwölf Jahren 500 € auf ein Sparbuch. Die Bank garantiert Ihnen für die ersten acht Jahre einen Fixzinssatz von 2% p.a. bei zwei Zinsterminen pro Jahr. Danach wird die Verzinsungsart auf jährliche Verzinsung geändert, der nominelle Zinssatz bleibt gleich. Wie hoch ist Ihr Endvermögen in t=12?

Übungsaufgabe 3.16:
Ein Anleger möchte in 16 Jahren 10.000 € ansparen. Die Bank garantiert einen Zinssatz von 3% p.a. (jährliche Verzinsung), der Anleger hat daher eine konstante jährliche Sparleistung (beginnend in t=1, letztmalig in t=16) von 796,11 € errechnet.

Welcher Betrag fehlt ihm in t=16 auf die gewünschten 10.000 €, wenn er in t=4 bis einschließlich t=7 statt der geplanten 796,11 € nur 500 € ansparen kann?

Übungsaufgabe 3.17:
Wie hoch ist der heutige Wert einer in drei Jahren beginnenden, zehnjährigen Annuität in Höhe von 1.000 €, wenn man mit einem Zinssatz von 6% p.a. bei monatlicher Verzinsung rechnet?

Übungsaufgabe 3.18:
Max erhält zu seinem 14. Geburtstag im Oktober von seinen Großeltern ein Sparbuch mit 10.000 € geschenkt, das für die Finanzierung seines zukünftigen Studiums bestimmt ist. Max nimmt an, mit dem Studium zu seinem 19. Geburtstag (in fünf Jahren) beginnen zu können, und rechnet mit einer Studiendauer von fünf Jahren. Am Beginn des Studiums benötigt er zunächst 1.000 € als Kaution für seine Studentenwohnung. Den am Sparbuch verbleibenden Betrag möchte er in konstanten jährlichen Teilbeträgen während des Studiums verbrauchen, wobei die Entnahmen jeweils zu Beginn des Studienjahres erfolgen (also erstmalig ebenfalls zum 19. Geburtstag).

Welchen Betrag kann Max zum Studienbeginn (19. Geburtstag) und in den darauf folgenden vier Jahren von dem Sparbuch entnehmen, wenn über die gesamte Laufzeit ein Zinssatz von 3% p.a. (jährliche Verzinsung) garantiert wird?

a) Max kann zum Studienbeginn 2.898,44 € entnehmen und in den darauf folgenden Jahren jeweils 1.898,44 €.

b) Max kann zum Studienbeginn 3.239,25 € entnehmen und in den darauf folgenden Jahren jeweils 2.239,25 €.

c) Max kann zum Studienbeginn 3.245,61 € entnehmen und in den darauf folgenden Jahren jeweils 2.245,61 €.

d) Max kann zum Studienbeginn 3.312,97 € entnehmen und in den darauf folgenden Jahren jeweils 2.312,97 €.

e) Max kann zum Studienbeginn 3.457,60 € entnehmen und in den darauf folgenden Jahren jeweils 2.457,60 €.

Übungsaufgabe 3.19:
Josef hat 7.000 € geerbt und möchten dieses Erbe in konstanten Teilbeträgen innerhalb von sieben Jahren verbrauchen. Seine Bank garantiert einen Zinssatz von 4% p.a. bei vierteljährlicher Verzinsung.

a) Welchen konstanten Betrag kann Josef jedes Jahr am Jahresende, erstmalig in einem Jahr, letztmalig nach sieben Jahren, entnehmen?

b) Welchen konstanten Betrag kann Josef jedes Quartal am Quartalsende, erstmalig in einem Quartal, letztmalig nach sieben Jahren, entnehmen?

Warum ist die Höhe der vierteljährlichen Rente niedriger als ein Viertel der Höhe der jährlichen Rente?

Übungsaufgabe 3.20:
Sie haben von Ihren Großeltern zu Beginn Ihres Studiums ein Sparbuch mit 2.800 € geschenkt bekommen, um während des Studiums die (konstanten) Studiengebühren von 363,36 € pro Semester zu bezahlen. Sie rechnen mit einer

Studienzeit von vier Jahren. Die Studiengebühr ist immer zu Beginn des Semesters fällig, d.h. für das erste Semester sofort, das letzte Mal (für das achte Semester) am Ende des siebten Semesters.

Wenn Sie mit einem Zinssatz von 3% p.a. (halbjährliche Verzinsung) rechnen, reicht das Sparbuch für diesen Zweck aus?

Übungsaufgabe 3.21:
Peter möchte sich ein neues Smartphone kaufen. Für sein Wunschgerät und sein Telefonierverhalten kommen die Tarife zweier Anbieter in Frage:

- Bei Anbieter 1 gibt es das Smartphone selbst gratis, dafür beträgt die monatliche Grundgebühr (inklusive Freiminuten und Datenvolumen) 35,00 € (zahlbar monatlich im Nachhinein), die Mindestvertragsdauer beträgt 24 Monate. Zusätzlich fällt eine sofortige Aktivierungsgebühr in Höhe von 49,90 € an.
- Der Tarif von Anbieter 2 inkludiert nur Freiminuten und Datenvolumen und kostet 12,80 € im Monat (zahlbar monatlich im Nachhinein), plus einer sofort fälligen Aktivierungsgebühr in Höhe von 14,90 €. Es gibt keine Mindestvertragsdauer. Das gewünschte Smartphone müsste Peter um 499,90 € selber kaufen.

Für welche Variante sollte sich Peter entscheiden, wenn er mit einem Kalkulationszinssatz von 12% p.a. bei monatlicher Verzinsung rechnet, und in den nächsten 24 Monaten keinen Tarifwechsel plant?

Übungsaufgabe 3.22:
Lena möchte in neun Jahren (also im Zeitpunkt t=9) 85.000 € zum Kauf einer Eigentumswohnung angespart haben. Sie plant, jährlich einen bestimmten Anteil ihres Einkommens in Form einer steigenden Rente zu veranlagen, und zwar erstmalig in t=1 einen Betrag von 7.000 €, danach jedes Jahr um 2% mehr als im Vorjahr. Die letzte Sparleistung soll in t=9 erfolgen. Die Bank garantiert einen Zinssatz von 3% p.a.

a) Wie viel muss Lena heute zusätzlich veranlagen, um ihr Ziel zu erreichen?

b) Wie hoch ist ihre letzte Sparleistung?

Übungsaufgabe 3.23:
Paul hat vorgesorgt: Er hat soeben die siebte jährliche (nachschüssige) Rentenzahlung aus der Veranlagung seines Vermögens bezogen. Die Rentenzahlungen steigen mit 3% p.a., die eben erhaltene Zahlung betrug 13.500 €. Paul konnte für diese ewige steigende Rente eine garantierte fixe Verzinsung von 5% p.a. (jährliche Verzinsung) vereinbaren.

Wie hoch war das ursprünglich veranlagte Vermögen?

Übungsaufgabe 3.24:
Sie vermieten eine Eigentumswohnung auf 2 Jahre (24 Monate) befristet. Die Miete ist jeweils am Monatsende (im Nachhinein) zu zahlen. Die erste Mietzahlung beträgt 650 €, die weiteren Zahlungen werden an einen Index gekoppelt, der monatlich um 0,125% steigt.

Über welches Endvermögen verfügen Sie nach zwei Jahren, wenn Sie alle Mietzahlungen zu 3% p.a. bei monatlicher Verzinsung veranlagen?

Übungsaufgabe 3.25:
Zwei Renten mit gleicher Laufzeit sind gegeben: Eine mit konstanter Rentenhöhe, die zweite eine steigende Rente, bei der der Durchschnitt der Rentenhöhen gleich der Höhe der konstanten Rente ist.

Vergleicht man die beiden Renten, so ist bei positivem Zinssatz

a) der Barwert der steigenden Rente niedriger als jener der konstanten Rente.

b) der Endwert der steigenden Rente höher als jener der konstanten Rente.

c) die steigende Rente jedenfalls vorzuziehen, da die letzte Rentenzahlung höher ist als bei der konstanten Rente.

d) der Endwert der steigenden Rente niedriger als jener der konstanten Rente.

e) der Barwert der beiden Renten genau gleich hoch.

Übungsaufgabe 3.26:
Welche der folgenden Aussagen zur Zinsstruktur ist/sind korrekt?

a) Bei einer inversen Zinsstruktur ist der Zinssatz für kürzere Fristigkeiten höher als jener für längere Fristigkeiten.

b) Die Zinsstruktur zeigt, wie sich der Zinssatz für eine bestimmte Veranlagungsdauer (z.B. 3 Monate) im Zeitablauf entwickelt hat.

c) Bei einer normalen Zinsstruktur sind die Zinssätze für längere Fristigkeiten höher als jene für mittlere Fristigkeiten.

d) Eine nicht-flache Struktur der risikolosen Zinssätze zeigt sich insbesondere darin, dass die Zahlungen, die weiter in der Zukunft liegen, mit einem höheren Risikozuschlag diskontiert werden.

e) Der einheitliche Zinssatz einer flachen Zinsstruktur kann sich im Zeitablauf verschieben.

Übungsaufgabe 3.27:
Welche der folgenden Aussagen zu Spot und Forward Rates ist/sind richtig?

a) Bei normaler Zinsstruktur ist die Forward Rate $f_{k|l}$ höher als die Spot Rate i_k.

b) Bei einer inversen Zinsstruktur sollte ein Investor möglichst langfristige Projekte durchführen, da zukünftige Zahlungen nicht so stark diskontiert werden.

c) Forward Rates sind prinzipiell höher als Spot Rates, da das zusätzliche Risiko von in der Zukunft beginnenden Veranlagungen abgegolten werden muss.

d) Bei einer flachen Zinsstruktur stimmen die Spot und Forward Rates überein, unabhängig von der Fristigkeit.

e) Nur auf Basis der Zinsstruktur lassen sich keine Aussagen darüber treffen, ob die Spot Rates höher oder niedriger sind als die zugehörigen Forward Rates.

Übungsaufgabe 3.28:
Sie kennen die Spot Rates i_1=3,0%, i_2=3,2%, i_3=3,3% und i_5=3,6%. Welche der folgenden Aussagen bezüglich der entsprechenden Forward Rates sind korrekt? Gehen Sie jeweils von jährlicher Verzinsung aus.

a) Die Forward Rate $f_{1|3}$ beträgt 3,450% p.a.

b) Die Forward Rate $f_{2|5}$ beträgt 3,868% p.a.

c) Die Forward Rate $f_{1|3}$ beträgt 7,020% p.a.

d) Die Forward Rate $f_{1|4}$ kann mit dieser Angabe nicht berechnet werden.

e) Die Forward Rate $f_{2|5}$ beträgt 4,964% p.a.

Kapitel 4

Investitionsrechnung: Übungsaufgaben

Diese Aufgaben dienen zum Üben der Funktionsweise der verschiedenen Investitionsrechnungsmodelle, insbesondere der Rechenverfahren zur Bewertung der absoluten und relativen Vorteilhaftigkeit von Investitionsprojekten. Besonderer Wert wird einerseits auf die richtige Methodenwahl, andererseits auf die korrekte und präzise Interpretation der Ergebnisse anhand der definierten Entscheidungskriterien gelegt.

Übungsaufgabe 4.1:
Der Begriff „Investition“ beschreibt

a) eine Zahlungsreihe, die mit einer Auszahlung anfängt.

b) die Entscheidung über die Durchführung eines Investitionsprojekts.

c) die Umwandlung von liquiden Mitteln in andere Formen von Vermögen.

d) eine Zahlungsreihe mit einmaligem Vorzeichenwechsel und erfülltem Deckungskriterium.

e) Maßnahmen zur Deckung des finanziellen Gleichgewichts.

Übungsaufgabe 4.2:
Beispiele für Investitionen sind

a) eine Kreditaufnahme aus Sicht des Schuldners.

b) die Anschaffung einer Produktionsanlage.

c) die Emission einer Anleihe.

d) der Verkauf einer nicht mehr genutzten Produktionsanlage.

e) eine Kreditvergabe aus Sicht des Gläubigers.

Übungsaufgabe 4.3:
Die Investitionsrechnung

a) basiert auf Daten der kurzfristigen Finanzplanung.
b) basiert überwiegend auf Daten der Buchhaltung.
c) erfordert oft die Prognose von zukünftigen Zahlungen.
d) ermöglicht Aussagen über die Vorteilhaftigkeit von Investitionsprojekten, ohne dass die Risikoeinstellung des Entscheidungsträgers bekannt sein muss.
e) kann auch zur Bestimmung der optimalen Nutzungsdauer eines Projekts verwendet werden.

Übungsaufgabe 4.4:
Statische Investitionsrechenverfahren

a) sind einfacher als dynamische Verfahren und daher grundsätzlich vorzuziehen.
b) verwenden teilweise Größen aus der Kostenrechnung.
c) erfordern eine umfangreiche Prognose von Daten.
d) berücksichtigen im Allgemeinen nicht den unterschiedlichen zeitlichen Anfall von Zahlungen.
e) verwenden verschiedene statistische Methoden zur Ermittlung der Vorteilhaftigkeit von Investitionsprojekten.

Übungsaufgabe 4.5:
Zu den dynamischen Investitionsrechenverfahren zählen

a) die Gewinnvergleichsrechnung.
b) die Interne-Zinssatz-Methode.
c) die dynamische Stückkostenrechnung.
d) die dynamische Amortisationsrechnung.
e) die Annuitätenmethode.

Übungsaufgabe 4.6:
Die Höhe des Kalkulationszinssatzes in der Investitionsrechnung

a) sollte vom Projektrisiko abhängen.
b) sollte unternehmensweit für alle Projekte einheitlich fixiert werden.
c) sollte auch vom risikolosen Referenzzinssatz des Kapitalmarktes abhängen.
d) sollte bei vollkommenem und vollständigem Kapitalmarkt jährlich an die Inflation und die Risikoeinstellung des Investors angepasst werden.
e) sollte von den Opportunitätskosten des Projekts abhängen.

Übungsaufgabe 4.7:
Ein Investitionsprojekt weist folgende Zahlungsreihe auf:

t	0	1	2	3	4	5
	–7.800	2.300	3.400	3.100	2.500	1.800

a) Wie hoch ist das Endvermögens eines Investors in t=5, wenn er das Projekt realisiert und sämtliche Zahlungen zwischenzeitlich zum Kalkulationszinssatz von 6% veranlagen kann?

b) Wie hoch ist das Endvermögens des Investors in t=5, wenn er das Projekt nicht realisiert und stattdessen den Betrag der Anschaffungsauszahlung zu 6% veranlagt?

c) Wie hoch ist der Kapitalwert des Investitionsprojekts?

Übungsaufgabe 4.8:
Ein Investitionsprojekt mit einer Anschaffungsauszahlung von 2.000 € liefert in den folgenden fünf Jahren (t=1 bis t=5) konstante Einzahlungen in Höhe von jeweils 1.200 €. Die jährlichen Auszahlungen betragen 500 € in t=1, steigen jedes Jahr um 100 € an, und betragen in t=5 schließlich 900 €.

Ein Investorin, die in t=0 genau 2.000 € besitzt, realisiert dieses Investitionsprojekt. Wie hoch ist ihr Endvermögen, wenn sie alle Rückflüsse des Projekts zu einem Zinssatz von 4% anlegt?

a) 260,81 €

b) 317,31 €

c) 2.317,31 €

d) 2.750,62 €

e) 2.779,22 €

Übungsaufgabe 4.9:
Ein Unternehmen überlegt, in eine neue Produktionsanlage zu investieren. Die Anschaffungsauszahlung beträgt 36.000 €, die Anlage hat eine Nutzungsdauer von drei Jahren. Folgende Zahlungen werden voraussichtlich anfallen:

t	Einzahlungen	Auszahlungen
1	18.000	7.000
2	21.000	9.000
3	23.000	10.000
4	9.000	0

a) Ermitteln Sie mit Hilfe der Kapitalwertmethode, ob die Investition für das Unternehmen bei einem Kalkulationszinssatz von 7% vorteilhaft ist!

b) Ändert sich Ihre Empfehlung, wenn Sie mit einem Kalkulationszinssatz von 10% rechnen?

c) Warum ist der Kapitalwert (in diesem Beispiel) bei einem höheren Zinssatz niedriger?

Übungsaufgabe 4.10:
Unter dem Kapitalwert eines Investitionsprojekts versteht man

a) den Barwert des bei der Realisierung des Projekts erzielten Endvermögens.

b) die Summe aller jeweils auf den Zeitpunkt t=0 abgezinsten Zahlungen, die mit dem Projekt verbunden sind.

c) den Barwert der maximal möglichen Entnahmen während der Laufzeit des Projekts, so dass das verbleibende Endvermögen nicht kleiner als bei der Veranlagung der Anschaffungsauszahlung zum Kalkulationszinssatz wird.

d) den Betrag, den man einem risikoneutralen Investor mindestens bieten müsste, damit er auf das Investitionsprojekt verzichtet.

e) den aktuellen Marktwert des für die Durchführung des Projekts notwendigen Kapitals.

Übungsaufgabe 4.11:
Ein Investitionsprojekt mit einer Anschaffungsauszahlung von 25.000 € und einer betrieblichen Nutzungsdauer von fünf Jahren erbringt folgende Ein- und Auszahlungen:

t	Einzahlungen	Auszahlungen
1	15.000	9.500
2	19.000	8.200
3	22.000	12.500
4	18.000	11.600
5	17.000	10.400
6		15.500

Der Kalkulationszinssatz beträgt 8%.

a) Ermitteln Sie die dynamische Amortisationszeit des Projekts! Würde die dynamische Amortisationsrechnung das Projekt empfehlen?

b) Beurteilen Sie die Vorteilhaftigkeit dieses Projekts mit Hilfe der Kapitalwertmethode!

c) Nach welcher Empfehlung würden Sie sich richten, und warum?

d) Bei welcher Art von Investitionsprojekten können sich keine Widersprüche der Handlungsempfehlungen der beiden Investitionsrechenverfahren ergeben?

Übungsaufgabe 4.12:
Ein Investor überlegt, ein Investitionsprojekt mit folgender Zahlungsreihe zu realisieren:

t	0	1	2	3	4
	–50.000	20.500	18.700	15.400	16.900

Die Nutzungsdauer des Projekts beträgt vier Jahre. Der Investor rechnet mit einem Kalkulationszinssatz von 5%.

a) Beurteilen Sie die absolute Vorteilhaftigkeit des Projekts mit Hilfe der Kapitalwertmethode!

b) Der Investor möchte in jedem Jahr der Nutzungsdauer einen konstanten Betrag von 3.500 € entnehmen. Wie hoch ist der Kapitalwert des Projekts nach Berücksichtigung dieser Entnahmen?

c) Welchen konstanten Betrag könnte der Investor in jedem Jahr maximal entnehmen, so dass das Projekt nach Berücksichtigung dieser Entnahmen gerade noch vorteilhaft bleibt?

Übungsaufgabe 4.13:
Die Schwefel AG ist daran interessiert, die krisengebeutelte Pech GmbH zu kaufen, da diese ein Patent auf ein neues Fertigungsverfahren besitzt. Für die Pech GmbH, die trotz dieses Patentes in einer schweren Krise steckt, ist ein Kaufpreis von 1 € zu bezahlen, wobei der Erwerber den Fortbetrieb für mindestens drei Jahre zu garantieren hat.

Für den Weiterbetrieb rechnet man mit folgenden Ein- und Auszahlungen:

t	Einzahlungen	Auszahlungen
1	1.500	3.600
2	2.000	5.000
3	2.000	6.000

Sofort nach Ablauf der garantierten Mindestzeit für den Weiterbetrieb ist geplant, das Werk stillzulegen und das neue Fertigungsverfahren als Lizenz zu vergeben. Die Stilllegung führt zu Auszahlungen von 4.000 € (in t=3). Die Lizenzvereinbarung soll auf einen Zeitraum von 20 Jahren geschlossen werden, wobei eine jährliche Lizenzgebühr von 1.500 € jeweils am Jahresende fällig ist (erstmals in t=4).

Entscheiden Sie, ob bei einem Kalkulationszinssatz von 8% der Kauf für die Schwefel AG vorteilhaft ist.

a) Von der Investition ist abzuraten, da der Kapitalwert mit –43,17 € negativ ist.

b) Der Kapitalwert ist mit 822,82 € positiv, daher ist die Investition empfehlenswert.

c) Der Kapitalwert der Investition beträgt 3.998,15 €, die Investition ist damit absolut vorteilhaft.

d) Selbst bei einem Kaufpreis von 700,00 € wäre die Investition noch vorteilhaft.

e) Der Kapitalwert beträgt 11.182,77 €, die Investition sollte daher durchgeführt werden.

Übungsaufgabe 4.14:
Ein Investitionsprojekt mit einer betrieblichen Nutzungsdauer von vier Jahren weist folgende Zahlungen auf:

t	0	1	2	3	4	5
	–75.000	22.000	23.000	26.000	31.000	–15.000

Gehen Sie davon aus, dass das Investitionsprojekt nach Ablauf der Nutzungsdauer unter denselben Bedingungen wiederholt werden kann. Der Kalkulationszinssatz beträgt 5%.

a) Wie hoch ist das auf den heutigen Zeitpunkt bezogene zusätzliche Vermögen, verglichen mit der Veranlagung zum Kalkulationszinssatz, wenn das Projekt fünfmal hintereinander realisiert wird?

b) Berechnen Sie die Annuität des Investitionsprojekts, bezogen auf die jeweilige (Gesamt-)Nutzungsdauer, bei einmaliger und bei fünfmaliger Durchführung.

c) Alternativ zu diesem Investitionsprojekt können Sie ein anderes Projekt durchführen. Dieses Vergleichsprojekt weist bei einer Nutzungsdauer von fünf Jahren und einem Kalkulationszinssatz von 5% einen Kapitalwert von 3.500,00 € auf. Welches Projekt werden Sie umsetzen, wenn Sie bei beiden Projekten von identischer Reinvestition ausgehen?

Übungsaufgabe 4.15:
Von zwei einander ausschließenden Investitionsprojekten A und B sind folgende Zahlungsreihen bekannt:

t	Projekt A	Projekt B
0	-8.500	-6.300
1	2.200	5.300
2	3.400	3.200
3	3.900	1.500
4	4.800	

Die betriebliche Nutzungsdauer bei Projekt A beträgt vier Jahre, bei Projekt B drei Jahren. Sie rechnen mit einem Kalkulationszinssatz von 6% für beide Projekte.

a) Für welches Projekt entscheiden Sie sich, wenn Sie von einmaliger Investition ausgehen?

b) Welches Projekt wählen Sie bei identischer Reinvestition?

c) Wie hoch müsste der Kapitalwert von Projekt B sein, damit die beiden Projekte bei identischer Reinvestition gleichwertig wären?

Übungsaufgabe 4.16:
Einem Investor stehen zwei einander ausschließende Investitionsprojekte X und Y zur Verfügung:

Bei einem Kalkulationszinssatz von 7% hat Projekt X bei einer Anschaffungsauszahlung von 2.500 € und einer Nutzungsdauer von fünf Jahren einen Kapitalwert von 155,23 €.

Projekt Y weist bei derselben Anschaffungsauszahlung und einer Nutzungsdauer von drei Jahren eine Annuität (bezogen auf die Nutzungsdauer) von 61,18 € auf (ebenfalls bei 7% Kalkulationszinssatz).

Welches Projekt ist bei einmaliger Investition vorzuziehen und warum?

a) Projekt Y weist mit 250,85 € den höheren Kapitalwert auf und ist deshalb vorzuziehen.

b) Die auf die Nutzungsdauer bezogene Annuität von Projekt X ist mit 37,86 € niedriger als 61,18 €, die Annuität von Projekt Y, daher ist Projekt Y vorzuziehen.

c) Projekt X ist vorzuziehen, da es den Investor jetzt schon um 155,23 € reicher macht, während Projekt Y ihm erst während der Nutzungsdauer einen Vermögenszuwachs von 61,18 € pro Jahr einbringt.

d) Der Kapitalwert von Projekt Y ist mit 160,56 € höher als jener von Projekt X, daher ist Projekt Y zu bevorzugen.

e) Projekt Y ist vorzuziehen, da hier in jedem Jahr der Nutzungsdauer mit 61,18 € ein höherer Betrag entnommen werden kann als bei Projekt X mit nur 37,86 €.

Übungsaufgabe 4.17:
Eine Maschine mit der Anschaffungsauszahlung von 8.000 € kann entweder zwei Jahre oder, mit einer entsprechenden Generalüberholung im zweiten Jahr, drei Jahre genutzt werden.

Wird die Maschine nur zwei Jahre genutzt, betragen die Nettoeinzahlungen in jedem dieser beiden Jahre 5.500 €.

Wird die Maschine drei Jahre genutzt, werden, zusätzlich zu den Einzahlungen von jeweils 5.500 € in den ersten beiden Jahren, in t=2 Auszahlungen von 3.000 € für die Generalüberholung fällig. In t=3 fallen weitere Einzahlungen in Höhe von 3.500 € an.

Für welche Variante (Neuanschaffung nach zwei Jahren oder Generalüberholung und Verlängerung der Nutzungsdauer auf drei Jahre) entscheiden Sie sich, wenn Sie von identischer Reinvestition beider Alternativen ausgehen, und mit einem Kalkulationszinssatz von 10% rechnen? Welche der folgenden Aussagen ist/sind in diesem Zusammenhang korrekt?

a) Der Kapitalwert ist bei einer Generalüberholung um 150,26 € höher als bei der Neuanschaffung nach zwei Jahren, daher sollte die Generalüberholung durchgeführt werden.

b) Die auf die jeweilige Nutzungsdauer bezogene Annuität ist bei Neuanschaffung nach zwei Jahren um 60,42 € niedriger als bei Generalüberholung, daher sollten Sie sich für die Generalüberholung entscheiden.

c) Die auf die jeweilige Nutzungsdauer bezogene Annuität bei einer Neuanschaffung nach zwei Jahren ist um 208,60 € höher als mit der Generalüberholung, daher empfehlen Sie die Neuanschaffung.

d) Der Kapitalwert bei der Generalüberholung ist mit 1.695,72 € höher als jener bei Neuanschaffung nach zwei Jahren, daher ist die Generalüberholung empfehlenswert.

e) Da die jährlichen Einzahlungen nach der Generalüberholung von 5.500 € auf 3.500 € absinken, raten Sie von der Generalüberholung ab.

Übungsaufgabe 4.18:
Die Annuitätenmethode

a) kann auch bei Auswahlentscheidungen (Entscheidungen über die relative Vorteilhaftigkeit) bei identischer Reinvestition und gleicher Nutzungsdauer der Investitionsprojekte verwendet werden.

b) dient zur endgültigen Entscheidung zwischen Projekten, wenn die Kapitalwertmethode zu keiner eindeutigen Entscheidung führt.

c) liefert als Ergebnis jenen konstanten Betrag, der in jedem Jahr der Nutzungsdauer des Projekts entnommen werden kann, so dass der interne Zinssatz der verbleibenden Rückflüsse gleich dem Kalkulationszinssatz ist.

d) liefert als Ergebnis jenen konstanten Betrag, der in jedem Jahr der Nutzungsdauer des Projekts entnommen werden kann, so dass der Kapitalwert der verbleibenden Rückflüsse gleich null ist.

e) bezieht die Annuität grundsätzlich auf die Dauer der mit dem Projekt verbundenen Zahlungen, auch wenn dieser Zeitraum länger ist als die Nutzungsdauer des Investitionsprojekts.

Übungsaufgabe 4.19:
Bei einer positiven Annuität

a) ist jedenfalls auch der Kapitalwert positiv.

b) kann man nur dann auf die Vorteilhaftigkeit des Investitionsprojekts schließen, wenn das Projekt wiederholt durchgeführt wird.

c) kann in jedem Jahr der Nutzungsdauer des Investitionsprojekts der Kapitalwert entnommen werden, sodass die Annuität vollständig aufgebraucht wird.

d) ist die Amortisation des eingesetzten Kapitals gewährleistet.

e) liegt im Fall einer Normalinvestition der interne Zinssatz über dem Kalkulationszinssatz.

Übungsaufgabe 4.20:
Von einem Investitionsprojekt (Nutzungsdauer 4 Jahre, Anschaffungsauszahlung 400 €) sind folgende Ein- und Auszahlungen bekannt:

t	Einzahlungen	Auszahlungen
1	300	160
2	280	170
3	350	180
4	410	220
5	150	350

Der Kalkulationszinssatz beträgt 5%. Beurteilen Sie das Investitionsprojekt nach der dynamischen Amortisationsrechnung und der Kapitalwertmethode und vergleichen Sie die jeweiligen Empfehlungen. Welche der folgenden Aussagen ist/sind in diesem Zusammenhang richtig?

a) Die dynamische Amortisationszeit beträgt vier Jahre, die dynamische Amortisationsrechnung empfiehlt die Durchführung des Projekts.

b) Der Kapitalwert ist mit 136,27 € positiv, daher empfiehlt die Kapitalwertmethode die Durchführung des Projekts.

c) Der Kapitalwert beträgt –20,43 €, daher sollte gemäß der Kapitalwertmethode das Projekts nicht durchgeführt werden.

d) Bei diesem Projekt liefern beide Methoden die gleichen Empfehlungen über die absolute Vorteilhaftigkeit.

e) Das Projekt amortisiert sich innerhalb der Nutzungsdauer, daher sieht die dynamische Amortisationsrechnung es als vorteilhaft an.

Übungsaufgabe 4.21:
Einer Investorin stehen zwei einander ausschließende Projekte X und Z zur Verfügung, die durch folgende Zahlungsreihen gekennzeichnet sind:

t	Projekt X	Projekt Z
0	–1.800	–1.200
1	510	540
2	580	470
3	620	400
4	520	
5	280	

Die betriebliche Nutzungsdauer von Projekt X beträgt vier Jahre, jene von Projekt Z drei Jahre. Beide Projekte sollen nur einmalig durchgeführt werden. Die Investorin rechnen mit einem Kalkulationszinssatz von 7% p.a.

a) Welches Projekt würde die dynamische Amortisationsrechnung empfehlen?

b) Für welches Projekt entscheidet sich die Investorin, wenn sie sich nach der Empfehlung der Kapitalwertmethode richtet?

c) Warum kommt es hier zu Widersprüchen? Welches Investitionsrechenverfahren sollte die Investorin für ihre Entscheidung heranziehen?

Übungsaufgabe 4.22:
Bei der dynamischen Amortisationsrechnung

a) sollte immer zusätzlich zur Amortisationsdauer der Amortisationsertrag ermittelt werden.

b) wird der Zeitpunkt ermittelt, zu dem die Summe der bisherigen Einzahlungen erstmals größer als die Summe der bisherigen Auszahlungen ist.

c) muss der kumulierte Barwert zum Amortisationszeitpunkt mit dem Kapitalwert übereinstimmen.

d) wird beim Projektvergleich jenes Projekt vorgezogen, welches die kürzere Amortisationsdauer aufweist.

e) werden die mit dem Projekt verbundenen Zahlungen nur bis zum Ende der Nutzungsdauer berücksichtigt.

Übungsaufgabe 4.23:
Folgende Zahlungsreihe eines Investitionsprojekts ist gegeben:

t	0	1	2	3
	–800	367	284	256

a) Berechnen Sie den (näherungsweisen) internen Zinssatz, indem Sie zwei Iterationen des Näherungsverfahrens der linearen Interpolation durchführen.

b) Würden Sie das Projekt realisieren, wenn Sie eine Mindestrendite von 6% p.a. erzielen möchten?

Übungsaufgabe 4.24:
Bei der Ermittlung des internen Zinssatzes einer Normalinvestition mittels linearer Interpolation

a) ist die Anzahl der für eine bestimmte Genauigkeit notwendigen Iterationen von den Startwerten abhängig.

b) ist jedenfalls ein positiver und ein negativer Kalkulationszinssatz zu wählen.

c) ist KW^- immer kleiner als KW^+.

d) ist i^- typischerweise kleiner als i^+.

e) ist der Näherungswert für den internen Zinssatz typischerweise kleiner als der exakte Wert.

Übungsaufgabe 4.25:
Von zwei einander ausschließenden (Normal-)Investitionsprojekten A und B sind die folgenden Zahlungen bekannt:

t	Projekt A	Projekt B
0	–6.500	–7.600
1	4.300	3.300
2	3.500	5.800

Der interne Zinssatz von Projekt A beträgt 13,6%, jener von Projekt B 11,7%. Beide Projekte weisen eine Nutzungsdauer von zwei Jahren auf, und sollen nur einmal realisiert werden.

a) Welches Projekt würde die Interne-Zinssatz-Methode vorziehen, wenn die geforderte Mindestverzinsung 5% beträgt?

b) Welches Projekt würde die Kapitalwertmethode empfehlen, wenn der Kalkulationszinssatz 5% beträgt?

c) Wie würde die Empfehlung der Kapitalwertmethode bei einem Kalkulationszinssatz von 8% lauten?

d) Wie erklären Sie sich die teilweise auftretenden Widersprüche der beiden Methoden? Argumentieren Sie anhand einer geeigneten Skizze!

Übungsaufgabe 4.26:
Investitionsprojekte, die mindestens einen internen Zinssatz aufweisen, der höher ist als der Kalkulationszinssatz,

a) erfüllen jedenfalls das Deckungskriterium, d.h. die Summe aller ihrer Zahlungen ist positiv.

b) sind jedenfalls (absolut) vorteilhaft, wenn es sich um Normalinvestitionen handelt.

c) können trotzdem beim gegebenen Kalkulationszinssatz einen negativen Kapitalwert aufweisen.

d) weisen bei diesem internen Zinssatz jedenfalls einen Kapitalwert von null auf.

e) sind auch gemäß der dynamischen Amortisationsrechnung vorteilhaft.

Übungsaufgabe 4.27:
Zu den Mängeln der Internen-Zinssatz-Methode zählt insbesondere

a) die implizite Annahme, dass alle Einzahlungen aus dem Investitionsprojekt zum internen Zinssatz wieder veranlagt werden.

b) die implizite Annahme, dass bei Normalinvestitionen nur ein einziger (ökonomisch sinnvoll interpretierbarer) interner Zinssatz existieren kann.

c) die mögliche Existenz mehrerer interner Zinssätze.

d) die implizite Annahme, dass beim Vergleich zweier Projekte Unterschiede in der Kapitalbindung durch Veranlagung zum Kalkulationszinssatz ausgeglichen werden.

e) der mögliche Widerspruch zu der Empfehlung der Kapitalwertmethode bei der Beurteilung der absoluten Vorteilhaftigkeit eines Normalinvestitionsprojekts.

Übungsaufgabe 4.28:
Einem Unternehmen stehen zwei verschiedene, einander ausschließende Investitionsprojekte (X und Y) zur Verfügung. Eine Berechnung ergibt einen internen Zinssatz von 6% für Projekt X und –2% für Projekt Y. Es soll jedenfalls eine Mindestverzinsung von 8% erzielt werden.

Worauf sollte das Unternehmen achten, wenn es sich zwischen den beiden Projekten entscheidet? Welche der folgenden Aussagen ist/sind in diesem Zusammenhang korrekt?

a) Projekt Y sollte aufgrund des negativen internen Zinssatzes sofort verworfen werden.

b) Die Information über die beiden berechneten internen Zinssätze reicht nicht aus, um eine gute Entscheidung zu treffen.

c) Projekt Y könnte einen weiteren internen Zinssatz besitzen, Projekt X hingegen nicht.

d) Beide internen Zinssätze liegen unter der gewünschten Mindestverzinsung, trotzdem könnten die beiden Projekte jeweils einen positiven Kapitalwert (bei 8% Kalkulationszinssatz) aufweisen.

e) Bei der Verwendung der Kapitalwertmethode könnte sich Projekt Y sogar als besser als Projekt X herausstellen.

Übungsaufgabe 4.29:
Von einem Investitionsprojekt mit einer Anschaffungsauszahlung von 20.000 € und einer Nutzungsdauer von sechs Jahren beträgt der Kapitalwert bei einem Kalkulationszinssatz von 8% 5.576,24 €. Welchen konstanten Betrag können Sie während der Nutzungsdauer des Projektes jährlich entnehmen, sodass der interne Zinssatz der verbleibenden Zahlungen genau 8% beträgt?

Übungsaufgabe 4.30:
Ein Unternehmen plant die Anschaffung einer Fertigungsanlage, um ein neues Produkt in das Produktionsprogramm aufnehmen zu können. Folgende Informationen werden eingeholt:

- Anschaffungsauszahlung: 150.000 €
- Nutzungsdauer: 3 Jahre

Am Ende des zweiten Jahres ist eine Generalüberholung notwendig, für die eine Auszahlung von 30.000 € veranschlagt wird.

Für das neue Produkt werden folgende Absatzmengen prognostiziert:

t	Absatzprognose
1	15.800
2	16.500
3	18.200
4	1.800

Im vierten Jahr werden die Restbestände, die sich noch im Lager befinden, verkauft. Der Verkaufserlös je Stück beträgt 4 €.

a) Treffen Sie mit Hilfe der Kapitalwertmethode eine Entscheidung über die Vorteilhaftigkeit dieser Investition, wenn der Kalkulationszinssatz 5% beträgt.

b) Wie hoch dürfte die Anschaffungsauszahlung maximal sein, so dass der interne Zinssatz des Investitionsprojekts genau 5% beträgt?

c) Im fünften Jahr fallen weitere Auszahlungen für die Stilllegung und Entsorgung der Anlage an. Wie hoch dürfen diese Auszahlungen maximal sein, damit die Anlage eine Rendite von 7% erzielt?

Übungsaufgabe 4.31:
Welche der folgenden Aussagen über Normalinvestitionen ist/sind korrekt?

a) Bei Normalinvestitionen existiert genau ein (ökonomisch sinnvoll interpretierbarer) interner Zinssatz.

b) Bei Normalinvestitionen können sich bei Auswahlentscheidungen keine Widersprüche zwischen Interner-Zinssatz-Methode und Kapitalwertmethode ergeben, da die internen Zinssätze, wenn sie existieren, eindeutig sind.

c) Bei Normalinvestitionen liefert die Kapitalwertmethode die selbe Entscheidung über die absolute Vorteilhaftigkeit wie die dynamische Amortisationsrechnung (ceteris paribus).

d) Eine Normalinvestition erfüllt das sogenannte Deckungskriterium, d.h. die Summe all ihrer Zahlungen ist positiv.

e) Bei einer Normalinvestition weist die zugehörige Zahlungsreihe nur einen Vorzeichenwechsel auf.

Übungsaufgabe 4.32:
Bei einem negativen Kapitalwert

a) amortisiert sich das Projekt erst nach Ablauf der Nutzungsdauer.

b) ist die Effektivverzinsung des Investitionsprojekts niedriger als die interne Verzinsung des gebundenen Kapitals.

c) ist auch das Endvermögen, das durch das Investitionsprojekt erzielt wird, negativ.

d) ist auch die Rendite des Investitionsprojekts negativ.

e) würde auch die Annuitätenmethode das Projekt als nicht vorteilhaft einstufen.

Übungsaufgabe 4.33:
Von zwei einander ausschließenden, risikolosen Investitionsprojekten sind folgende Daten bekannt:

Projekt X ist durch folgenden Zahlungsstrom gekennzeichnet:

t	0	1	2	3	4
	–10.000	3.000	4.300	4.800	2.500

Die Nutzungsdauer von Projekt X beträgt drei Jahre, der interne Zinssatz beträgt 17,2%, der Kalkulationszinssatz 8%.

Projekt Y (Nutzungsdauer ebenfalls drei Jahre) weist bei derselben Anschaffungsauszahlung einen Kapitalwert (Kalkulationszinssatz ebenfalls 8%)

von 1.900 € auf. Wie bei Projekt X handelt es sich bei Projekt Y um eine Normalinvestition, der interne Zinssatz beträgt 15,4%.

Entscheiden Sie zwischen diesen beiden Projekten mit Hilfe eines geeigneten Investitionsrechenverfahrens, wenn Sie unterstellen, dass wiederholt investiert werden soll. Welche der folgenden Aussagen ist/sind in diesem Zusammenhang richtig?

a) Die auf die jeweilige Nutzungsdauer bezogene Annuität beträgt bei Projekt X 819,64 €, bei Projekt Y nur 737,26 €, daher sollte Projekt X realisiert werden.

b) Der Kapitalwert von Projekt X beträgt 274,73 € und ist damit niedriger als jener von Projekt Y, daher ist Projekt Y vorzuziehen.

c) Da es sich bei beiden Projekten um Normalinvestitionen handelt, ist Projekt X mit dem höheren internen Zinssatz vorzuziehen.

d) Die auf die jeweilige Nutzungsdauer bezogene Annuität von Projekt X beträgt 106,60 € und ist niedriger als jene von Projekt Y, daher ist Projekt Y vorzuziehen.

e) Der Kapitalwert von Projekt X ist um 212,30 € höher als jener von Projekt Y, daher sollte Projekt X gewählt werden.

Übungsaufgabe 4.34:
Die Interne-Zinssatz-Methode

a) führt bei Ja/Nein-Entscheidungen über Normalinvestitionen immer zur gleichen Entscheidung wie die Annuitätenmethode.

b) führt bei Auswahlentscheidungen nur dann zur gleichen Entscheidung wie die Kapitalwertmethode, wenn es sich bei den Projekten um Normalinvestitionen handelt.

c) kann bei Ja/Nein-Entscheidungen der Kapitalwertmethode widersprechen.

d) führt bei Ja/Nein-Entscheidungen über Normalinvestitionen immer zur gleichen Entscheidung wie die dynamische Amortisationsrechnung.

e) kann bei Entscheidungen über die relative Vorteilhaftigkeit von Normalinvestitionen der Kapitalwertmethode widersprechen.

Übungsaufgabe 4.35:
Bei der Entscheidung über die relative Vorteilhaftigkeit zweier Investitionsprojekte (Auswahlentscheidung) bei konstantem Zinssatz (und unter dem üblichen Ziel der Vermögensmaximierung)

a) muss bei identischer Reinvestition und verschiedenen Nutzungsdauern jedenfalls die Annuitätenmethode verwendet werden.

b) kann jedenfalls die Kapitalwertmethode verwendet werden.

c) sollte bei identischer Reinvestition und verschiedenen Nutzungsdauern entweder die Kapitalwert- oder die Annuitätenmethode herangezogen werden.

d) kann auch die Interne-Zinssatz-Methode herangezogen werden, wenn es sich um Normalinvestitionen handelt.

e) kann auch die dynamische Amortisationsrechnung verwendet werden, wenn es sich um Normalinvestitionen handelt.

Übungsaufgabe 4.36:
Bei der Bewertung von riskanten Investitionsprojekten

a) kann man anstelle von Erwartungswerten auch Sicherheitsäquivalente zur Berechnung heranziehen.

b) können bei Auswahlentscheidungen zwischen zwei Investitionsprojekten mit unterschiedlichen risikoangepassten Zinssätzen sowohl die Kapitalwert- als auch die Annuitätenmethode verwendet werden.

c) muss bei der Beurteilung von Normalinvestitionen der interne Zinssatz um einen entsprechenden Risikozuschlag erhöht werden.

d) muss beim Projektvergleich jedenfalls ein einheitlicher Kalkulationszinssatz verwendet werden, und zwar jener, der dem Risiko des riskanteren Projekts entspricht.

e) sollte jedenfalls der risikoadjustierte Zinssatz verwendet werden, wenn man mit Sicherheitäquivalenten rechnet.

Übungsaufgabe 4.37:
Ein Investitionsprojekt mit einer Nutzungsdauer von zwei Jahren, das eine Auszahlung von 40.000 € erfordert, weist je nach wirtschaftlicher Entwicklung in t=2 eine Einzahlung in Höhe von 33.000 € (Szenario 1), 46.000 € (Szenario 2) oder 58.000 € (Szenario 3) auf. Die Wahrscheinlichkeit für Szenario 1 wird mit 15% eingeschätzt, jene für Szenario 2 mit 65%. Es fallen keine weiteren Zahlungen an.

Wie hoch ist die erwartete Jahresrendite, wenn das Investitionsprojekt realisiert wird?

Übungsaufgabe 4.38:
Ein Investitionsprojekt mit einer Anschaffungsauszahlung von 1.000 € liefert im Zeitpunkt t=1 mit einer Wahrscheinlichkeit von 70% eine Einzahlung in Höhe von 1.300 €, oder mit einer Wahrscheinlichkeit von 30% eine Einzahlung von 800 €. Der risikolose Kalkulationszinssatz beträgt 5%.

Investor A ist risikoscheu, er bewertet die unsichere Einzahlung in t=1 gleich hoch wie eine sichere Zahlung in Höhe von 1.030 €. Investor B verhält sich risikoneutral, und Investor C ist risikofreudig, sein Sicherheitsäquivalent der ungewissen Zahlung in t=1 beträgt 1.180 €.

a) Sollten die Investoren A, B bzw. C das Projekt realisieren?

b) Wie hoch sind die risikoadjustierten Zinssätze bzw. die Risikozuschläge, die die Investoren implizit verwenden?

Übungsaufgabe 4.39:
Der Produktmanager eines Großkonzerns überlegt die Einführung des neuen Waschmittels „Fleckenschreck". Die dafür notwendige Umstellung der Maschinen verursacht sofort fällige Auszahlungen in Höhe von 80.000 €. Pro verkaufter Tonne „Fleckenschreck" sollen Nettoeinzahlungen von 0,50 € realisiert werden.

Die Produkteinführung soll durch geeignete Werbemaßnahmen unterstützt werden, eine entsprechende Rundfunkkampagne erfordert eine sofortige Auszahlung von 50.000 €. Mit einer Wahrscheinlichkeit von 60% ist diese Werbekampagne erfolgreich und der Absatz beträgt im ersten Jahr 55.000 Tonnen, im zweiten Jahr 60.000 Tonnen in allen danach folgenden Jahren jeweils 70.000 Tonnen pro Jahr. In diesem Fall werden nach der ersten Werbekampagne zur Produkteinführung jährliche Folgekampagnen durchgeführt, die Auszahlungen von 8.000 € pro Jahr verursachen.

Sollte die anfängliche Werbekampagne und damit die Produkteinführung nicht erfolgreich sein, wird die Produktion wieder eingestellt. In diesem Fall würden im ersten Jahr 12.000 Tonnen und im zweiten Jahr 7.000 Tonnen „Fleckenschreck" verkauft. Im ersten Jahr würden noch 3.000 € für kleinere Werbemaßnahmen anfallen, danach wird aber jede Werbung eingestellt.

Entscheiden Sie über die Produkteinführung, wenn der risikolose Zinssatz 4% und der Risikozuschlag sieben Prozentpunkte beträgt!

Übungsaufgabe 4.40:
Ein Unternehmen plant die Beschaffung einer neuen Produktionsanlage. Die Anschaffungsauszahlung beträgt 60.000 €, die betriebliche Nutzungsdauer vier Jahre. In diesen vier Jahren können durch das erzeugte Produkt jeweils Umsätze in Höhe von 15.000 €, 20.000 €, 25.000 € bzw. 30.000 € erzielt werden. Mit einer Wahrscheinlichkeit von 20% fallen die Jahresumsätze sogar um 30% höher aus.

Das Unternehmen beliefert nur Stammkunden, denen es großzügige Zahlungskonditionen gewährt. So muss im Jahr des Absatzes nur eine Anzahlung von 60% geleistet und der Restbetrag erst ein Jahr später bezahlt werden.

Nach Ablauf der betrieblichen Nutzungsdauer muss die Produktionsanlage zerlegt, gesäubert und entsorgt werden. Dafür fallen am Ende des vierten, fünften und sechsten Jahres Auszahlungen von jeweils 7.000 € an.

Beurteilen Sie die Vorteilhaftigkeit dieser Investition, wenn der risikolose Zinssatz 6% beträgt und das Unternehmen das Risiko der Investition mit einem Risikozuschlag von drei Prozentpunkten berücksichtigen möchte.

a) Der Kapitalwert ist mit –295,54 € negativ, daher ist die Investition nicht vorteilhaft.

b) Der Kapitalwert beträgt 3.422,07 €, das Projekt ist daher empfehlenswert.

c) Da der Kapitalwert mit 1.739,19 € positiv ist, sollte das Unternehmen in die neue Produktionsanlage investieren.

d) Der Kapitalwert beträgt –751,80 €, das Projekt sollte daher nicht durchgeführt werden.

e) Da der Kapitalwert 3.755,33 € beträgt, ist das Investitionsprojekt vorteilhaft.

Übungsaufgabe 4.41:
Ihr Unternehmen überlegt die Einführung eines neuen Lifestyle-Produkts, wobei zwei verschiedene Varianten zur Auswahl stehen. Für beide Varianten müssten Sie jedenfalls eine eigene Produktionsmaschine anschaffen.

Bei der Produktvariante S beträgt die notwendige Anschaffungsauszahlung 10.000 €, die Maschine hat eine Nutzungsdauer von vier Jahren. Für dieses Produkt könnten Sie einen langfristigen Liefervertrag mit einem Ihrer Kunden abschließen, die mit der Variante S verbundenen Zahlungen können daher als sicher angesehen werden.

Bei der Produktvariante R verursacht die entsprechende Maschine Anschaffungsauszahlungen in Höhe von 13.000 €, die Nutzungsdauer beträgt drei Jahre. Hier kann kein Abnahmevertrag wie in der anderen Produktvariante abgeschlossen werden, daher gelten die damit verbundenen Einzahlungen als unsicher.

Die mit der Produktion und dem Absatz von Variante S bzw. R verbundenen Einzahlungen bzw. Erwartungswerte der Einzahlungen sind der nachstehenden Tabelle zu entnehmen:

t	Einzahlungen Variante S	erwartete Einzahlungen Variante R
1	6.000	8.500
2	6.500	9.500
3	7.000	10.500
4	7.000	

Der risikolose Zinssatz beträgt 5%, das mit der Variante R verbundene Risiko wollen Sie mit einen Risikozuschlag von 4 Prozentpunkten berücksichtigen.

a) Welche der beiden Varianten sollten Sie wählen, wenn Sie von einmaliger Investition ausgehen?

b) Wofür würden Sie sich bei identischer Reinvestition entscheiden?

Übungsaufgabe 4.42:
Von dem riskanten Investitionsprojekt X (Anschaffungsauszahlung 3.800 €, Nutzungsdauer drei Jahre, interner Zinssatz 12,56%) wurden folgende erwarteten zukünftigen Zahlungen prognostiziert:

t	erwartete Zahlungen
1	2.100
2	1.800
3	1.300
4	–500

Ein anderes, sicheres Investitionsprojekt Y (Nutzungsdauer fünf Jahre) liefert bei einem (risikolosen) Kalkulationszinssatz von 6% einen Kapitalwert von 580,00 € und einen internen Zinssatz von 10,31%.

Für welches Projekt sollte sich ein risikoscheuer Investor entscheiden, der das mit Projekt X verbundene Risiko mit einem Risikozuschlag von zwei Prozentpunkten berücksichtigt, und die Investition nur einmal durchführen möchte? Welche der folgenden Aussagen ist/sind in diesem Zusammenhang richtig?

a) Die auf die jeweilige Nutzungsdauer bezogene Annuität ist bei Projekt X mit 137,69 € um 1,06 € höher als bei Projekt X, daher sollte Projekt Y durchgeführt werden.

b) Der interne Zinssatz von Projekt X ist größer als jener von Projekt Y, daher ist Projekt X vorzuziehen.

c) Der Kapitalwert von Projekt Y ist um 227,88 € höher als jener von Projekt X, daher sollte Projekt Y gewählt werden.

d) Da der Investor risikoscheu ist, sollte er jedenfalls das sichere Projekt Y wählen.

e) Der Kapitalwert von Projekt X beträgt 719,64 € und ist damit höher als jener von Projekt Y, daher sollte der Investor Projekt X realisieren.

Übungsaufgabe 4.43:
Einer Investorin stehen zwei verschiedene, einander ausschließende Projekte zur Verfügung:

- Das sichere Projekt A hat eine Nutzungsdauer von drei Jahren und liefert bei einem (risikolosen) Kalkulationszinssatz von 4% einen Kapitalwert von 9.600 €.
- Projekt Z ist mit unsicheren Zahlungen verbunden und erzielt bei einer Nutzungsdauer von vier Jahren bei einem risikoadjustierten Kalkulationszinssatz von 9% einen Kapitalwert von 14.200 €.

Für welches der beiden Projekte soll sich die Investorin entscheiden, wenn sie von identischer Reinvestition ausgeht?

a) Bei Projekt A beträgt die auf die Nutzungsdauer bezogene Annuität nur 3.459,35 €, bei Projekt Z jedoch 4.383,10 €, daher ist Projekt Z vorzuziehen.

b) Der Kapitalwert von Projekt Z ist um 4.600,00 € höher als jener von Projekt A, daher sollte die Investorin Projekt Z durchführen.

c) Der Kettenkapitalwert von Projekt Z beträgt 36.714,02 €, jener von Projekt A hingegen nur 32.466,22 €, daher ist Projekt Z vorzuziehen.

d) Beim risikolosen Zinssatz von 4% ist die auf die Nutzungsdauer bezogene Annuität von Projekt Z um 452,61 € höher als jene von Projekt A, daher ist Projekt Z vorzuziehen.

e) Der Kettenkapitalwert des sicheren Projekts A beträgt 30.110,19 € und ist damit um 1.275,95 € niedriger als jener von Projekt Z, daher sollte Projekt Z durchgeführt werden.

Übungsaufgabe 4.44:
Ein Investitionsprojekt mit einer Anschaffungsauszahlung von 54.000 € liefert in t=3 mit einer Wahrscheinlichkeit von 75% eine Einzahlung in Höhe von 73.000 €, mit der entsprechenden Gegenwahrscheinlichkeit eine Einzahlung von 60.000 €. Es fallen keine weiteren Zahlungen an. Der risikolose Zinssatz beträgt 3%.

Mit welchem Risikozuschlag rechnet ein Investor, der bei der Beurteilung dieses Projekts einen Kapitalwert von 1.030 € errechnet?

a) –2,096 Prozentpunkte

b) 5,222 Prozentpunkte

c) 26,749 Prozentpunkte

d) 1,082 Prozentpunkte

e) 8,222 Prozentpunkte

Übungsaufgabe 4.45:
Welche der folgenden Aussagen ist/sind im Zusammenhang mit der Berücksichtigung der Zinsstruktur bei Investitionsrechenverfahren richtig?

a) Bei einer normalen Zinsstruktur unterstellt man bei der Kapitalwertmethode, dass die Zahlungen, die während der Nutzungsdauer des Projekts anfallen, bis zum Ende der Nutzungsdauer zu den entsprechenden Spot Rates angelegt werden können.

b) Bei einer nicht-flachen Zinsstruktur sollte die Annuitätenmethode nicht verwendet werden.

c) Bei nicht-flacher Zinsstruktur werden bei der Verwendung der Internen-Zinssatz-Methode die einzelnen Zahlungen des Investitionsprojekts mit den jeweils geltenden Spot Rates abgezinst.

d) Bei einer flachen Zinsstruktur kann beim Projektvergleich bei identischer Reinvestition sowohl die Kapitalwert- als auch die Annuitätenmethode eingesetzt werden.

e) Bei der Annuitätenmethode kann man im Fall einer nicht-flachen Zinsstruktur den Annuitätenfaktor je nach Risikoeinstellung mit der niedrigsten, der höchsten oder dem Mittelwert aller Spot Rates berechnen.

Übungsaufgabe 4.46:
Ein Investor besitzt 70.000 € und überlegt, diesen Betrag zur Gänze in einem Projekt mit einer Nutzungsdauer von fünf Jahren zu veranlagen. Die durch das Projekt generierten Ein- und Auszahlungen sowie die derzeit geltenden Spot Rates sind in der folgenden Tabelle zusammengefasst:

t	i_t (p.a.)	Einzahlungen	Auszahlungen
1	4,6%	18.800	4.500
2	4,9%	21.200	5.000
3	5,0%	24.600	4.700
4	5,2%	25.900	3.900
5	5,3%	25.500	5.100

a) Entscheiden Sie mit Hilfe eines geeigneten Investitionsrechenverfahren über die Vorteilhaftigkeit des Projekts!

b) Wie hoch ist das Endvermögen des Investors nach Ablauf der Nutzungsdauer, wenn er das Projekt durchführt?

Übungsaufgabe 4.47:
Die Solar AG möchte die Produktion von Sonnenkollektoren ausweiten und überlegt die Anschaffung einer neuen Maschine. Dabei stehen zwei verschiedene Maschinentypen zur Auswahl:

- Maschine A erfordert eine Anschaffungsauszahlung von 10.000 € und liefert während der zweijährigen Nutzungsdauer jährliche Zahlungen in Höhe von 7.200 €. Nach dem Ende der Nutzungsdauer fallen in t=3 Entsorgungsauszahlungen in Höhe von 3.000 € an.

- Maschine B kann vier Jahre genutzt werden, und liefert bei einer Anschaffungsauszahlung von 15.000 € in jedem Jahr der Nutzungsdauer Einzahlungen von 4.500 €

Die aktuellen Spot Rates sind in der folgenden Tabelle gegeben:

t	i_t (p.a.)
1	4,0%
2	4,0%
3	4,2%
4	4,5%
5	4,6%

a) Welche Maschine sollte die Solar AG anschaffen, wenn sie von einmaliger Investition ausgeht?

b) Welche Maschine würden Sie bei identischer Reinvestition empfehlen?

Übungsaufgabe 4.48:
Die Blech AG hat gerade einen langfristigen Liefervertrag mit einem Großkunden abgeschlossen, in dem sie sich verpflichtet, in den nächsten sechs Jahren eine bestimmte Menge an verzinkten Stahlblechen zu liefern. Zur Produktion stehen zwei verschiedene Maschinentypen zur Auswahl:

- Modell S hat eine Nutzungsdauer von drei Jahren, erfordert eine Anschaffungsauszahlung von 75.000 € und liefert folgende Ein- und Auszahlungen:

t	Einzahlungen	Auszahlungen
0		75.000
1	33.000	6.000
2	38.000	8.000
3	35.000	9.000

- Modell T weist eine Nutzungsdauer von sechs Jahren auf und liefert bei der unten angegebenen Zinsstruktur einen Kapitalwert von 8.000 €.

Das Unternehmen rechnet mit folgenden Spot Rates:

t	i_t (p.a.)
1	3,5%
2	3,7%
3	3,9%
4	3,9%
5	3,6%
6	3,7%

Welchen Modelltyp sollte die Blech AG wählen, wenn für die nächsten sechs Jahre eine Entscheidung getroffen werden soll? Welche der folgenden Aussagen ist/sind in diesem Zusammenhang richtig?

a) Der für sechs Jahre berechnete Kettenkapitalwert von Modell S beträgt 4.511,29 € und ist damit niedriger als jener von Modell T, daher sollte Modell T gewählt werden.

b) Der Kapitalwert von Modell S beträgt mit 2.165,07 € wesentlich weniger als jener von Modell T, daher sollte Modell T realisiert werden.

c) Der Kapitalwert von Modell T ist um 3.488,71 € höher als der auf sechs Jahre bezogene Kettenkapitalwert von Modell S, daher sollte die Blech AG Modell T wählen.

d) Zur Auswahl des relativ vorteilhaften Modells könnte auch die Annuitätenmethode verwendet werden, in diesem Fall würde die Entscheidung ebenfalls zu Gunsten von Modell T ausfallen.

e) Modell S weist einen Kettenkapitalwert von 4.248,86 € auf, daher ist Modell T mit dem höheren (Ketten-)Kapitalwert vorzuziehen.

Kapitel 5

Finanzierung: Übungsaufgaben

Diese Aufgaben dienen zum Üben der Funktionsweise und Berechnung der verschiedenen Finanzierungsinstrumente. Es werden sämtliche Finanzierungsformen sowohl in der Theorie als auch rechnerisch behandelt, und oft auch einander gegenüber gestellt, um Unterschiede deutlich zu machen.

Übungsaufgabe 5.1:
Welche der folgenden Aussagen über Information- und Anreizprobleme („moral hazard") ist/sind richtig?

a) Finanzmärkte sind aufgrund der Informations- und Anreizproblematik in der Regel unvollkommen und unvollständig.

b) Den Sachverhalt, dass jemand, der keine persönlichen negativen Konsequenzen seines Handelns zu befürchten hat, höhere Risiken eingeht, bezeichnet man als „moral hazard".

c) Das Problem des „moral hazard" besteht darin, dass ein Vertragspartner ohne expliziter vertraglicher Vereinbarung typischerweise ein niedrigeres Risiko eingeht als ein Vertragspartner mit vertraglich festgelegter Vereinbarung.

d) Die Akteure am Finanzmarkt verfolgen zwar die identen Interessen (symmetrische Verteilung), können sich aber nur unvollständig über das Verhalten der anderen Akteure informieren.

e) Die Hauptursache der Anreizprobleme ist die begrenzte Verfügbarkeit von Kapital, so dass nicht allen Marktteilnehmern ausreichende Finanzmittel zur Verfügung stehen.

Übungsaufgabe 5.2:
Welche der folgenden Aussagen zur Innenfinanzierung ist/sind richtig?

a) Innenfinanzierungsmaßnahmen beschränken sich auf unternehmensinterne Aktivitäten, umfassen also nicht die Tätigkeit der Unternehmung am Markt (z.B. über Einzahlungen aus dem Umsatzprozess).

b) Das Vorziehen von Auszahlungen ist eine Innenfinanzierungsmaßnahme.

c) Die bedeutendste Innenfinanzierungsmaßnahme ist die Erzielung von Einzahlungsüberschüssen durch den Verkauf von Güter und Dienstleistungen.

d) Bei der Innenfinanzierung werden erwirtschaftete Einzahlungsüberschüsse von der Unternehmung einbehalten und nicht als Dividende ausgeschüttet.

e) Zur Innenfinanzierung gehört beispielsweise die Aufnahme eines Gesellschafterdarlehens.

Übungsaufgabe 5.3:
Welche der folgenden Aussagen zur Beteiligungsfinanzierung ist/sind richtig?

a) Die Finanzierungsform der Beteiligungsfinanzierung steht nur Aktiengesellschaften offen.

b) Die konkrete Art der Beteiligungsfinanzierung ist immer abhängig von der Gesellschaftsform des Unternehmens.

c) Unter Beteiligungsfinanzierung versteht man die interne Zuführung von Eigenkapital (interne Eigenfinanzierung), die hauptsächlich durch die Einbehaltung von Gewinnen (Gewinnthesaurierung) geschaffen wurde.

d) Bei Kapitalgesellschaften haften die Beteiligten (die Eigenkapitalgeber) mit dem Wert ihrer Anteile für die Schulden der Gesellschaft.

e) Im Unterschied zur Innenfinanzierung wird bei der Beteiligungsfinanzierung dem Unternehmen Fremdkapital von außen (externe Finanzierung) zugeführt.

Übungsaufgabe 5.4:
Grenzen Sie Eigen- und Fremdkapital anhand von mindestens fünf Kriterien voneinander ab!

Übungsaufgabe 5.5:
Zu den typischen Merkmalen von Fremdkapital gehören

a) Beteiligung des Kapitalgebers am Gewinn des Unternehmens

b) Gläubigerstellung des Kapitalgebers

c) steuerliche Absetzbarkeit der Kreditsumme

d) zeitliche Befristung

e) Mitspracherechte des Kapitalgebers

Übungsaufgabe 5.6:
Welche Kreditformen zählen zu den langfristigen Finanzierungsinstrumenten?

a) Nullkuponanleihe

b) Gewinnschuldverschreibung

c) Kontokorrentkredit

d) Klassische Anleihe

e) Lombardkredit

Übungsaufgabe 5.7:
Welche der folgenden Aussagen über die Tilgung eines Darlehens ist/sind korrekt?

a) Unter der Tilgung versteht man in der Regel die Rückzahlung von Fremdkapital in Teilbeträgen innerhalb einer vertraglich festgelegten Zeit.

b) Bei der Annuitätentilgung ergibt sich die Annuität aus der Summe von Zins und Tilgung.

c) Bei der Annuitätentilgung vergrößert sich der Tilgungsanteil während der Laufzeit, während der Zinsanteil sinkt.

d) Bei der Annuitätentilgung verkleinert sich der Tilgungsanteil während der Laufzeit, während der Zinsanteil steigt.

e) Endfällige Tilgung ist zu wählen, wenn während der Laufzeit keine jährliche Belastung (weder Tilgungsbeträge noch Zinsen) erwünscht ist.

Übungsaufgabe 5.8:
Bei der Annuitätentilgung

a) ist die Höhe der Zinszahlungen (von Zinssatzänderungen abgesehen) während der Laufzeit konstant.

b) ist die Höhe der Tilgungszahlungen auch bei Zinssatzänderungen während der Laufzeit konstant.

c) fällt im Gegensatz zur konstanten Tilgung keine „Kreditsteuer“ (Vertragserrichtungsgebühr) an.

d) werden die Zinsen zur Gänze am Laufzeitende bezahlt.

e) ist das Verhältnis zwischen Zinsen und Tilgung variabel.

Übungsaufgabe 5.9:
Welche der folgenden Aussagen ist/sind korrekt?

a) Bei Darlehen mit konstanter Tilgung nimmt die Zinsbelastung mit abnehmender Restlaufzeit zu.

b) Bei Darlehen mit endfälliger Tilgung ist in jedem Jahr die Zinsbelastung gleich hoch.

c) Bei Tilgung in Form von Annuitäten nimmt mit abnehmender Restlaufzeit der Tilgungsanteil ab.

d) Bearbeitungs- und Kontoführungsgebühren führen zu einer höheren Effektivverzinsung aus Sicht des Darlehensnehmers und einer niedrigeren Effektivverzinsung aus Sicht der Bank (Darlehensgeber).

e) Bei rückzahlungsfreien Jahren werden nur Zins-, nicht aber Tilgungszahlungen geleistet.

Übungsaufgabe 5.10:
Welche der folgenden Aussagen über Darlehen mit konstanter Tilgung ist/sind richtig, wenn angenommen wird, dass alle übrigen Größen jeweils gleich bleiben (ceteris paribus)?

a) Eine höhere Bearbeitungsgebühr führt zu einer höheren Effektivverzinsung.

b) Eine niedrigere Nominalverzinsung bewirkt ein Absinken der Effektivverzinsung.

c) Eine Verkürzung der Laufzeit führt zu höheren Tilgungszahlungen pro Jahr.

d) Eine Verlängerung der Laufzeit führt zu höheren Zinszahlungen in jedem Jahr der Laufzeit.

e) Ein höheres Darlehensvolumen führt zu höheren Zins- und Tilgungszahlungen.

Übungsaufgabe 5.11:
Erstellen Sie einen Tilgungsplan aus der Sicht des Darlehensnehmers für ein Darlehen mit folgenden Konditionen:

- Darlehensbetrag: 60.000 €
- Laufzeit: 5 Jahre
- Tilgungsart: konstante Tilgung, 2 tilgungsfreie Jahre
- Nominalzins: 6% p.a. bei jährlicher Verzinsung
- Bearbeitungsgebühr: 2% vom Darlehensbetrag
- Kontoführungskosten: 10 € pro Jahr

Übungsaufgabe 5.12:
Ein Darlehen mit folgenden Konditionen liegt vor:

- Darlehensbetrag: 150.000 €
- Laufzeit: 3 Jahre
- Tilgungsart: Annuitätentilgung
- Nominalzins: 4% p.a.
- Bearbeitungsgebühr: 1% vom Darlehensbetrag
- Kontoführungskosten: 15 € pro Jahr

Erstellen Sie den Tilgungsplan für die Darlehensnehmerin.

Übungsaufgabe 5.13:
Florian nimmt ein Darlehen über 100.000 € auf, das über 7 Jahre zurückgezahlt werden soll, wobei in den ersten beiden Jahre keine Tilgung erfolgt. Der Zinssatz beträgt 8% p.a. für alle Laufzeiten. Die Bank erhebt eine einmalige Bearbeitungsgebühr von 2% des Darlehensbetrags und eine jährliche Kontoführungsgebühr von 100 €. Als Tilgungsform ist

a) konstante Tilgung

b) Annuitätentilgung

vereinbart. Stellen Sie alle anfallenden Ein- und Auszahlungen (aus Florians Sicht) übersichtlich dar.

Übungsaufgabe 5.14:
Es gelten die Angaben aus Übungsaufgabe 5.13, doch nun ergeben sich folgende unvorhergesehene Änderungen:

- Im vierten Jahr kann Florian nur die anfallenden Spesen und Zinsen zahlen, aber keine Tilgung.
- Im fünften Jahr zahlt Florian insgesamt nur 2.600 €.
- Am Anfang des sechsten Jahres wird die Gesamtdauer des Vertrages auf neun Jahre verlängert und der Zinssatz auf 10% erhöht.

Stellen Sie die entsprechenden Ein- und Auszahlungen (aus Florians Sicht) für

a) konstante Tilgung

b) Annuitätentilgung

übersichtlich dar!

Übungsaufgabe 5.15:
Ein Unternehmen nimmt für den Kauf einer neuen Maschine ein Darlehen über 400.000 € auf. Die Tilgung erfolgt mittels konstanter jährlicher Zahlungen, die Laufzeit des Darlehens beträgt 5 Jahre. Der Nominalzinssatz beträgt 6% p.a. (jährliche Verzinsung) und es wird ein Freijahr beantragt. Weiters wird eine Bearbeitungsgebühr von 1% vom Darlehensbetrag sowie eine Kontoführungsgebühr von 20 € im Jahr verrechnet.

Welche der folgenden Aussagen ist/sind richtig?

a) Im letzten Jahr werden insgesamt 106.020 € bezahlt.

b) Der interne (effektive) Zins des Darlehens aus Sicht des Unternehmers beträgt 6,34%.

c) Die Bearbeitungsgebühr müsste 4% des Darlehensbetrages ausmachen, damit der Darlehensgeber eine Rendite von 7% erzielt.

d) Die Effektivverzinsung des Darlehens ist für den Darlehensnehmer und den Darlehensgeber gleich hoch.

e) Die Zinszahlung im dritten Jahr beträgt 24.000 €.

Übungsaufgabe 5.16:
Sie nehmen zur Finanzierung eines Wohnungskaufs bei einer Bank ein Annuitätendarlehen in Höhe von 150.000 € auf. Die Laufzeit soll 20 Jahre betragen, der Nominalzinssatz wird über die Laufzeit mit 6% garantiert. Tilgung und Zinszahlung erfolgen jährlich. Es werden zwei tilgungsfreie Jahre vereinbart. Die Bearbeitungsgebühr macht 1,5% aus, die jährliche Kontoführungsgebühr beträgt 70 €. Darüber hinaus fallen keine Gebühren an.

Welche der folgenden Aussagen ist/sind korrekt?

a) Ab dem dritten Jahr bezahlen Sie jeweils 13.853,48 € pro Jahr.

b) Die (jährliche) Annuität ab dem dritten Jahr beträgt 13.077,68 €.

c) In den ersten beiden Jahren haben Sie jeweils 9.070 € zu bezahlen.

d) Die (jährliche) Annuität ab dem dritten Jahr beträgt 13.853,48 €.

e) Sie erhalten von der Bank als Kreditbetrag 147.680 € ausbezahlt.

Übungsaufgabe 5.17:
Eine Bank vergibt ein Annuitätendarlehen mit folgenden Konditionen:

- Darlehensbetrag: 125.000 €
- Laufzeit: 6 Jahre
- Nominalzinssatz: 3,5% p.a.

Welche der folgenden Antworten ist/sind korrekt?

a) Wenn im zweiten Jahr nur 2.500 € an Tilgung bezahlt werden können, ändert sich dadurch die Höhe der Annuität in den verbleibenden Jahren auf 36.912,87 €.

b) Die Summe der Zinszahlungen ist beim Darlehen mit endfälliger Tilgung ceteris paribus höher als beim Annuitätendarlehen.

c) Im Vergleich zum Darlehen mit konstanter Tilgung ist die Summe der Tilgungszahlungen beim Annuitätendarlehen ceteris paribus immer höher.

d) Die Annuität wird zu Beginn der Laufzeit mit 23.458,53 € festgelegt. Die Tilgungszahlung im ersten Jahr beträgt somit 19.083,53 €.

e) Treten keine unerwarteten Änderungen ein, so sinkt die Zinszahlungen mit der Laufzeit, während die Höhe der Tilgung konstant bleibt.

Übungsaufgabe 5.18:
Anleihen

a) mit laufender Verzinsung heißen Kuponanleihen.

b) haben immer einen Emissionskurs über 100%.

c) können seitens des Emittenten kündbar sein.

d) ohne laufender Zinszahlung nennt man endfällige Kuponanleihen.

e) ohne laufende Zinszahlung weisen meist ein hohes Disagio auf.

Übungsaufgabe 5.19:
Welche der folgenden Aussagen über Kuponanleihen sind korrekt?

a) Der Anleihenkurs am Kupontermin ist immer der „Clean Price".

b) Eine Kuponanleihe notiert zwischen zwei Kuponterminen immer zum „Dirty Price".

c) Der Dirty Price einer Anleihe setzt sich aus dem Clean Price und den Stückzinsen zusammen.

d) Bei hoher Liquidität wird ein Dirty Price zum Clean Price.

e) Wird eine Anleihe am Kupontermin verkauft, fallen (positive) Stückzinsen an.

Übungsaufgabe 5.20:
Eine endfällige Kuponanleihe mit einem jährlichen Kupon von 5,5% wird zu einem Emissionskurs von 98% aufgelegt. Der Tilgungskurs liegt bei 100%. Das Nominale beträgt 50.000.000 € und die Laufzeit fünf Jahre. Für den Emittenten fallen Auszahlungen in Höhe von 100.000 € anlässlich der Emission sowie

jährliche Spesen von 20.000 € an. Stellen Sie alle Ein- und Auszahlungen aus Sicht des Emittenten dar!

Übungsaufgabe 5.21:
Eine Serienanleihe wird gleichmäßig über die Laufzeit von 7 Jahren getilgt. Der Nominalbetrag ist 35.000.000 €, die Emission erfolgt zu 103%, die Tilgung zu 100% und der Kupon beträgt 7% pro Jahr. Bei der Emission fallen einmalige Auszahlungen von 500.000 € an und anschließend Spesen von 75.000 € pro Jahr.

a) Stellen Sie alle Ein- und Auszahlungen aus Sicht des Emittenten dar.

b) Stellen Sie alle Ein- und Auszahlungen aus Sicht eines Investors dar, der einen Nominalbetrag von 700.000 € zeichnet, gleichmäßig verteilt auf alle Serien. Dieser Investor hat Kaufspesen von 5.000 € und eine jährliche Depotgebühr von 1.000 € zu zahlen.

c) Wie hoch müsste der Emissionskurs der Anleihe sein, damit der Zeichner eine effektive Rendite von 7% erzielt?

Übungsaufgabe 5.22:
Eine endfällige Kuponanleihe mit folgenden Konditionen ist gegeben:

- Nominale: 100.000.000 €
- Kupon: 6% p.a.
- Laufzeit: 6 Jahre
- Emissionskurs: 95%
- Tilgungskurs: 100%

a) Mit welchen Zahlungen hat der Emittent zu rechnen?

b) Mit welchen Zahlungen hat ein Investor zu rechnen, der 10.000 € des Nominalbetrags zeichnet?

c) Wie hoch müsste der Emissionskurs jeweils festgelegt werden, damit die Effektivverzinsung für den Investor bzw. für den Emittenten genau 7% beträgt?

d) Welchen Einfluss auf die Berechnungen des Emissionskurs in c) hätten einseitige Spesen (z.B. Auszahlungen des Emittenten bei der Emission in Höhe von 150.000 €)?

Übungsaufgabe 5.23:
Eine Nullkuponanleihe mit einer Laufzeit von sechs Jahren hat einen Emissionskurs von 64% und einen Tilgungskurs von 100%. Beim Kauf dieser Anleihe entstehen Spesen in Höhe von 2% des gezeichneten Nominalbetrags.

a) Mit welchen Ein- und Auszahlungen kann eine Investorin rechnen, die einen Nominalbetrag von 50.000 € zeichnet? Welche Rendite kann diese erwarten?

b) Mit welchen Ein- und Auszahlungen kann eine Investorin rechnen, die einen Betrag von 50.000 € (exklusive Spesen) in diese Anleihe investiert?

Übungsaufgabe 5.24:
Welche der folgenden Aussagen zu Anleihen ist/sind korrekt?

a) Im „Dirty Price“ der Anleihe sind Stückzinsen bereits eingerechnet.

b) Bei einer Serienanleihe kann man als Zeichner das Auslosungsrisiko immer vermeiden, indem man sein Geld zufällig auf die verschiedenen Serien verteilt.

c) Zur Bewertung eines Floaters muss man unter anderem die Spot Rate für die Laufzeit bis zur nächsten Kuponzahlung kennen.

d) Ein Zerobond hat immer einen Tilgungskurs von 100%.

e) Ein „Cap“ ist eine Zinsobergrenze, die den Emittenten einer Floating Rate Note vor hohen Zinszahlungen schützt.

Übungsaufgabe 5.25:
Welche der folgenden Aussagen über Anleihepreis und Stückzinsen von Kuponanleihen ist/sind korrekt?

a) Wird eine Anleihe am Kupontermin verkauft, fallen positive Stückzinsen an.

b) Der „Dirty Price“ einer Anleihe setzt sich aus dem „Clean Price“ und den Stückzinsen zusammen.

c) Sinkt die Bonität des Emittenten der Anleihe unter eine bestimmte Schranke, notiert diese nicht mehr zum „Clean Price“, sondern zum „Dirty Price“.

d) Auch zwischen zwei Kuponterminen notiert eine Anleihe zum „Clean Price“.

e) Mit den zusätzlich zum Kurs der Anleihe zu zahlenden Stückzinsen werden dem Verkäufer der Anleihe die für den Zeitraum zwischen dem letzten Kupontermin und dem Verkauf angefallenen Zinsen vergütet.

Übungsaufgabe 5.26:
Eine endfällige Kuponanleihe mit einem Tilgungskurs von 100% zahlt einen jährlichen Kupon von 8%. Eine Kuponzahlung hat soeben stattgefunden, die Restlaufzeit beträgt genau vier Jahre. Aktuell werden folgende Spot Rates beobachtet:

i_1	i_2	i_3	i_4
4%	4,2%	4,8%	5,5%

a) Welchen fairen Wert (in %) hat diese Anleihe?

b) Wie viel wäre man bereit, für eine Nominale von 10.000 € zu zahlen? Warum fallen keine Stückzinsen an?

c) Welche Stückzinsen würden anfallen, wenn der letzte Kupon vor genau einem halben Jahr gezahlt worden wäre (Nominale wieder 10.000 €)?

Übungsaufgabe 5.27:
Eine endfällige Kuponanleihe mit aktuellem Börsenkurs von 102,56%, einem Tilgungskurs von 100% und jährlichen Kupons in Höhe von 4% hat eine Restlaufzeit von genau zwei Jahren. Die Spot Rate für einjährige Veranlagung beträgt i_1=3,1% p.a. Wie hoch ist die Spot Rate i_2?

Übungsaufgabe 5.28:
Der Zinssatz einer perfekt indizierten Floating Rate Note wird jährlich an den 12-Monats-EURIBOR angepasst.

a) Welchen Kurs hat diese Anleihe, wenn man sich genau an einem Zinsanpassungstermin befindet?

b) Welchen Wert hat diese Anleihe, wenn der nächste Zinsanpassungstermin in genau drei Monaten ist? Der 12-Monats-EURIBOR vor neun Monaten lag bei 5%. Heute werden folgende Spot Rates (jährliche Verzinsung) beobachtet:

Fristigkeit (Monate)	i_3	i_6	i_9	i_{12}
Spot Rate (p.a.)	0,04%	0,042%	0,048%	0,055%

Übungsaufgabe 5.29:
Sie beobachten den Anleihemarkt und finden dabei drei Anleihen, die zu einem Kurs von 98% gehandelt werden:

- Die erste Anleihe ist eine endfällige Kuponanleihe, deren Kupon bei 6,5% liegt. Die Restlaufzeit beträgt 3 Jahre.
- Bei der zweiten Anleihe handelt es sich um eine Nullkuponanleihe (Tilgungskurs 100%), die in einem halben Jahr ausläuft.

- Die dritte Anleihe ist eine Floating Rate Note, deren letzter Kupon gerade bezahlt wurde.

Derzeit ist die Zinsstruktur flach bei 7% p.a. Welche der folgenden Aussagen ist/sind korrekt?

a) Der theoretische Wert der Kuponanleihe liegt bei 98,69%.

b) Der theoretische Wert des Floaters ist um zwei Prozentpunkte niedriger als der beobachtete Kurs.

c) Wenn Sie ausschließlich in eine der Anleihen investieren wollen und der theoretische Wert der Anleihen dabei Ihr einziges Entscheidungskriterium ist, werden Sie sich für die Nullkuponanleihe entscheiden.

d) Anleihen notieren an der Börse zum Dirty Price, der sich aus Clean Price und den Stückzinsen zusammensetzt.

e) Wenn Sie ausschließlich in eine der Anleihen investieren wollen und der theoretische Wert der Anleihen dabei Ihr einziges Entscheidungskriterium ist, werden Sie sich für die Floating Rate Note entscheiden.

Übungsaufgabe 5.30:
Welche der folgenden Aussagen über verschiedene kurz- und mittelfristige Kreditinstrumente ist/sind korrekt?

a) Ein Lombardkredit ist ein kurzfristiger Kredit, der durch ein Pfandrecht besichert ist.

b) Die Überziehungsprovision beim Kontokorrentkredit fällt erst dann an, wenn das vereinbarte Kreditlimit überschritten wird.

c) Bei der Kundenanzahlung wird der Kunde zum Kreditgeber, da er eine Zahlung leistet, bevor er die entsprechende Ware erhält.

d) Die Überziehungsprovision beim Kontokorrentkredit ist ein Entgelt für die durch die Bank bereitgestellte Möglichkeit, jederzeit ohne vorherige Ankündigung einen Kredit bis zur Höhe des Kreditlimits in Anspruch nehmen zu können.

e) Wird ein Pfandrecht gewährt, so ist der verpfändete Gegenstand an den Kreditgeber auszuhändigen. Wenn z.B. bei einem Lombardkredit Wertpapiere verpfändet werden, sind diese an die Bank zu übergeben.

Übungsaufgabe 5.31:
Ein Unternehmen hat an einen Kunden Waren im Wert von 150.000 € verkauft. 30% des Warenwerts wurden bereits vor einem Monat angezahlt, für den Restbetrag stellt der Kunde heute einen Wechsel aus, der in 60 Tagen fällig wird.

Welchen Betrag erhält das Unternehmen heute, wenn es den Wechsel bei seiner Hausbank diskontieren lässt und diese mit einem Diskontierungssatz von 7,5% p.a. rechnet? (Rechnen Sie mit 360 Tagen pro Jahr!)

Übungsaufgabe 5.32:
Beim Kontokorrentkredit

a) müssen Sollzinsen für den gesamten aufgenommenen Kreditbetrag bezahlt werden.

b) muss Überziehungsprovision für den gesamten aufgenommenen Kreditbetrag bezahlt werden, wenn das Kreditlimit überschritten wurde.

c) ergänzt die Überziehungsprovision die Sollzinsen bei einer Inanspruchnahme über dem vereinbarten Limit.

d) werden Sollzinsen nur bis zur Höhe des Kreditlimits berechnet.

e) muss die Bereitstellungsprovision nur dann gezahlt werden, wenn der Kredit tatsächlich in Anspruch genommen wurde.

Übungsaufgabe 5.33:
Folgende Konditionen für einen Kontokorrentkredit sind mit der Bank vereinbart:

- Kreditlimit: 50.000 €
- Bereitstellungsprovision: 0,6% p.a., zahlbar monatlich im Voraus
- Sollzinsen: 8% p.a., zahlbar monatlich im Nachhinein
- Überziehungsprovision: 2% p.a., zahlbar monatlich im Nachhinein

Welche Zahlungen sind in diesem Monat an die Bank zu leisten, wenn Sie im Vormonat Ihr Konto um 70.000 € überzogen haben?

a) Insgesamt sind 6.300,00 € zu leisten, davon 300,00 € Bereitstellungsprovision und 400,00 € Überziehungsprovision.

b) Insgesamt sind 608,33 € zu leisten, davon 25,00 € Bereitstellungsprovision und 116,67 € Überziehungsprovision.

c) Insgesamt sind 475,00 € zu leisten, davon 333,33 € Sollzinsen und 116,67 € Überziehungsprovision.

d) Insgesamt sind 525,00 € zu leisten, davon 466,67 € Sollzinsen und 33,33 € Überziehungsprovision.

e) Insgesamt sind 5.700,00 € zu leisten, davon 300,00 € Bereitstellungsprovision und 1.400 € Überziehungsprovision.

Übungsaufgabe 5.34:
Ein Unternehmer hat eine Maschine für 25.200 € gekauft. Der Lieferant gewährt seinen Kunden zwei unterschiedliche Zahlungsvarianten:

1. 25% des Kaufpreises sind als Anzahlung sofort, die restlichen 75% in einem halben Jahr zu zahlen. Bei dieser Variante können insgesamt 2% Rabatt abgezogen werden.
2. Die gesamte Summe ist in einem halben Jahr zu zahlen.

Der Unternehmer unterstellt einen Kalkulationszinssatz von 8% p.a. (jährliche Verzinsung). Welche Variante ist aus seiner Sicht vorteilhafter?

Übungsaufgabe 5.35:
Ein Lieferantenkredit

a) wird üblicherweise mit einer Kundenanzahlung kombiniert.
b) gestattet dem Kunden, die gelieferte Ware erst nach Verstreichen einer bestimmten Frist zu bezahlen.
c) ist normalerweise eine günstige Form der Finanzierung.
d) kann nur nach einer Kreditwürdigkeitsprüfung gewährt werden.
e) ist meist mit der Möglichkeit eines Skontoabzugs bei früherer Zahlung verbunden.

Übungsaufgabe 5.36:
Ein Unternehmen gewährt für einen Rechnungsbetrag in Höhe von 100.000 € ein Zahlungsziel von 40 Tagen. Wenn allerdings der Kunde innerhalb einer Woche (sieben Tage) zahlt, kann ein Skonto von 2% abgezogen werden.

Wie hoch ist der effektive Zinssatz p.a. dieses Lieferantenkredits? Rechnen Sie mit 365 Tagen pro Jahr.

Übungsaufgabe 5.37:
Ein Unternehmen hat Rohstoffe um einen Rechnungsbetrag von 1.000.000 € gekauft. Die Zahlung muss innerhalb von 60 Tagen erfolgen. Zahlt das Unternehmen jedoch innerhalb von zehn Tagen, gewährt der Lieferant 3% Skonto.

Wie hoch ist der effektive Jahreszinssatz dieses Lieferantenkredits? (Rechnen Sie mit 365 Tagen pro Jahr!)

a) 22,2%
b) 124,9%
c) 21,9%
d) 24,9%
e) 109,5%

Übungsaufgabe 5.38:
Ein Unternehmen bietet für einen Rechnungsbetrag von 10.000 € folgende Zahlungsbedingungen: Zahlung des vollen Kaufpreises hat innerhalb von 50 Tagen, oder Zahlung des Kaufpreises abzüglich Skonto innerhalb von 14 Tagen.

Wie hoch muss der Skontosatz (in %) sein, damit sich für den Kreditgeber des Lieferantenkredits eine Rendite von 25% p.a. ergibt? (Rechnen Sie mit 365 Tagen pro Jahr.)

Übungsaufgabe 5.39:
Welche der folgenden Aussagen über Anleihen und Aktien ist/sind richtig?

a) Sowohl der theoretische Wert einer Aktie als auch jener einer Anleihe kann grundsätzlich mit Hilfe der Kapitalwertmethode ermittelt werden.

b) Da Eigenkapital dem Unternehmen unbefristet zur Verfügung steht, können Eigenkapitalanteile in Form von Aktien nicht zwischen Investoren weitergegeben werden. Das heißt, bei Aktien findet kein Sekundärmarkthandel statt.

c) Anleihen gehören zum Fremdkapital, Aktien werden immer dem Eigenkapital zugeordnet.

d) Bei Aktien und Nullkuponanleihen ist der gesamte zukünftige Zahlungsstrom bekannt. Bei Floating Rate Notes ist dies nicht zwingend der Fall.

e) Im Insolvenzfall werden Anleihen gegenüber Aktien nachrangig behandelt.

Übungsaufgabe 5.40:
Das Gewinnbarwertmodell zur Aktienbewertung nimmt an, dass

a) der Gewinn nicht konstant ist, sondern um einen konstanten Barwert wächst.

b) der rechnerische Wert der Aktie dem aktuellen Börsenkurs entspricht.

c) die zu bewertende Aktiengesellschaft niemals einen Verlust machen wird.

d) der gesamte Gewinn als Dividende ausgeschüttet wird.

e) die zu bewertende Aktiengesellschaft eine unendliche Lebensdauer aufweist.

Übungsaufgabe 5.41:
Eine börsennotierte Aktiengesellschaft hat soeben ihre Dividende ausgeschüttet. Für die nächsten drei Jahre werden folgende Dividendenzahlungen prognostiziert:

Zeitpunkt	t=1	t=2	t=3
Dividende (in €)	2,00	3,00	3,50

Weiters wird prognostiziert, dass die Dividende für den Zeitpunkt t=4 4,00 € pro Aktie beträgt und ab dann jährlich um 5% ansteigt. Wie hoch ist der rechnerische Wert der Aktie, wenn ein risikoadjustierter Kalkulationszinssatz von 12% angenommen wird?

Übungsaufgabe 5.42:
Ein Analyst wird beauftragt, die Aktie der WELT AG zu bewerten. Nach Auswertung der wichtigsten Unternehmenskennzahlen kommt der Analyst zu folgenden Prognosen hinsichtlich der Dividendenzahlungen in den nächsten Jahren:

Zeitpunkt	t=1	t=2	t=3
Dividende (in €)	0	2,00	4,00

Für den Zeitpunkt t=4 wird eine Dividende von 5,00 € pro Aktie erwartet, die dann in den folgenden Jahren um 10% pro Jahr ansteigen soll.

Bei der Ermittlung des Kapitalwerts unterstellt der Analyst eine unendliche Lebensdauer der WELT AG. Er verwendet bei seinen Berechnungen einen Kalkulationszinssatz in Höhe von 14%. Welchen rechnerischen Aktienkurs ermittelt der Analyst im Zeitpunkt t=0?

Übungsaufgabe 5.43:
Drei Analysten haben unterschiedliche Einschätzungen für den Wert einer Aktie A. Alle drei sind sich einig, dass der anfängliche Gewinn 4 € pro Aktie beträgt. Analyst 1 schätzt einen risikoadjustierten Zins von 10% und ein Gewinnwachstum von 4%, Analyst 2 schätzt r=11% und g=3,5%, während Analyst 3 von r=12% und g=3% ausgeht.

Wie hoch schätzen die drei Analysten jeweils den Wert der Aktie ein? Welche Empfehlung würden sie ihren Kunden geben, wenn der Aktienkurs derzeit bei 53 € steht?

Übungsaufgabe 5.44:
Sie werden beauftragt, die Aktien von Unternehmen A und Unternehmen B zu analysieren. Dazu haben Sie folgende Daten ermittelt:

	Unternehmen A	Unternehmen B
aktueller Aktienkurs	56	72
Dividende pro Aktie	7	9
risikoadjustierter Zinssatz	17%	10%

Welche der folgenden Aussagen ist/sind korrekt?

a) Angenommen, Sie ermitteln den rechnerischen Wert der Aktien anhand des Dividendenbarwerts, dann unterstellen Sie dabei eine unendliche Lebensdauer und eine konstante Dividende für die jeweilige Aktiengesellschaft. Somit würden Sie für Unternehmen A eine Verkaufsempfehlung und für Unternehmen B eine Kaufempfehlung abgeben.

b) Die Aktie des Unternehmens B wird risikoreicher eingeschätzt als jene des Unternehmens A.

c) Angenommen, Sie unterstellen, dass beide Unternehmen stets den gesamten Gewinn als Dividende ausschütten. Wenn Sie nun die beiden Aktien anhand des KGVs vergleichen, dann würden Sie beide Aktien als gleich attraktiv einschätzen.

d) Eine Aktie stellt immer dann eine attraktive Investition dar, wenn das KGV positiv ist.

e) Der rechnerische Wert einer Aktie sollte ermittelt werden, indem der Barwert aller zukünftigen Zahlungen mit Hilfe des risikolosen Zinssatzes berechnet wird.

Übungsaufgabe 5.45:
Die Aktien eines Unternehmens haben derzeit ein KGV von 20. Das Wachstum des jährlichen Gewinns wird allgemein mit 4% angenommen. Wie hoch ist der risikoadjustierte Zinssatz, der bei der Bewertung der Aktien herangezogen wurde?

Übungsaufgabe 5.46:
Unter welchen Voraussetzungen kann der gewichtete Kapitalkostensatz WACC („weighted average cost of capital") als Kalkulationszinssatz zur Beurteilung eines Investitionsprojekts herangezogen werden? Welche der folgenden Aussagen ist/sind in diesem Zusammenhang korrekt?

a) Die Nutzungsdauer des Investitionsprojekts entspricht der durchschnittlichen Nutzungsdauer der anderen Investitionsprojekte des Unternehmens.

b) Das Investitionsprojekt muss zur Gänze aus Eigenmitteln finanziert werden.

c) Das Risiko des Investitionsprojekts entspricht dem durchschnittlichen Risiko der anderen Investitionen des Unternehmens.

d) Der Finanzierungsmix des Unternehmens wird durch die Realisierung des Investitionsprojekts nicht verändert.

e) Das Risiko des Investitionsprojekts ist bekannt und quantifizierbar.

Übungsaufgabe 5.47:
Die Airport-AG überlegt den Bau eines neuen Terminals, um das in den letzten Jahren stark gestiegene Passagieraufkommen besser bewältigen zu können. Ein Projektplan mit den erwarteten Ein- und Auszahlungen wurde bereits erstellt, das Projekt würde für die kommenden Jahre den Großteil der für Investitionen vorhandenen Mittel binden. Der Finanzierungsmix der Airport-AG würde durch das Projekt allerdings nicht verändert werden.

Die Airport-AG hat 2 Millionen Stammaktien ausgegeben, die derzeit zu einem Kurs von 24 € an der Börse notieren. Weiters hat das Unternehmen eine endfällige Kuponanleihe mit einem Nominale von 10 Mio. € ausstehen, die im Moment einen Marktpreis (inklusive Stückzinsen) von 96,75% aufweist. Die erwarteten Eigen- und Fremdkapitalrenditen betragen 8% und 5%.

Wie hoch ist der gewichtete Kapitalkostensatz WACC der Airport-AG (unter Vernachlässigung sämtlicher Steuern)?

Übungsaufgabe 5.48:
Welche Maßnahmen kennen Sie, um einen kurzfristigen Finanzierungsbedarf abzudecken?

Übungsaufgabe 5.49:
Bei einem Großkunden der ABC-AG wurde soeben das Insolvenzverfahren eröffnet. Ursprünglich sollte der Kunde in einer Woche eine hohe Zahlung an die ABC-AG leisten, durch den Ausfall dieser Zahlung droht nun der ABC-AG für die nächsten drei Monate eine Finanzierungslücke in Höhe von 200.000 €.

Welche Maßnahmen kann die ABC-AG treffen, um diesen Finanzierungsbedarf zu decken und eine temporäre Illiquidität zu vermeiden? Welche der folgenden Aussagen ist/sind in diesem Zusammenhang korrekt?

a) Die ABC-AG könnte in Abstimmung mit ihrer Hausbank die Kreditlinie ihres Kontokorrentkredits entsprechend erweitern und so das benötigte Kapital aufbringen. Allerdings wäre dies eine vergleichsweise teure Finanzierungsvariante.

b) Mit Hilfe eines kurzfristigen Kredits wie z.B. einem durch ein Pfandrecht besicherten Lombardkredit lässt sich die Finanzierungslücke überbrücken.

c) Eine Möglichkeit, diesen kurzfristigen Finanzierungsbedarf zu decken, besteht in der Emission einer Unternehmensanleihe, der Vorteil dieser Variante wäre die Attraktivität für Investoren durch die Stückelung in kleine Teilbeträge.

d) Die ABC-AG könnte eine ordentliche Kapitalerhöhung durchführen, durch das zusätzliche Eigenkapital durch die Emission junger Aktien könnte der Finanzierungsbedarf leicht gedeckt werden.

e) Da das Insolvenzverfahren des Großkunden bereits eröffnet wurde, kann die ABC-AG keinen Kredit mehr aufnehmen bzw. keine Kapitalerhöhung durchführen, um den Finanzierungsbedarf zu decken.

Übungsaufgabe 5.50:
Aus der Vergangenheit wissen Sie, dass 50% Ihres Umsatzes noch im selben Monat bezahlt werden, 30% werden einen Monat und 15% zwei Monate später bezahlt. Die restlichen 5% sind uneinbringlich. Ihr Umsatz im März beträgt

50.000 €, jener im April 80.000 €. Wie hoch sind die resultierenden Einzahlungen im März, April, Mai und Juni?

Übungsaufgabe 5.51:
Aus der Vergangenheit wissen Sie, dass die Umsätze Ihrer Firma ein Liquidationsspektrum von (0,6; 0,3; 0,04) aufweisen. Ihre Umsätze im März betragen 200.000 €, jene im April 180.000 €. Im Mai erwarten sie aufgrund eines Umbaus keinerlei Umsätze und im Juni wieder 60.000 €. Umsätze aus Vor- oder Folgemonaten werden nicht berücksichtigt.

Welche der folgenden Aussagen ist/sind korrekt?

a) Die Einzahlungen im April betragen 168.000 €.

b) Die Einzahlungen im Mai betragen 62.000 €.

c) Die Einzahlungen im Mai betragen 98.000 €.

d) Die Einzahlungen im Juni betragen 43.200 €.

e) Die Einzahlungen im Juni betragen 110.400 €.

Übungsaufgabe 5.52:
Kurzfristige Finanzpläne liefern Informationen, die typischerweise für folgende Entscheidungen verwertet werden können:

a) Auswahl zwischen Investitionsprojekten

b) Kreditaufnahme bzw. Ausnutzung eines Kontokorrentkredits

c) Verschieben von Auszahlungen

d) Auswahl zwischen Anleihe und Aktie als Finanzierungsinstrument

e) Vorziehen von Einzahlungen

Übungsaufgabe 5.53:
Ein guter Finanzplan

a) ist vollständig.

b) ist betragsgenau.

c) beruht auf Buchungen.

d) listet bei Zahlungen, die zum gleichen Zeitpunkt anfallen, immer nur die Salden auf.

e) beruht auf der Prognose zukünftiger Einzahlungen und Auszahlungen.

Übungsaufgabe 5.54:
Welche Grundsätze sollten bei der Erstellung eines Finanzplans beachtet werden?

Übungsaufgabe 5.55:
Für die Erstellung eines Finanzplanes für Ihr Unternehmen für die Monate Mai und Juni haben Sie folgende Informationen über vergangene und prognostizierte Umsätze gesammelt:

	April	Mai	Juni
Umsatz	43.000	32.000	48.000

Aus Erfahrung wissen Sie, dass 75% der Umsätze im selben Monat und 20% im Folgemonat zur Einzahlung gelangen. 5% der Umsätze sind uneinbringlich.

Für Materialeinkäufe werden im Mai bzw. Juni voraussichtlich 8.400 € bzw. 12.200 € anfallen, die monatlichen Gehälter belaufen sich auf 23.500 €, und die monatliche Miete beträgt 5.600 €. Zusätzlich muss im Mai der gesamte Maschinenpark gewartet werden, dafür ist mit Auszahlungen in Höhe von 12.800 € zu rechnen. Aus der Buchhaltung erhalten Sie die Information, dass, bedingt durch eine außerordentliche Wertminderung des Maschinenparks, die monatliche Abschreibung (Absetzung für Abnutzung, AfA) ab Juni nur noch 9.000 € (statt wie in den Vormonaten 12.000 €) beträgt.

Zur Deckung einer eventuellen Finanzierungslücke steht folgender Kontokorrentkredit zur Verfügung:

- Kreditlimit: 30.000 €
- Sollzinsen: 9% p.a. (zahlbar monatlich im Nachhinein)
- Überziehungsprovision: 3% p.a. (zahlbar monatlich im Nachhinein)
- Bereitstellungsprovision: 1% p.a. (zahlbar im März, Juni, September und Dezember)

Ende April beträgt der Zahlungsmittelendbestand 6.200 €.

a) Erstellen Sie den Finanzplan für die Monate Mai und Juni!

b) Wie hoch müsste der Umsatz im Juni sein, damit Ende Juni kein Finanzierungsbedarf bestünde?

Übungsaufgabe 5.56:
In Ihrem Unternehmen sind folgende Umsätze und Kosten bekannt:

	Jänner	Februar	März
Umsatz	5.000	29.000	29.000
Kosten	5.100	33.000	33.000

Sie wissen aus der Vergangenheit, dass Umsätze gemäß dem Liquidationsspektrum von (0,6; 0,2; 0,15) zur Einzahlung gelangen. Die Kosten werden hingegen jeweils zur Hälfte in dem Monat, in dem sie anfallen, und zur anderen Hälfte im Folgemonat gezahlt.

Sollten Sie Ihre Verpflichtungen nicht aus den Einzahlungen des aktuellen Monats bzw. den Übernahmen aus den letzten Monaten bezahlen können, haben Sie die Möglichkeit, einen Kontokorrentkredit (Limit 30.000, keine Bereitstellungsprovision, Sollzinssatz 12% p.a., zahlbar monatlich im Nachhinein) in Anspruch zu nehmen.

Ende Dezember beträgt Ihr Zahlungsmittelbestand genau null. Welche der folgenden Aussagen ist/sind korrekt?

a) Ende März besteht ein Finanzierungsbedarf von 9.250 €.

b) Der Kontokorrentkredit muss in jedem Monat in Anspruch genommen werden.

c) Ihr Zahlungsmittelendbestand ist im März niedriger als im Februar.

d) Im Jänner besteht ein positiver Zahlungsmittelendbestand.

e) In jedem Monat sind die Auszahlungen höher als die Einzahlungen.

Kapitel 6

Finanzinstitutionen: Übungsaufgaben

Diese Aufgaben dienen dem Verständnis der Funktion von Finanzinstitutionen wie Banken, Börsen und anderen. Besonderes Augenmerk wird auch auf dasm Üben der Berechnungen verschiedener Vorgänge, die vor allem von Banken und Aktiengesellschaften vorgenommen werden können und die Fremd- und Eigenfinanzierung von Unternehmen betreffen.

Übungsaufgabe 6.1:
Welche der folgenden Aussagen ist/sind richtig?

a) Bei einer direkten Finanzierung fungiert die Finanzinstitution als Finanzintermediär.

b) Ein Leerverkauf liegt vor, wenn ein Investor ihm gehörende Wertpapiere verkauft.

c) Ein Leerverkäufer einer Aktie erzielt einen Gewinn, wenn die Aktie bis zum Rückkaufzeitpunkt im Wert zunimmt.

d) Wenn alle sonstigen Bestimmungsfaktoren unverändert bleiben, so nimmt der Kreditzinssatz einer Bank ab, wenn sich das Kreditrisiko verringert.

e) Kreditsicherheiten haben Einfluss auf das Kreditrisiko: je höher die Sicherheitsleistung (z.B. eine Hypothek), desto geringer das Kreditrisiko.

Übungsaufgabe 6.2:
Welche der folgenden Aussagen über Börsen ist/sind richtig?

a) Der Handel an Terminbörsen findet nur an extra vereinbarten Terminen statt.

b) Börsen müssen die Einhaltung der Handelsbestimmungen überwachen.

c) Wertpapiere können prinzipiell nur an Börsen gehandelt werden.

d) An Börsen wird zwischen einzelnen Handels- bzw. Marktsegmenten unterschieden.

e) Je nach Erfüllungszeitpunkt der an Börsen abgeschlossenen Geschäfte unterscheidet man zwischen Kassabörsen und Terminbörsen.

Übungsaufgabe 6.3:
Zu den Merkmalen einer elektronischen Börse gehören insbesondere

a) das Market-Maker System.

b) die durch lange Handelszeiten eingeschränkte Markttransparenz.

c) der (Ver-)Kauf von Wertpapieren auf ausschließlich elektronischem Weg.

d) die Beschränkung auf Termingeschäfte.

e) der standortgebundene Computerhandel.

Übungsaufgabe 6.4:
Auf welche Bereiche erstreckt sich die Tätigkeit von Banken?

Übungsaufgabe 6.5:
Beschreiben Sie kurz, wie die Bank den Zinssatz eines Darlehens bestimmt. Welche Rolle spielt hier der Marktzinssatz?

Übungsaufgabe 6.6:
Aus welchen Bestandteilen besteht der Spread, den Banken bei der Kreditvergabe dem Marktzins aufschlagen? Geben Sie jeweils auch eine kurze Beschreibung an.

Übungsaufgabe 6.7:
Welche der folgenden Aussagen ist/sind korrekt?

a) Der Begriff Kreditwürdigkeit bezeichnet die Fähigkeit eines Kreditnehmers, den Kreditvertrag rechtswirksam abschließen zu können.

b) Die persönliche Kreditwürdigkeit eines Kreditnehmers berücksichtigt dessen Integrität und persönliches Leistungsvermögen (z.B. bei der Leitung des Unternehmens).

c) Der Begriff Kreditwürdigkeit betrifft die Wahrscheinlichkeit der ordnungsgemäßen Leistung der vereinbarten Zahlungen durch den Kreditnehmer.

d) Bei der Kreditwürdigkeitsprüfung werden vor allem zukunftsbezogene Daten verwendet.

e) Bei der Kreditwürdigkeitsprüfung darf die Verlustquote bei Zahlungsausfall keine Rolle spielen.

Übungsaufgabe 6.8:
Welche der folgenden Aussagen zum Kreditrisiko ist/sind richtig?

a) Das Kreditrisiko wird unter anderem von der Ausfallwahrscheinlichkeit, der Verlustquote bei Ausfall und der erwarteten Höhe der Forderungen zum Zeitpunkt des Ausfalls beeinflusst.

b) Die Verlustquote (Loss Given Default, LGD) gibt jenen Betrag an, der zum Zeitpunkt des Zahlungsausfalls dem Kreditgeber geschuldet wird.

c) Bei der Berechnung der Verlustquote (Loss Given Default, LGD) dürfen Kreditsicherheiten nicht berücksichtigt werden.

d) Der gesamte erwartete Verlust des Kreditgebers (Expected Loss, EL) lässt sich aus der Ausfallwahrscheinlichkeit, der Verlustquote und dem aushaftenden Kreditbetrag (Exposure At Default, EAD) ermitteln.

e) Das Exposure At Default, EAD, stellt die Verlustquote bei Ausfall dar und gibt jenen Anteil des Kredites an, der dem Kreditgeber bei Zahlungsausfall verloren geht.

Übungsaufgabe 6.9:
Eine Bank steht vor der Entscheidung, einem Unternehmen ein Darlehen in Höhe von 900.000 € zu gewähren. Die Rückzahlung inklusive Zinsen erfolgt nach einem Jahr. Zur Besicherung des Darlehens dient ein Grundstück mit einem Wert von 300.000 €. In 94% der Fälle wird das Darlehen zur Gänze zurückbezahlt, in 4% der Fälle erhält die Bank den Wert der Besicherung und in den restlichen Fällen erhält sie keine Rückzahlung.

Der risikolose Zinssatz beträgt 7% p.a., die Bank verhält sich risikoneutral.

a) Welchen Rückzahlungsbetrag (Tilgung und Zinsen) wird die Bank verlangen?

b) Welchem (risikoadjustiertem) Darlehenszins entspricht dieser Rückzahlungsbetrag?

c) Wie hoch ist die entsprechende Risikoprämie?

Übungsaufgabe 6.10:
Eine Bank würde ein einjähriges Darlehen an einen völlig ausfallsicheren Schuldner derzeit zu einem Zinssatz von 2% (jährliche Zinsverrechnung) vergeben.

Unternehmen U möchte einen einjährigen Kredit in Höhe von 500.000 € aufnehmen. Die Bank schätzt für das Unternehmen U ein Ausfallrisiko von 4% und rechnet mit einem Loss Given Default von 80% (d.h. bei Zahlungsausfall erleidet die Bank einen Verlust von 80% ihrer offenen Forderungen (Tilgung und Zinsen)).

a) Errechnen Sie den Zinssatz, den die risikoneutrale Bank im Kreditvertrag mit U festschreiben wird, wenn sie im Erwartungswert den gleichen Ertrag aus einem Kredit an U erwirtschaften möchte wie aus einer risikolosen Geldanlage. Vernachlässigen Sie dabei sämtliche zusätzlichen Zuschläge (z.B. Eigenkapitalunterlegung), über die hier keine Informationen vorliegen.

b) Nehmen Sie an, dass U (zusätzlich zu den vorhandenen Vermögenswerten) noch eine Bürgschaft einer völlig ausfallsicheren Institution über 200.000 € beibringen kann. Berechnen Sie, welchen Zinssatz die Bank unter den nun geänderten Umständen von U fordern sollte.

Übungsaufgabe 6.11:
Eine Bank gewährt einem Unternehmen folgenden Hypothekarkredit:

- Kreditsumme: 1.000.000 €
- Laufzeit: 1 Jahr
- Tilgung: endfällig
- Besicherung: mittels eines Gebäudes (Hypothek)

Die Bank schätzt das Zahlungsausfallrisiko mit 10% ein. Der risikolose Zinssatz beträgt 5% p.a. Ein Schätzgutachten ergibt für das als Sicherheit dienende Gebäude einen Marktwert von 1.000.000 €.

Welche Risikoprämie sollte die Bank (unter Vernachlässigung der Zuschläge für Kreditbearbeitung und Eigenkapitalunterlegung) für das Zahlungsausfallrisiko verlangen, wenn sie sich risikoneutral verhält und die Sicherheiten mit 70% des Marktwertes verwertet werden können?

Übungsaufgabe 6.12:
Eine Bank gewährt einem Unternehmen folgendes Darlehen:

- Darlehenssumme: 500.000 €
- Laufzeit: 1 Jahr
- endfällige Tilgung

Die Bank schätzt das Ausfallrisiko mit 3% ein und verlangt – da das Unternehmen liquidierbare Sicherheiten in Höhe von 180.000 € beibringen kann – einen risikoangepassten Zinssatz von 9% p.a.

Welche der folgenden Aussagen über die entsprechenden Kreditrisikokennzahlen ist/sind korrekt?

a) Die Höhe der Forderungen zum Zeitpunkt des Ausfalls (EAD) beträgt 500.000 €.

b) Das Exposure At Default (EAD) beträgt 545.000 €.

c) Der erwartete Verlust (EL) beträgt 10.950 €.

d) Die Verlustquote bei Ausfall (LGD) ist aufgrund der beigebrachten Sicherheiten jedenfalls kleiner als 100%.

e) Der erwartete Verlust (Expected Loss, EL) ist aufgrund der beigebrachten Sicherheiten und des risikoangepassten Zinssatzes gleich null.

Übungsaufgabe 6.13:
Mögliche Motive für ein Initial Public Offering (IPO) aus der Sicht des Managements sind beispielsweise

a) die Stärkung der Eigenkapitalbasis.

b) die Steigerung des Bekanntheitsgrades.

c) die erweiterte Kontrolle des Unternehmens durch strengere gesetzliche Vorschriften.

d) die Erschließung neuer Finanzierungsquellen.

e) der verbesserte Informationsfluss durch Publizitätspflichten.

Übungsaufgabe 6.14:
Mit dem Börsengang eines Unternehmens möglicherweise verbundene Nachteile sind beispielsweise

a) höhere Kosten für die Erstellung von Jahresabschlüssen nach internationalen Standards.

b) Fremdeinfluss.

c) eine Verschlechterung der Kreditwürdigkeit.

d) höhere Kosten aufgrund von durchgeführten Marketingmaßnahmen (z.B. Roadshows).

e) stärkere Einschränkungen auf Grund des Aktiengesetzes.

Übungsaufgabe 6.15:
Beschreiben Sie kurz die drei gängigsten Wertpapieremissionsverfahren. Gehen Sie dabei auf den Ablauf der Emission, den Prozess der Preisfindung, die Zuteilung der Wertpapiere und die jeweiligen Vor- und Nachteile ein.

Übungsaufgabe 6.16:
Bitte begründen sie kurz, warum es das Bezugsrechtssystem gibt und wie es funktioniert. Gehen Sie dabei auf die Auswirkungen einer Kapitalerhöhung auf den Stimmrechtsanteil und das Vermögen eines Altaktionärs ein. Wie viele Bezugsrechte bekommt ein Altaktionär zugeteilt, und welche Rolle spielt das Bezugsverhältnis?

Übungsaufgabe 6.17:
Das Bezugsverhältnis

a) schützt vor Vermögensverlust, wenn es zum rechnerischen Wert an der Börse verkauft wird.

b) gibt an, wie viele Bezugsrechte zum Kauf einer jungen Aktie notwendig sind.

c) gibt an, wie viele junge Aktien gekauft werden dürfen.

d) dient der Ermittlung, wie viele Bezugsrechte einem Altaktionär zustehen.

e) ist der Quotient aus der Anzahl der alten und der Anzahl der jungen Aktien.

Übungsaufgabe 6.18:
Welche der folgenden Aussagen ist/sind richtig?

a) Je höher das Bezugsverhältnis bei einer Kapitalerhöhung ist, desto weniger neues Kapital fließt der Gesellschaft zu (ceteris paribus).

b) Wenn der Ausgabekurs der jungen Aktien unterhalb des Kurses der alten Aktien vor der Kapitalerhöhung fixiert wird, dann weicht der neue rechnerische Mischkurs nach der Kapitalerhöhung vom Kurs vor der Kapitalerhöhung umso stärker ab, je niedriger das Bezugsverhältnis gewählt wird (ceteris paribus).

c) Wenn der Ausgabekurs der jungen Aktien unterhalb des Kurses der alten Aktien vor der Kapitalerhöhung fixiert wird, so steigt der rechnerische Wert des Bezugsrechts mit zunehmendem Bezugsverhältnis an (ceteris paribus).

d) Je kleiner das Bezugsverhältnis bei einer Kapitalerhöhung ist, desto stärker steigt das Grundkapital an (ceteris paribus).

e) Je höher der Ausgabekurs der jungen Aktien ist, desto geringer ist der rechnerische Wert des Bezugsrechts (ceteris paribus).

Übungsaufgabe 6.19:
Das Bezugsrecht

a) schützt vor Stimmrechtsverwässerung, wenn es zum rechnerischen Wert an der Börse verkauft wird.

b) ist das Recht, im Fall einer Kapitalerhöhung junge Aktien zu erwerben.

c) kann auch um einen Betrag, der über dem rechnerischen Wert liegt, verkauft werden.

d) schützt vor Vermögensverlust, wenn es vollständig ausgeübt wird.

e) wird im Zuge einer Kapitalerhöhung an die Altaktionäre ausgegeben, und zwar erhält jeder Altaktionär ein Bezugsrecht pro alter Aktie.

Übungsaufgabe 6.20:
Das Grundkapital einer AG beträgt aktuell 100 Mio. €. Der Nennwert je Aktie liegt bei 2 € (d.h. es gibt 50 Mio. Stück alte Aktien). Auf der Hauptversammlung wird beschlossen, 20 Mio. junge Aktien auszugeben. Der aktuelle Aktienkurs liegt bei 45 €. Die Kapitalerhöhung soll in Form eines Festpreisverfahrens abgewickelt werden, das beauftragte Bankenkonsortium legt den Emissionskurs mit 41 € fest.

a) Wie hoch ist der garantierte Emissionserlös, wenn ein Underwriting vereinbart wird?

b) Wie hoch ist das Grundkapital nach der Emission?

c) Wie hoch ist das Bezugsverhältnis?

d) Welcher theoretische Kurs sollte sich direkt nach der Emission einstellen (Mischkurs)?

e) Welchen theoretischen Wert hat ein Bezugsrecht?

f) Wie viele Bezugsrechte erhält ein Altaktionär, der vor der Emission 5% der Aktien besessen hat? Wie viele junge Aktien könnte dieser damit erwerben? Angenommen, der Altaktionär übt keines dieser Rechte aus, welchen Anteil am Unternehmen besitzt er nach der Emission?

Übungsaufgabe 6.21:
Das Grundkapital der Expans AG beträgt 28.000.000 €, aufgeteilt auf 700.000 Aktien, die derzeit zum Kurs von 90 € je Aktie an der Börse notieren. In der letzten Hauptversammlung der Expans AG wurde beschlossen, das Grundkapital durch die Emission junger Aktien (mit dem selben Nennwert wie die alten) um 12,5% zu erhöhen. Die Neuemission soll zu einem Kurs von 72 € pro Aktie platziert werden.

Welche der folgenden Aussagen ist/sind korrekt?

a) Das Bezugsverhältnis ist 0,125 oder 1:8.

b) Der rechnerische Wert des Bezugsrechts beträgt 2,25 €.

c) Unmittelbar nach der Emissionsphase ergibt sich ein theoretischer Mischkurs für die Aktien der Expans AG von 88,00 € je Aktie.

d) Es werden 87.500 junge Aktien emittiert.

e) Insgesamt werden im Zuge der Kapitalerhöhung genau 700.000 Bezugsrechte an die Altaktionäre ausgegeben.

Übungsaufgabe 6.22:
Das Grundkapital der Kappa-AG ist gleichmäßig auf 50.000 Aktien aufgeteilt, die derzeit zum Kurs von 36 € notieren. Auf der Jahreshauptversammlung

wurde beschlossen, zur Stärkung der Eigenkapitalbasis demnächst 10.000 junge Aktien zu emittieren. Der Emissionskurs wird mit 34 € festgelegt.

Eine Investorin besitzt derzeit 10% der Aktien und Stimmrechte und möchte im Zuge der Kapitalerhöhung ihren Anteil auf 12% ausweiten. Welche Maßnahmen muss sie setzen, um ihr Ziel zu erreichen, und welche der folgenden Aussagen ist/sind in diesem Zusammenhang richtig?

a) Die Investorin erhält im Zuge der Kapitalerhöhung 1.000 Bezugsrechte zugeteilt.

b) Der theoretische Wert eines Bezugsrechts beträgt 0,33 €.

c) Die Investorin muss insgesamt 2.200 junge Aktien erwerben, um ihr Ziel zu erreichen.

d) Zusätzlich zu den ihr zugeteilten Bezugsrechten muss die Investorin 6.000 Bezugsrechte erwerben, um die notwendige Anzahl junger Aktien kaufen zu können.

e) Wenn die Bezugsrechte zum rechnerischen Wert gehandelt werden, muss die Investorin insgesamt 76.800 € aufwenden, um ihr Ziel zu erreichen.

Übungsaufgabe 6.23:
Die BANK AG möchte aufgrund der aktuellen wirtschaftlichen Lage eine Kapitalerhöhung durchführen. Derzeit ist das Grundkapital der AG in 100 Mio. Aktien mit einem Nennwert von 5 € aufgeteilt. Der aktuelle Börsenkurs liegt bei 23,50 € je Aktie.

Anlässlich der Kapitalerhöhung sollen 30 Mio. junge Aktien zum gleichen Nennwert ausgegeben werden. Das beauftragte Bankenkonsortium entschließt sich zu einem Festpreisverfahren, wobei der Emissionskurs auf 19,00 € je Aktie festgelegt wird.

Welche der folgenden Aussagen ist/sind richtig?

a) Wird im Zuge der Kapitalerhöhung ein Underwriting vereinbart, dann fließt der BANK AG ein Emissionserlös von 150 Mio. € zu.

b) An die Altaktionäre der BANK AG werden insgesamt 30 Mio. Bezugsrechte ausgegeben.

c) Ein Bezugsrecht hat einen theoretischen Wert von 1,0385 €.

d) Angenommen, ein Investor war vor der Kapitalerhöhung Eigentümer von 3% der BANK AG. Wenn dieser Investor bei der Kapitalerhöhung keine jungen Aktien bezieht, dann sinkt sein Anteil nach der Kapitalerhöhung auf 2,308%.

e) Bei einer Kapitalerhöhung mit Underwriting beträgt das gesamte Grundkapital nach der Emission jedenfalls 650 Mio. €.

Übungsaufgabe 6.24:
Welche der folgenden Aussagen zum Bookbuilding-Verfahren ist/sind richtig?

a) Beim Underwriting wird das Risiko mangelnder Nachfrage auf die Emissionsbank abgewälzt.

b) Beim Bookbuilding-Verfahren wird der Emissionspreis anhand der gesammelten Zeichnungsaufträge bestimmt.

c) Das Bookbuilding-Verfahren wird vor allem bei Aktienemissionen, die an internationale Anleger gerichtet sind, verwendet.

d) Zu den Nachteilen des Bookbuilding-Verfahrens gehört v.a. die Unsicherheit über den zu erzielenden Emissionserlös.

e) Zu den Vorteilen des Bookbuilding-Verfahrens zählt die marktkonforme Festlegung des Emissionskurses.

Übungsaufgabe 6.25:
Bei einem „Private Placement" von Anleihen

a) können nur Privatpersonen die Anleihe zeichnen.

b) wird die Anleihe nur ausgewählten Investoren zur Zeichnung angeboten.

c) zählen vor allem institutionelle Investoren zu den Zeichnern.

d) sind kaum positive Auswirkungen auf das Image des Unternehmens zu erwarten.

e) ist ein internationales Rating der Anleihe zwingend notwendig.

Übungsaufgabe 6.26:
Bei einem „Public Placement" von Anleihen

a) werden Anleihen öffentlich (d.h. jedermann) zur Zeichnung angeboten.

b) kommt häufig das Tenderverfahren zur Anwendung.

c) können die Anleihen anschließend zum Handel in einem bestimmten Börsensegment zugelassen werden.

d) werden Anleihen einem ausgewählten Kreis von Anlegern angeboten.

e) sind Marketingaktivitäten nicht zielführend.

Übungsaufgabe 6.27:
Welche der folgenden Aussagen über Factoring ist/sind richtig?

a) Beim echten Factoring übernimmt der Factor das Risiko des Zahlungsausfalls.

b) Beim Factoring verkauft der Kunde einzelne Forderungen an den Factor.

c) Beim Factoring handelt es sich um den Handel von noch nicht fälligen Forderungen aus Lieferungen und Leistungen.

d) Factoring kann als Finanzierungsinstrument – ähnlich einem Kredit – dienen.

e) Die Kunden des Unternehmens, welches Forderungen abtritt, werden vom Factor im Allgemeinen einer Bonitätsprüfung unterzogen.

Übungsaufgabe 6.28:
Welche der folgenden Aussagen zu Ratings und Ratingagenturen ist/sind korrekt?

a) Ein Rating repräsentiert die Bewertung des Kreditrisikos eines Schuldners.

b) Das Rating eines Unternehmens kann Auswirkungen auf seinen Aktienkurs haben.

c) Je besser die Bewertung der Ratingagentur eines Unternehmens ausfällt, umso niedriger wird die Risikoprämie sein, die das Unternehmen für Kredite zu zahlen hat.

d) Ratings bilden die Wahrscheinlichkeit ab, dass ein Kredit nicht mehr (vollständig) zurückgezahlt werden kann.

e) Ein hoher Schuldenstand und niedrige Bargeldreserven des Gläubigers können zu einer Verschlechterung der Kreditwürdigkeit und folglich zu einer Herabstufung durch die Ratingagentur führen.

Kapitel 7

Derivate: Übungsaufgaben

Diese Aufgaben behandeln die vier wichtigsten Kategorien der derivativen Wertpapiere und deren Funktionsweisen. Besonderes Augenmerk wird nicht nur auf die Korrektheit der Rechenwege, sondern auch auf die entstehenden Aus- und Einzahlungsprofile sowie auf die Darstellung in Gewinn-/Verlustdiagrammen gelegt.

Übungsaufgabe 7.1:
Zu den derivativen Wertpapieren zählen beispielsweise

a) Swap

b) Forward Rate Agreement

c) Forward

d) Hedging

e) Greenshoe-Option

Übungsaufgabe 7.2:
Welche der folgenden Aussagen über derivative Instrumente ist/sind richtig?

a) Bei Derivaten wie z.B. Optionen kann der Wert erst am Verfallstag des Instruments festgestellt werden.

b) Derivative Instrumente können zur Steuerung von finanzwirtschaftlichen Risiken verwendet werden.

c) Zu den derivativen Finanzinstrumenten zählen z.B. Forward Rate Agreements oder Floating Rate Notes.

d) Mit Hilfe von Derivaten kann auch bei fallenden Kursen ein Gewinn erzielt werden.

e) Neben der Spekulation werden Derivate auch zum Hedging von Positionen eingesetzt, da dies große Gewinne bei einem Anstieg der Kurse ermöglicht.

Übungsaufgabe 7.3:
Unter Hedging versteht man beispielsweise

a) die Absicherung von Wertpapierpositionen.

b) den Einsatz von Optionen zur Begrenzung potentieller Verluste.

c) das Wetten auf bestimmte Marktbewegungen.

d) das Ausnützen unterschiedlicher Wertentwicklungen verschiedener Wertpapierpositionen, um potentielle Verlust zu vermindern.

e) die Absicherung von Arbitragemöglichkeiten.

Übungsaufgabe 7.4:
Als Arbitrage bezeichnet man beispielsweise

a) das risikolose, gewinnbringende Ausnutzen von Preisdifferenzen für gleiche Positionen durch simultane Kauf- und Verkaufstransaktionen.

b) die gezielte Ausnutzung von Kursunterschieden derselben Wertpapiere, die gleichzeitig an verschiedenen Börsenplätzen gehandelt werden.

c) die Absicherung gegen diverse Risikoinvestitionen.

d) die Abgrenzung der Risiken bei Schwankungen von Wechselkursen oder Rohstoffpreisen.

e) das Ausnützen des Hebeleffekts bei derivativen Wertpapieren, um möglichst hohe Gewinne zu erzielen.

Übungsaufgabe 7.5:
Beschreiben Sie die notwendigen Ausstattungsmerkmale von Forwards.

Übungsaufgabe 7.6:
Welche Verpflichtungen bzw. Rechte hat der Käufer eines Forwards, welche der Verkäufer?

Übungsaufgabe 7.7:
Sie sind eine Long Position in einem Öl-Forward eingegangen. Die Kontraktgröße beträgt 10.000 Barrel, der Basispreis 60 $ pro Barrel, der Fälligkeitstag ist der 1. Mai.

a) Was bedeutet das? Erhalten Sie Öl, oder müssen Sie liefern?

b) Angenommen, am 1. Mai liegt der Ölpreis am Kassamarkt bei 80 $ je Barrel. Wie hoch ist der Gewinn oder Verlust, den Sie erzielt haben?

Übungsaufgabe 7.8:
Ein österreichischer Unternehmer erwartet zum 30.6. einen Zahlungseingang von 800.000 US-Dollar. Verunsichert durch den Wertverlust des US-Dollars in den letzten Jahren will er sich über einen Forward-Vertrag absichern. Die angebotenen Quoten zum 30.6. lauten 1 EUR=1,110 USD bzw. 1 EUR=1,100 USD.

a) Wie muss der Unternehmer vorgehen, wenn er seine gesamte Position absichern möchte? Welche der angegebenen Quoten kommt zur Anwendung?

b) Am 30.6. liegt der Kassakurs bei 1 EUR=1,106 USD. Hat der Unternehmer durch den Abschluss des Forward-Vertrags einen Gewinn oder einen Verlust erzielt? Wie hoch ist dieser?

c) Wie hoch müsste der Kassakurs am 30.6. sein, damit der Unternehmer durch den Abschluss des Forward-Vertrags einen Vorteil erzielt hat?

Übungsaufgabe 7.9:
Ein österreichisches Unternehmen hat Waren im Wert von 350.000 Britischen Pfund (GBP) von seinem britischen Lieferanten bestellt, wobei die Zahlung in fünf Monaten fällig ist. Um sich gegen das Wechselkursrisiko abzusichern, schließt das Unternehmen schon heute einen Forward-Vertrag ab, der ihm einen Wechselkurs von 1 EUR=0,7195 GBP garantiert. Fünf Monate später beträgt der tatsächliche Wechselkurs 1 EUR=0,7080 GBP.

a) Welche Position ging das österreichische Unternehmen ein?

b) Hat sich im Nachhinein der Abschluss des Forward-Vertrags als günstig oder ungünstig herausgestellt? Wie hoch ist der Gewinn bzw. Verlust, der erzielt wurde?

Übungsaufgabe 7.10:
Ein Unternehmen mit Sitz im Euro-Raum hat Waren im Wert von 600.000 Brasilianischen Real (BRL) von seinem brasilianischen Lieferanten bezogen. Die Rechnung ist in drei Monaten fällig. Um das Wechselkursrisiko auszuschalten, schließt das Unternehmen schon heute einen entsprechenden Forward-Vertrag mit Forward Rate 1 EUR=3,626 BRL ab.

Drei Monate später liegt der aktuelle Wechselkurs bei 1 EUR=3,638 BRL. Welche Konsequenzen ergeben sich für das Unternehmen?

a) Da das Unternehmen den Forward-Vertrag abgeschlossen hat, muss es in drei Monaten jedenfalls 165.471,59 € zahlen.

b) Im Nachhinein betrachtet hat sich der Abschluss des Forward-Vertrags als nachteilig herausgestellt, ohne Forward-Vertrag hätte das Unternehmen um 545,81 € weniger zahlen müssen.

c) Der Abschluss des Forward-Vertrags wirkt sich positiv aus, das Unternehmen muss damit nur 2.175.600,00 € statt 2.182.800,00 € zahlen.

d) Durch den Abschluss des Forward-Vertrags hat das Unternehmen das Recht, den günstigeren Wechselkurs zu wählen, und zahlt daher nur 164.925,78 €.

e) Wenn der aktuelle Wechselkurs in drei Monaten unter der Forward Rate liegen würde, hätte das Unternehmen durch den Abschluss des Forward-Vertrags einen Vorteil erzielt.

Übungsaufgabe 7.11:
Eine Investorin besitzt 50.000 €, die sie für ein Jahr risikolos veranlagen möchte. Dabei stehen ihr zwei Möglichkeiten zur Verfügung:

1. Veranlagung der 50.000 € zu 2,5% p.a. (jährliche Verzinsung).
2. Umtausch der 50.000 € in japanische Yen (Spot Rate 1 EUR=135,616 JPY), Veranlagung der Yen bei einer japanischen Bank zu 1% p.a. (jährliche Verzinsung), und Rücktausch der Yen in Euro zur (durch einen Forward-Vertrag garantierten) Forward Rate von 1 EUR=132,781 JPY.

a) Mit welcher Variante kann die Investorin ein höheres Endvermögen erzielen?

b) Wie hoch müsste die heutige Spot Rate sein, dass beide Veranlagungsvarianten das selbe Endvermögen (in Euro) liefern?

Übungsaufgabe 7.12:
Ein Investor besitzt 100.000 €, die er für ein Jahr risikolos veranlagen möchte, wobei er zwei Möglichkeiten in Betracht zieht:

1. Veranlagung der 100.000 € zu 2% p.a. bei halbjährlicher Verzinsung.
2. Umtausch der 100.000 € in kanadische Dollar (Spot Rate 1 EUR=1,4115 CAD), Veranlagung der kanadischen Dollar bei einer kanadischen Bank zu 2,4% p.a. (ebenfalls halbjährliche Verzinsung), und Rücktausch der Dollar in Euro zur (durch einen Forward-Vertrag abgesicherten) Forward Rate von 1 EUR=1,4204 CAD.

Für welche Möglichkeit sollte sich der Investor entscheiden, und welche der folgenden Aussagen ist/sind in diesem Zusammenhang richtig?

a) Da der effektive CAD-Zinssatz p.a. höher ist als der effektive EUR-Zinssatz p.a., sollte der Investor sich für die zweite Variante (Veranlagung in CAD) entscheiden.

b) Der Endwert der Veranlagung zum CAD-Zinssatz (Variante 2) ist mit 101.772,69 € um 237,31 € niedriger als bei der Veranlagung zum EUR-Zinssatz, der Investor sollte sich daher für die erste Variante entscheiden.

c) Damit beide Veranlagungsvarianten gleichwertig sind, müsste der EUR-Zinssatz (gerundet) 1,765% p.a. bei halbjährlicher Verzinsung betragen.

d) Der Endwert der Veranlagung zum EUR-Zinssatz beträgt 102.010,00 €, jener der zweiten Veranlagungsvariante 101.758,38 €, der Investor sollte sich daher für die Veranlagung zum EUR-Zinssatz entscheiden.

e) Wenn der CAD-Zinssatz ebenfalls 2% p.a. betragen würde, wären beide Veranlagungsvarianten gleichwertig.

Übungsaufgabe 7.13:
Beschreiben Sie kurz ein Forward Rate Agreement (FRA)!

Übungsaufgabe 7.14:
Grenzen Sie Forwards und Futures von einander ab.

Übungsaufgabe 7.15:
Welche der folgenden Aussagen ist/sind korrekt?

a) Der Forward zählt zu den unbedingten, der Future zu den bedingten Termingeschäften.

b) Positionen in Futures werden fast nie vorzeitig geschlossen.

c) Im Gegensatz zum Forward ist beim Futures das Erfüllungsrisiko so gut wie ausgeschlossen.

d) Futures können mit dem Cost-of-Carry Modell bewertet werden.

e) Forwards werden über das Marginkonto täglich abgerechnet (daily settlement).

Übungsaufgabe 7.16:
Welche der folgenden Aussagen über Hedging mit Futures trifft/treffen zu?

a) In der Praxis stimmen der Kurs des Future und der Kurs des Basiswerts vor dem Fälligkeitstag meist nicht überein.

b) Mit Hilfe von Futures kann man bestehende Aktienpositionen gegen Verlust absichern, dabei aber trotzdem an Gewinnen partizipieren (einseitiges Hedging).

c) Hedging mit Futures erfordert immer den Verkauf eines Future-Kontrakts.

d) Beim Hedging zeigt die Wertentwicklung des zum Future gehörenden Marginkontos eine gegenläufige Tendenz zur Position im Basiswert.

e) Je größer der Hebeleffekt des Futures ist, um so mehr Kontrakte werden zur Absicherung benötigt.

Übungsaufgabe 7.17:
Welche der folgenden Aussagen zu „Marking to market“ (MTM) ist/sind korrekt?

a) Unter MTM versteht man die tägliche Abrechnung der Positionen am Marginkonto.
b) MTM entspricht im Wesentlichen dem täglichen Glattstellen und Neueröffnen der jeweiligen Wertpapierpositionen.
c) Unter MTM versteht man die Markierung des Schlusskurses eines Wertpapiers auf dem Markt.
d) MTM wird bei Forwards, Futures und Optionen eingesetzt.
e) MTM ist ein Teil des Clearings und unterstützt damit die Ausschaltung des Erfüllungsrisikos.

Übungsaufgabe 7.18:
Ein Unternehmen benötigt für seine Produktion in drei Monaten 75.000 Liter Rohöl. An der Börse werden Futures auf Öl der Sorte Brent gehandelt. Der aktuelle Futurekurs (für Lieferung in 3 Monaten) beträgt 58 $ je Barrel (An- und Verkauf). Die Kontraktgröße beträgt 50 Barrel je Future.

a) Besteht die Gefahr aus Sicht des Unternehmens in einem Steigen oder einem Fallen des Ölpreises?
b) Muss das Unternehmen eine Long oder eine Short Position im Future eingehen, um sich gegen das Ölpreisrisiko zu abzusichern?
c) Wenn ein Barrel ca. 159 Liter fasst, wie viele Futurekontrakte muss das Unternehmen kaufen bzw. verkaufen, um sich vollständig gegen Ölpreisänderungen abzusichern?
d) Angenommen, beim Kauf eines Futures müssen 1.000 $ als Margin hinterlegt werden. Um wie viel steigt der Betrag am Marginkonto (pro Future), wenn der Futurepreis innerhalb eines Tages auf 63 $ je Barrel steigt?

Übungsaufgabe 7.19:
Sie haben vor einiger Zeit einen Future long auf Gold zur Lieferung von 10.000 Feinunzen im Juni abgeschlossen. Gestern notierte Gold zu 1.155 $ pro Feinunze und auf Ihrem Marginkonto befanden sich 438.580 $. Heute sinkt der Goldpreis auf 1.142 $. Wie viel Geld befindet sich nach dem „daily settlement“ auf ihrem Marginkonto?

Übungsaufgabe 7.20:
Die Plastik AG stellt Kunststoffgranulate aus Rohöl her und möchte sich gegen steigende Rohölpreise absichern. Zu diesem Zweck wird am 1. März eine Future Position (long) für Rohöl der Marke Brent eröffnet, von der folgende Informationen bekannt sind:

- Kontraktgröße: 100.000 Barrel
- Futurekurs am 1. März: 60,00 $
- Fälligkeit: Oktober

Während der gesamten Laufzeit gilt ein Margin von 500.000 $. Der Futurekurs sinkt am 2. März auf 58,00 $ und steigt am 3. März auf 58,50 $. Wieviel muss das Unternehmen am 2. und am 3. März auf das Marginkonto einzahlen oder davon abheben, wenn die Position jedenfalls bis Oktober gehalten werden soll und etwaige Gewinne sofort vom Marginkonto behoben werden?

a) Das Unternehmen muss am 2. März 200.000 $ und am 3. März 150.000 $ einzahlen.

b) Das Unternehmen muss am 2. März 200.000 $ einzahlen und kann am 3. März 50.000 $ abheben.

c) Das Unternehmen kann am 2. März 200.000 $ abheben und muss am 3. März 150.000 $ einzahlen.

d) Am 2. März erfolgt keine Zahlung, am 3. März muss das Unternehmen aber 150.000 $ einzahlen.

e) Das Unternehmen muss am 2. März 200.000 $ einzahlen, am 3. März erfolgt aber keinerlei Zahlung.

Übungsaufgabe 7.21:
Ein Anleger kauft am 10. Februar einen ATX-Future. Der Kurs steht bei 2.596 Indexpunkten, ein Kontrakt entspricht dem 50-fachen Wert des Index und ist im April fällig. Der Investor hinterlegt den erforderliche Margin von 3.000 € auf seinem Marginkonto. Am 11. Februar steht der Futurekurs bei 2.593 Indexpunkten, am 12. Februar bei 2.641 Punkten.

Wie viel muss der Anleger an diesen beiden Tagen auf das Marginkonto einzahlen, bzw. wie viel kann er davon abheben, wenn er seine Position beibehalten und etwaige Gewinne sofort vom Marginkonto beheben möchte?

Übungsaufgabe 7.22:
Eine Spekulantin rechnet mit einem baldigen Fallen des Wechselkurses zwischen Euro und Norwegischer Krone (NOK) und kauft daher einen NOK-Future mit Gegenwert von 1.000.000 € zum aktuellen Kurs von 1 EUR=8,86 NOK. Die Spekulantin verpflichtet sich also, $1.000.000 \cdot 8{,}86 = 8.860.000$ Kronen um 1.000.000 € am Fälligkeitstag des Futures zu kaufen. Das erforderliche Margin beträgt 70.000 €.

a) Nach einem Monat ist der Kurs auf 1 EUR=8,78 NOK gefallen. Hat die Spekulantin einen Gewinn oder einen Verlust erzielt? Wie viel Geld ist nun auf dem Marginkonto? Vergleichen Sie die prozentuelle Änderung im Kurs und auf dem Marginkonto!

b) Nach einem weiteren Monat ist der Kurs wieder auf 1 EUR=8,93 NOK gestiegen. Wie hoch ist nun der Stand auf dem Marginkonto? Vergleichen Sie wieder die prozentuellen Änderungen (seit dem letzten Monat) im Kurs und auf dem Marginkonto!

Übungsaufgabe 7.23:
Ein Spekulant rechnet mit einer baldigen Änderung des Wechselkurses zwischen Euro und Schweizer Franken. Er verkauft daher einen Future auf Schweizer Franken zum Gegenwert von 2.000.000 € zum Kurs von 1 EUR=1,04 CHF und muss dafür ein Margin von 9% hinterlegen. Nach zwei Monaten ist der Kurs auf 1 EUR=1,06 CHF gestiegen.

Welche der folgenden Aussagen ist/sind in diesem Zusammenhang korrekt?

a) Der Spekulant muss anfangs 180.000 € auf seinem Marginkonto hinterlegen.

b) Der Spekulant muss anfangs 180.000 Schweizer Franken auf seinem Marginkonto hinterlegen.

c) Nach zwei Monaten hat er aufgrund des Kursanstiegs einen Gewinn von 37.735,85 € erzielt.

d) Durch den Future entsteht eine Hebelwirkung, d.h. die prozentuelle Änderung des Guthabens am Marginkonto ist höher als der prozentuelle Anstieg des Wechselkurses.

e) Hätte der Spekulant den Future gekauft statt verkauft, hätte er durch den Kursanstieg einen Gewinn statt eines Verlustes erzielt.

Übungsaufgabe 7.24:
Bei einem Indexstand von 11.060 möchten Sie auf einen Anstieg des DAX spekulieren. Der DAX-Future mit Fälligkeit in 2 Monaten notiert bei 11.080 Indexpunkten. Die Kontraktgröße ist der 25-fache Indexstand, der geforderte Margin pro Kontrakt liegt bei 15.000 €. Nehmen Sie an, dass eine Direktinvestition in den Index ohne Transaktionskosten möglich wäre, dass der Index um einen Punkt steigt, und eine Indexveränderung von einem Punkt zu einer Veränderung der Future-Notierung um genau einen Punkt führt.

a) Wie groß ist die Rendite Ihres Investments, wenn Sie sofort nach dem Anstieg des Index um einen Punkt Ihre Position glatt stellen?

b) Wie groß ist die Hebelwirkung der Investition in den Future (im Vergleich zur Investition in den Index)?

Übungsaufgabe 7.25:
Ein österreichischer Anleger kauft am 23. Mai einen Future auf den Aktienindex SMI („Swiss Market Index"). Der Kurs steht bei 8.790 Indexpunkten, die

Kontraktgröße bezieht sich auf den zwanzigfachen Wert des Index. Der erforderliche Margin beträgt 8.000 €. Einen Tag später ist der SMI-Future auf 8.763 Punkte gefallen.

Wenn Sie davon ausgehen, dass Indexstand und Futurekurs parallel verlaufen, wie hoch ist der Hebeleffekt des Future? Welche der folgenden Aussagen ist/sind in diesem Zusammenhang korrekt?

a) Die Tagesrendite bei Investition in den Index beträgt –0,308%, bei Investition in den Future –7,239%, der Hebeleffekt beträgt daher rund 23,5.

b) Bei der Investition in den Future hat der Anleger eine Tagesrendite von –6,750% erzielt, der Hebeleffekt des Futures beträgt daher rund 22,0.

c) Die Tagesrendite bei Investition in den Future beträgt –9,538%.

d) Bei der Investition in den Future hat der Anleger eine Tagesrendite von –0,338% erzielt, der Hebeleffekt des Futures beträgt daher rund 1,1.

e) Die Tagesrendite bei Investition in den Index beträgt –0,307%.

Übungsaufgabe 7.26:
Eine Fondsmanagerin betreut einen Fonds, der in seiner Zusammensetzung dem ATX entspricht. Sie rechnet in den kommenden zwei Monaten mit fallenden Aktienkursen und möchte das Fondsvermögen gegen Kursverluste absichern. Leerverkäufe sind allerdings nicht zulässig. Am Markt wird ein Future auf den ATX mit Kontraktgröße 25 gehandelt, der zur Absicherung verwendet werden kann. Der ATX steht bei 2.505 Punkten, der Gesamtwert der Aktien im Fonds beträgt ca. 15 Mio. €.

Wie viele Future-Kontrakte muss die Fondsmanagerin kaufen oder verkaufen, um sich gegen Kursverluste abzusichern?

Übungsaufgabe 7.27:
Der Silberpreis liegt heute bei 18,50 $ je Unze. An einer Terminbörse wird ein Silber-Future (Kontraktgröße 100) gehandelt, der in einem halben Jahr ausläuft und bei 20,10 $ je Unze notiert. Der aktuelle Marktzinssatz beträgt 1,2% p.a. bei stetiger Verzinsung, die Lagerkosten für Silber liegen bei 0,20 $ pro Monat und Unze, zahlbar bei Entnahme von Lager.

a) Wenn Sie heute Silber kaufen und ein halbes Jahr lagern, wie hoch ist der Endwert der damit verbundenen Auszahlungen?

b) Gibt es Arbitragemöglichkeiten, und wenn ja, welche Strategie müssten Sie anwenden, um einen Arbitragegewinn zu erzielen?

c) Wie hoch ist der Arbitragegewinn, den Sie pro Future erzielen können?

d) Ist dieser Arbitragegewinn einem Erfüllungsrisiko ausgesetzt?

e) Warum würde obige Situation am Markt nicht lange bestehen bleiben? Was würde passieren?

Übungsaufgabe 7.28:
Ein Arbitrageur findet eine Möglichkeit, mit Goldfutures einen risikolosen Gewinn von 33,50 $ pro Future zu erzielen. Er verkauft dazu einen einjährigen Future mit einer Kontraktgröße von einer Unze und einem Preis von 1.167,00 $. Die Lagerkosten für Gold betragen 1,50 $ pro Jahr und Unze, zahlbar bei Entnahme vom Lager. Der derzeitige Marktzinssatz beträgt 2% p.a. (jährliche Verzinsung).

Verwenden Sie das Cost-of-Carry Modell, um den heutigen Kassakurs für ein Unze Gold zu errechnen!

Übungsaufgabe 7.29:
Sie sind ein großer Hersteller von Gartenzäunen und haben vor, in einem Jahr mit der Produktion ihres neuen Zaunes „Garden Fence 300“ zu beginnen. Die dafür nötige Tonne Aluminium haben Sie bereits heute eingelagert. Ein Freund aus einer Bank macht Sie darauf aufmerksam, dass eventuell eine Arbitragemöglichkeit für Sie besteht, weil Sie das Aluminium ja erst in einem Jahr brauchen.

Der Tagespreis (Spot Price) für Aluminium liegt heute bei 1.650 $ je Tonne. An der London Metal Exchange wird ein Aluminium-Future gehandelt, der in einem Jahr ausläuft und bei 1.700 $ je Tonne notiert. Sie können Geld zu einem Zinssatz von 4,5% p.a. aufnehmen/veranlagen (jährliche Verzinsung). Bei der Lagerung von Aluminium fallen Auszahlungen von 5 $ pro Monat und Tonne an (zahlbar bei Entnahme vom Lager).

Existiert eine Arbitragemöglichkeit, und wie könnten Sie diese ausnützen? Welche der folgenden Aussagen ist/sind in diesem Zusammenhang richtig?

a) Der Endwert für Kauf und die Lagerung einer Tonne Aluminium beträgt 1.784,25 $.

b) Der Endwert für Kauf und Lagerung einer Tonne Aluminium (= arbitragefreier Futurekurs) ist um 84,25 $ höher als der Terminkurs.

c) Eine Arbitragemöglichkeit besteht darin, jetzt die Tonne Aluminium zu verkaufen sowie einen Future-Kontrakt zu kaufen (long). In einem Jahr könnten Sie dann die Tonne Aluminium über den Future zurückkaufen und mit der Produktion des Zaunes beginnen.

d) Der Endwert für den Kauf und die Lagerung einer Tonne Aluminium ist mit 1.563,24 $ niedriger (und nicht höher) als der Terminkurs, somit besteht keine Arbitragemöglichkeit.

e) Zur Ausnützung der Arbitragemöglichkeit könnte man jetzt eine Tonne Aluminium kaufen und einlagern, sowie einen Future-Kontrakt verkaufen (short). In einem Jahr erfüllt man den Future-Kontrakt und verkauft die Tonne Aluminium zum Kurs von 1.700 $.

Übungsaufgabe 7.30:
Welche der folgenden Aussagen über Swaps ist/sind korrekt?

a) Unter einem Swap versteht man ein Finanzinstrument, bei dem zukünftige Zahlungsströme ausgetauscht werden.

b) Swaps sind OTC-Verträge, sie werden individuell von den Vertragspartnern ausgehandelt.

c) Zu den häufigsten Swapgeschäften gehören Zinsswaps und Währungsswaps.

d) Beim gewöhnlichen Zinsswap leistet der Käufer des Swaps Zahlungen in fixer Höhe (den sogenannten Swapkupon).

e) Der Abschluss eines Swaps ist kostenfrei.

Übungsaufgabe 7.31:
Der Käufer eines Zinsswaps

a) leistet in der Zukunft Zinszahlungen in variabler Höhe.

b) kann die Bedingungen des Swaps individuell mit dem Verkäufer aushandeln.

c) wird am Fälligkeitstag abhängig vom dann geltenden Zinsniveau entscheiden, ob er den Swap ausübt oder nicht.

d) leistet im Normalfall anlässlich des Vertragsabschlusses eine Auszahlung.

e) kann den Swap am Fälligkeitstag auch verfallen lassen.

Übungsaufgabe 7.32:
Das Nominale eines Swaps beträgt 500.000 €. Die Laufzeit wird auf 3 Jahre fixiert, Zahlungen werden jährlich geleistet. Als Referenzzinssatz ist der 12-Monats-EURIBOR festgelegt. Zuletzt wurde der EURIBOR mit 3,5% beobachtet. Als Swapkupon werden K=3,7% p.a. vereinbart.

Welche Zahlungen resultieren daraus für die einzelnen Zeitpunkte t=1, 2 und 3?

a) Die erste fixe Zahlung beträgt 18.500 € und die erste variable Zahlung 17.500 €, daraus ergibt sich eine Ausgleichszahlung in Höhe von 1.000 € vom Käufer an den Verkäufer des Swaps.

b) Die jährliche Ausgleichszahlung von 1.000 € erfolgt vom Verkäufer an den Käufer des Swaps.

c) Die variablen Zahlungen für die Zeitpunkte t=1, 2 bzw. 3 betragen 17.500 €, 17.900 € bzw. 17.400 €.

d) Es kann immer nur die Ausgleichszahlung für den kommenden Kupontermin bestimmt werden.

e) Die Ausgleichszahlungen betragen jedes Jahr 500.000 €.

Übungsaufgabe 7.33:
Ein Unternehmen hat einen Zinsswap gekauft, bei dem jährlich ein Swapkupon von 4,5% gegen den 12-Monats-EURIBOR ausgetauscht wird. Der Nominalbetrag des Swaps beläuft sich auf ist 50 Mio. €, die Restlaufzeit beträgt 2,75 Jahre. Die letzte Zahlung fand vor drei Monaten statt. Der damals beobachtete 12-Monats-EURIBOR lag bei 4,0%.

Aktuell werden folgende Spot Rates (stetige Verzinsung) beobachtet:

Fristigkeit	0,75	1,75	2,75
Spot Rate p.a. (stetige Verzinsung)	4,5%	4,8%	5,2%

Wie hoch ist der aktuelle Wert des Zinsswaps aus Sicht des Unternehmens?

Übungsaufgabe 7.34:
Ein Unternehmen hat vor längerer Zeit einen Zinsswap abgeschlossen. Es zahlt den 12-Monats-EURIBOR und erhält dafür 3,60% jährlich. Nominale ist 10 Mio. €, der Swap hat eine Restlaufzeit von 2,5 Jahren. Der vor sechs Monaten beobachtete EURIBOR lag bei 3,75%, die Spot Rates für die relevanten Fristigkeiten sind in der folgenden Tabelle gegeben:

Fristigkeit	0,5	1,5	2,5
Spot Rate p.a. (stetige Verzinsung)	3,75%	3,60%	3,55%

Wie hoch ist der Wert des Swaps aus Sicht des Unternehmens?

a) 34.936,17 €

b) 7.722,80 €

c) 6.998,57 €

d) –7.722,80 €

e) –14.721,37 €

Übungsaufgabe 7.35:
Eine Europäische Option mit folgenden Ausstattungsmerkmalen ist gegeben:

- Basiswert: Aktien der XYZ-AG
- Kontraktgröße: 1
- Ausübungspreis: 40 €
- Verfallstag: nächster Freitag

Beantworten Sie die folgenden Punkte sowohl für eine Call- als auch für eine Put-Option!

a) Beschreiben Sie anhand dieses Beispiels die Rechte und Pflichten, die mit einer Long bzw. eine Short Position in dieser Option verbunden sind!

b) Angenommen, nächsten Freitag notiert die XYZ-Aktie bei 35 € bzw. 44 €. In welchem Fall wird der Besitzer der Option diese ausüben?

Übungsaufgabe 7.36:
Typische Einsatzgebiete von Optionen sind beispielsweise

a) Hedging

b) Spekulation

c) Absicherung von bestehenden Wertpapierpositionen

d) Wahlmöglichkeit unterschiedlicher Finanzdienstleistungen

e) Tilgung von Anleihen, insbesondere Optionsanleihen

Übungsaufgabe 7.37:
Welche der folgenden Aussagen zu Optionen ist/sind korrekt?

a) Amerikanische Optionen können bis zum Verfallstag ausgeübt werden.

b) Europäische Optionen können nur am Verfallstag ausgeübt werden.

c) Optionen können mit Hilfe des cost-of-carry Modells bewertet werden.

d) Amerikanische Optionen haben grundsätzlich amerikanische Wertpapiere, Zinssätze oder Währungen als Basiswert.

e) Der Basiswert einer Option beschreibt das Gut, das mithilfe der Option gekauft oder verkauft werden kann.

Übungsaufgabe 7.38:
Der Wert einer Call-Option

a) ist niemals größer als der Kurs der zugrundeliegenden Aktie.

b) ist (bei sonst gleichen Ausstattungsmerkmalen) umso höher, je höher der Ausübungspreis der Option ist.

c) ist die Summe aus ihrem inneren Wert und dem Zeitwert.

d) ist am Verfallstag gleich ihrem inneren Wert.

e) ist bei einer amerikanischen Call-Option höher als bei einer europäischen Call-Option mit sonst gleichen Ausstattungsmerkmalen.

Übungsaufgabe 7.39:
Der innere Wert einer Option

a) ist meistens niedriger als der Optionspreis.

b) ist bei out-of-the-money Optionen nicht größer als der Zeitwert.

c) kann nie kleiner als null sein.

d) ist der Wert, den die Option bei sofortiger Ausübung hätte, falls diese vorteilhaft wäre.

e) ist bei in-the-money Optionen jedenfalls positiv.

Übungsaufgabe 7.40:
Welche der folgenden Aussagen über Optionswerte ist/sind richtig?

a) Eine Option heißt „in the money", wenn ihre Ausübung in diesem Moment für den Besitzer vorteilhaft wäre.

b) Eine Put-Option heißt „out of the money", wenn der Kurs des Basiswertes höher als der Ausübungspreis ist.

c) Eine Call-Option heißt „in the money", wenn der Kurs des Basiswertes höher als der Ausübungspreis ist.

d) Ist eine Option am Verfallstag „in the money", erzielt der Besitzer jedenfalls einen Gewinn aus dem Optionsgeschäft.

e) Eine Call-Option heißt „in the money", wenn der Kurs des Basiswertes niedriger als der Ausübungspreis ist.

Übungsaufgabe 7.41:
Sie kaufen heute eine Call-Option mit Ausübungspreis 62 € und zahlen dafür 4 €. Der aktuelle Börsenkurs der zugrunde liegenden Aktie beträgt 65 €. Einen Tag später, am Verfallstag der Option, ist der Börsenkurs auf 68 € angestiegen.

a) Wie hoch ist Ihr gesamter Gewinn bzw. Verlust aus dem Optionsgeschäft?

b) Wie hoch ist der gesamte Gewinn bzw. Verlust des Stillhalters der Option?

(Vernachlässigen Sie alle Zinseffekte!)

Übungsaufgabe 7.42:
Gestern haben Sie eine Put-Option mit einem Ausübungspreis von 100 € geschrieben (verkauft) und dafür 3 € erhalten. Die zugrundeliegende Aktie notierte gestern bei 102 € und heute, am Verfallstag der Option, bei 90 €.

Welche der folgenden Aussagen ist/sind richtig? (Vernachlässigen Sie alle Zinseffekte!)

a) Da Sie die Put-Option verkauft (und nicht gekauft) haben, ist Ihr Gewinn/Verlust nicht vom Aktienkurs abhängig.

b) Die Option war gestern aus dem Geld („out-of-the-money").

c) Ihr Gesamtverlust beträgt 7 €.

d) Je niedriger der Aktienkurs bei Fälligkeit der Option ist, desto geringer ist Ihr Verlust.

e) Wenn Sie gestern zusätzlich eine heute fällige Call-Option mit einem Ausübungspreis von 100 € um 3 € gekauft hätten, wären Sie gegen Rückgänge des Aktienkurses abgesichert gewesen.

Übungsaufgabe 7.43:
Ein Anleger kauft eine Call-Option mit Ausübungspreis 50 € um 10 € sowie eine Put-Option mit Ausübungspreis 60 € um 15 €. Danach verkauft er noch einen Put mit Ausübungspreis 40 € um 7 €. Alle Optionen beziehen sich auf die selbe Aktie und verfallen am selben Tag. Der Börsenkurs der zugrundeliegenden Aktie am Fälligkeitstag liegt bei 80 €.

Wie hoch ist der gesamte Gewinn bzw. Verlust des Anlegers aus den Optionsgeschäften? (Vernachlässigen Sie alle Zinseffekte!)

Übungsaufgabe 7.44:
Sie besitzen eine Aktie, die heute bei 80 € notiert, und verkaufen eine Call-Option auf diese Aktie mit einem Ausübungspreis von 85 € um 5 €. (Diese Kombination von Aktie long und Call short (auf die selbe Aktie) nennt man auch einen „covered call".)

Stellen Sie den Gewinn bzw. Verlust Ihres Gesamtportfolios in Abhängigkeit vom Aktienkurs am Verfallstag der Option grafisch dar. Wie hoch ist Ihr Gesamtergebnis bei einem Aktienkurs von 70 € bzw. 105 €? (Vernachlässigen Sie dabei alle Zinseffekte!)

Übungsaufgabe 7.45:
Eine Investorin möchte an der Börse spekulieren und kauft zu diesem Zweck eine Call-Option mit Ausübungspreis 100 € um 10 € und eine Put-Option mit Ausübungspreis 100 € um 5 €, beide auf dieselbe Aktie und mit dem selben Verfallstag. Bei welchen Aktienkursen wird sie am Verfallstag insgesamt einen Gewinn erzielen?

Welche der folgenden Aussagen ist/sind in diesem Zusammenhang richtig? (Vernachlässigen Sie dabei alle Zinseffekte!)

a) Die Investorin wird nur dann einen Gewinn erzielen, wenn der Aktienkurs zwischen 95 € und 110 € liegt.

b) Nur bei Aktienkursen unter 85 € oder über 115 € wird die Investorin einen Gewinn erzielen.

c) Den höchsten Verlust erzielt die Investorin dann, wenn der Aktienkurs am Verfallstag bei 100 € liegt.

d) Nur wenn der Aktienkurs unter 95 € oder über 110 € liegt, wird die Investorin einen Gewinn erzielen.

e) Der maximal mögliche Gesamtgewinn beträgt 15 €.

Übungsaufgabe 7.46:
Ein Anleger besitzt 60 Aktien, die heute zum Kurs von 37 € notieren. Zusätzlich schreibt er 30 Call-Optionen auf dieselbe Aktie, die morgen verfallen, und bei einem Ausübungspreis von 35 € zu 3 € notieren. Der risikolose Zinssatz beträgt 5% p.a. bei stetiger Verzinsung.
Wie hoch ist der Portfoliowert des Anlegers am nächsten Tag, wenn der Aktienkurs zu diesem Zeitpunkt 39 € beträgt? (Rechnen Sie mit 365 Tagen pro Jahr!)

Übungsaufgabe 7.47:
Ein Investor kauft am 10. Oktober eine Put-Option (Ausübungspreis 10 €) um 3 €. Der Kurs der zugrundeliegenden Aktie beträgt an diesem Tag 5 €. Vier Tage später, am Verfallstag der Option, beträgt der Kurs der zugrundeliegenden Aktie 6 €. Wie hoch ist die effektive Tagesrendite, die der Investor erzielt hat?

a) 100,00%

b) 33,33%

c) 18,92%

d) 7,46%

e) 4,66%

Übungsaufgabe 7.48:
Eine Anlegerin besitzt 1.000 €, die sie zur Gänze in eine der beiden folgenden Varianten investieren möchte:

1. Kauf von XY-Aktien, die heute zum Kurs von 10 € gehandelt werden.
2. Kauf von Call-Optionen auf XY-Aktien, die morgen verfallen und bei einem Ausübungspreis von 11 € heute bei 2 € notieren.

Einen Tag später, am Verfallstag der Option, beträgt der Aktienkurs der XY-Aktien 12 €. Welche der folgenden Aussagen ist/sind korrekt?

a) Beim Aktienkurs von 12 € ist das Endvermögen der Anlegerin bei der ersten Variante um 700 € höher als bei der zweiten Variante.

b) Da die Investition in Optionen durch deren Hebeleffekt ein höheres Risiko darstellt als die Investition in den Basiswert, muss auch die Rendite jedenfalls höher sein als jene bei der Investition in die Aktie.

c) Beim Aktienkurs von 12 € beträgt die Rendite bei der zweiten Variante –50%.

d) Wäre die Aktie am nächsten Tag wertlos, wäre die Rendite in beiden Varianten –100%.

e) Bei einem Aktienkurs von 13,75 € wäre das Endvermögen und damit die Rendite der Anlegerin in beiden Fällen gleich hoch.

Übungsaufgabe 7.49:
Ein österreichisches Unternehmen liefert mehrere Großmaschinen nach Moskau. Die Bezahlung erfolgt in sechs Monaten in Rubel. Welche Möglichkeiten zur Absicherung des Wechselkursrisikos hat das Unternehmen? Welche Vor- und Nachteile sind mit den einzelnen Varianten verbunden?

Übungsaufgabe 7.50:
Die österreichische X-AG hat Waren im Wert von 100.000 $ an einen amerikanischen Kunden verkauft, der Betrag (in USD) ist in drei Monaten fällig. Die X-AG rechnet mit stark schwankenden Wechselkursen in den nächsten Monaten und möchte sich gegen das dadurch entstehende Wechselkursrisiko absichern.

Welche Strategien und Instrumente sind dazu geeignet, und welche der folgenden Aussagen ist/sind in diesem Zusammenhang korrekt?

a) Als Käufer einer Put-Option auf USD könnte die X-AG sich einseitig gegen ungünstige Wechselkursentwicklungen absichern, von günstigen Wechselkursänderungen aber noch profitieren.

b) Da die X-AG als Käufer eines Forward-Vertrags das Wahlrecht hat, ob sie den Vertrag erfüllen möchte oder nicht, kann sich ein solcher Vertrag nur vorteilhaft für die X-AG auswirken.

c) Wenn die X-AG eine Call-Option auf USD kauft, kann sie für die erwarteten 100.000 $ Euro zum festgelegten Ausübungspreis kaufen.

d) Nach Abschluss eines maßgeschneiderten Forward-Vertrags besteht für die X-AG keine Unsicherheit mehr darüber, welchen Euro-Betrag sie in drei Monaten erhalten wird.

e) Als Verkäufer eines Futures auf USD kann die X-AG heute schon das Wechselkursrisiko ausschalten.

Übungsaufgabe 7.51:
Die Kabel-AG benötigt für ihre Produktion einige Rohstoffe, deren Preise am Weltmarkt stark schwanken. Vor allem für Kupfer rechnet sie in den nächsten Monaten mit steigenden Preisen und überlegt, sich gegen das entsprechende Risiko abzusichern. Zwei Absicherungsvarianten stehen zur Diskussion:

1. Kauf von Call-Optionen auf Kupfer, oder
2. Abschluss von Futures (Long Position) auf Kupfer.

Was sind die Vor- und Nachteile dieser beiden Varianten, und welche der folgenden Aussagen ist/sind in diesem Zusammenhang richtig?

a) Bei den Optionen fällt beim Abschluss noch keine Zahlung an, während bei den Futures das vorgeschriebene Margin an der Börse zu hinterlegen ist.

b) Bei der Future-Variante könnte die Kabel-AG die Futures vorzeitig glattstellen, z.B. wenn der Kupferpreis wider Erwarten doch sinken würde.

c) Bei der Options-Variante kann die Kabel-AG aufgrund des Wahlrechts auch auf die Ausübung verzichten, wenn Kupfer am Weltmarkt zu niedrigeren Kosten als dem Ausübungspreis der Option bezogen werden kann.

d) Bei nicht-börsengehandelten Optionen besteht ein gewisses Erfüllungsrisiko, bei Futures ist dies durch die Abrechnungsmethode der Clearingstelle so gut wie ausgeschlossen.

e) Der zentrale Vorteil der Options-Variante gegenüber der Futures-Variante sind die niedrigeren Kosten.

Übungsaufgabe 7.52:
Ein Investor besitzt eine Aktie der B-AG, die derzeit zu einem Kurs von 100 € notiert. Um sich gegen Kursverluste abzusichern, kauft der Investor eine Put-Option mit Ausübungspreis 100 € auf diese Aktie (Kontraktgröße 1) zu einem Preis von 8 €.

a) Stellen Sie den gesamten Gewinn/Verlust des Investors in Abhängigkeit vom Aktienkurs am Verfallstag grafisch dar (vernachlässigen Sie dabei jegliche Zinseffekte!).

b) Welcher Standard-Optionsposition entspricht die Form der Gesamtposition des Investors?

c) Angenommen, der Investor hätte die Aktie leerverkauft. Mit welcher Optionsposition (Call oder Put, long oder short) könnte er sich dann einseitig gegen Verluste durch Kursänderungen absichern?

Übungsaufgabe 7.53:
Sie sind derzeit in Besitz von 152 Aktien der Mal-Rauf-Mal-Runter AG. Derzeit notiert die Aktie bei 138 €, Sie rechnen aber mit stärkeren Kursbewegungen in der nächsten Zeit und erwarten, dass in zehn Tagen der Aktienkurs entweder bei 130 € oder 150 € stehen wird.

Sie möchten sich gegen jede Kursänderung absichern. Am Markt steht dazu eine Call-Option (Kontraktgröße 1) mit Ausübungspreis 140 € zur Verfügung, die heute bei 3,40 € notiert und in zehn Tagen verfällt. Der aktuelle Marktzinssatz liegt bei 5% bei stetiger Verzinsung. (Rechnen Sie mit 365 Tagen pro Jahr.)

a) Wie viele Call-Optionen müssen Sie kaufen bzw. verkaufen, um Ihr Ziel der vollständigen Absicherung zu erreichen?

b) Welchen Wert hat das von Ihnen gehaltene Portfolio nach 10 Tagen? Zeigen Sie, dass der Portfoliowert in beiden erwarteten Szenarien (Kurs 130 € oder 150 €) gleich hoch ist!

Übungsaufgabe 7.54:
Ein Plantagenbesitzer muss morgen 20 Tonnen Kakao an einen Schokoladenproduzenten liefern. Derzeit liegt der Kakaopreis bei 1.990 € je Tonne. Der Plantagenbesitzer rechnet damit, dass morgen der Kakaopreis entweder auf 2.020 € steigen oder auf 1.960 € fallen wird. An der Börse wird eine Put-Option auf Kakao (Kontraktgröße 1 Tonne) gehandelt, die morgen verfällt und derzeit bei einem Ausübungspreis von 1.980 € bei 10 € notiert.

Der Plantagenbesitzer möchte sich gegen jede Preisschwankungen absichern. Wie viele Put-Optionen muss er dazu kaufen bzw. verkaufen?

a) 60 Put-Optionen verkaufen

b) 20 Put-Optionen kaufen

c) 120 Put-Optionen kaufen

d) 60 Put-Optionen kaufen

e) 20 Put-Optionen verkaufen

Übungsaufgabe 7.55:
Ein Anleger hat 100 Aktien, die derzeit zum Kurs von 85 € notieren, leerverkauft. Er rechnet damit, dass der Aktienkurs am nächsten Tag entweder auf 86 € steigen oder auf 83 € fallen wird. An der Börse wird eine Put-Option auf diese Aktie gehandelt, die am nächsten Tag verfällt und derzeit bei einem Ausübungspreis von 87 € bei 3,50 € notiert.

Der Anleger möchte seine Aktienposition gegen jegliche Kursschwankung absichern. Wie viele Put-Optionen muss er zu diesem Zweck kaufen/verkaufen?

Übungsaufgabe 7.56:
Eine Investorin besitzt 200 Call-Optionen auf Alpha-Aktien mit Ausübungspreis 60 €, die heute (am Tag vor dem Verfallstag) bei einem Aktienkurs von 59 € bei 2 € notieren. Sie möchte durch Kauf bzw. Verkauf von Alpha-Aktien seine Position beidseitig absichern („hedgen“), sodass der Wert der Gesamtposition am nächsten Tag unabhängig von der tatsächlichen Entwicklung des Aktienkurses ist. Die Investorin geht dabei davon aus, dass die Alpha-Aktie am nächsten Tag entweder auf 63 € steigen oder auf 58 € fallen wird.

Wie viele Alpha-Aktien soll sie kaufen bzw. verkaufen, um ihr Ziel der vollständigen Absicherung zu erreichen?

Übungsaufgabe 7.57:
Ein Anleger besitzt 30 Aktien, die heute zum Kurs von 22 € notieren. Er rechnet damit, dass der Kurs am nächsten Tag entweder bei 19 € oder bei 26 € liegen wird. Um ein risikoloses Portfolio zu bilden und sich so gegen die Kursschwankung abzusichern, stehen ihm zwei Alternativen zur Verfügung:

1. Verkauf von 70 Call-Optionen mit Ausübungspreis 23 € um 2,10 € je Option, oder

2. Kauf von 42 Put-Optionen mit Ausübungspreis 24 € um 1,50 € je Option.

Beide Optionen verfallen am nächsten Tag. Der risikolose Zinssatz beträgt 1% p.a. bei stetiger Verzinsung.

Welche Strategie sollte der Anleger wählen? Welche der folgenden Aussagen sind/ist in diesem Zusammenhang richtig?

a) Da das resultierende Portfolio in beiden Absicherungsvarianten risikolos ist, ist (unabhängig vom resultierenden Portfoliowert) egal, welche Variante der Anleger wählt.

b) Der Portfoliowert beträgt bei beiden Strategien (gerundet) 717,00 €, es ist daher für den Anleger praktisch egal, ob er sich mit den Call- oder den Put-Optionen absichert.

c) Da beide Strategien den selben Portfoliowert liefern, sind die Optionen – unabhängig vom risikolosen Zinssatz – korrekt bewertet.

d) Bei der Absicherung mittels Call-Optionen erzielt der Anleger einen Portfoliowert von 423,00 €.

e) Wenn der Anleger sich mit Put-Optionen absichert, erhält er einen Portfoliowert von 507,00 €, das ist um 69,99 € mehr als bei der Absicherung mittels Call-Optionen.

Übungsaufgabe 7.58:
Ein Anleger besitzt 100 ABC-Aktien, die heute bei einem Aktienkurs von 97 € notieren. Er geht davon aus, dass der Kurs der ABC-Aktie am nächsten Tag entweder auf 99 € steigen oder auf 95 € fallen wird, und hat deshalb soeben 200 Call-Optionen mit Ausübungspreis 97 € um jeweils 2 € verkauft, um sich gegen jede Kursänderung abzusichern.

Der aktuelle risikolose Zinssatz beträgt 4% p.a. bei stetiger Verzinsung. (Rechnen Sie mit 365 Tagen pro Jahr.)

a) Ist die Option korrekt bewertet oder gibt es Arbitragemöglichkeiten?

b) Wie würde die entsprechende Arbitragestrategie aussehen?

c) Wie hoch wäre der arbitragefreie Preis der Call-Option?

Übungsaufgabe 7.59:
Eine Investorin besitzt 1.000 Aktien, die heute zu einem Kurs von 22 € notieren. Sie rechnet damit, dass der Aktienkurs am nächsten Tag entweder 20 € oder 28 € betragen wird. Um sich gegen jedes Risiko abzusichern, kauft die Investorin heute 2.000 Put-Optionen (Ausübungspreis 24 €) auf diese Aktie, die am nächsten Tag verfallen, und bildet so ein risikoloses Portfolio. Sie zahlt dabei pro Option den Betrag von 2 €. Der risikolose Zinssatz liegt bei 5% p.a. bei stetiger Verzinsung (365 Tage pro Jahr).

Ist die Put-Option korrekt bewertet? Welche der folgenden Aussagen ist/sind in diesem Zusammenhang korrekt?

a) Die Veranlagung zum risikolosen Zinssatz liefert zwar ein niedrigeres Endvermögen, dafür erzielt die Investorin bei Investition in das risikolose Portfolio einen Gewinn von 8 € pro Aktie, wenn der Kurs auf 28 € steigt, daher gibt es keine Arbitragemöglichkeit.

b) Der Preis der Put-Option sollte bei 1,49 € liegen, damit keine Arbitragemöglichkeit existiert.

c) Die Put-Option ist tatsächlich 3,00 € wert, der Preis von 2,00 € ermöglicht Arbitrage.

d) Ja, der Wert von 2,00 € ist korrekt, da keine Arbitragemöglichkeit existiert.

e) Der Preis der Put-Option ist mit 2,00 € zu niedrig, eine Arbitragemöglichkeit gäbe es aber nur dann, wenn die Option zu teuer wäre.

Übungsaufgabe 7.60:
Ein Anleger hat 50 Aktien zum Kurs von 70 € leerverkauft. Er rechnet damit, dass der Aktienkurs am nächsten Tag entweder 71 € oder 74 € betragen wird. Um seine Position abzusichern, hat er zusätzlich 50 Put-Optionen auf diese Aktie mit Ausübungspreis 75 € geschrieben, die am nächsten Tag verfallen, und so ein risikoloses Portfolio gebildet.

Wie hoch ist der arbitragefreie Preis der Put-Option, wenn der risikolose Zinssatz 5% p.a. (stetige Verzinsung) beträgt? (Rechnen Sie mit 365 Tagen pro Jahr.)

Teil II

Fallstudie

Kapitel 8

Teil 1: Start-up

Hinweis: Wie im Lehrbuch „Grundlagen der Finanzierung“ und in den Übungsbeispielen sind auch hier in allen Teilen des Fallbeispiels allfällige Steuern zu vernachlässigen.

Eigen- und Fremdkapital, Kreditformen und Finanzplan

Emma, Sofia und Daniel haben seit ihrer Kindheit davon geredet, gemeinsam ein Unternehmen zu gründen. Sie haben nun beschlossen, ihren Traum in die Tat umzusetzen und möchten gerne als gemeinsames Start-up eine Eisdiele in der Wiener Innenstadt gründen. Emma soll dabei vor allem für Buchhaltung, Kostenrechnung und Finanzierung zuständig sein, durch ihr Wirtschaftsstudium besitzt sie die dafür notwendigen Kenntnisse. Sofia ist ausgebildete Konditorin und Lebensmitteltechnikerin, sie wird sich um die Produktion der verschiedenen Eissorten kümmern, die von ihrer italienischen Familie geerbten Rezepte weiter entwickeln und neue Geschmacksrichtungen kreieren. Daniel soll als Wirtschaftspsychologe für Marketing und Personalangelegenheiten verantwortlich sein.

Wichtige strategische Entscheidungen sollen aber jedenfalls gemeinsam von allen drei Freunden getroffen werden.

Abgesehen davon, dass sie selbstverständlich ausschließlich fair gehandelte Rohstoffe aus ökologischer Landwirtschaft verwenden werden, hat Sofia vor, die Familienrezepte für typisches italienisches Eis abzuwandeln und weiterzuentwickeln. So wäre ihre Eisdiele eine der ersten in der Stadt, die neben den traditionellen Eissorten auch laktosefreies und veganes Eis basierend auf Soja- oder Mandelmilch anbietet. Vor allem wollen sie mit neuen, ausgefallenen Geschmacksrichtungen – Sofia denkt hier an Eissorten wie Ingwer-Granatapfel oder Waldmeister-Maracuja –

den Nerv der Zeit treffen und ihre Eisdiele zum Szene-Treffpunkt eines jungen, hippen Publikums entwickeln.

Als Startkapital veranschlagen die drei jungen Unternehmer 50.000 €. Jeder der Teilhaber könnte 10.000 € als Eigenkapital einbringen, über die Finanzierung der restlichen 20.000 € herrscht jedoch Uneinigkeit. So diskutieren sie, ob sie den Betrag über ein Darlehen aufbringen oder noch einen weiteren Investor suchen sollten, der zusätzliches Eigenkapital in das Unternehmen einbringt. Emma favorisiert ein Darlehen, während Sofia und Daniel keine Schulden machen wollen. Aus ihrer Sicht wären bei einem Kredit ja Zinsen zu bezahlen, die bei einem zusätzlichen Investor nicht anfallen würden. Emma hält dagegen, dass Eigenkapital aufgrund von bestehenden Opportunitätskosten auch nicht kostenlos sei – tatsächlich wäre Fremdkapital meist eine billigere Finanzierungsform als Eigenkapital. Etwas irritiert fragt daraufhin Sofia, warum sie denn dann ihr Start-up nicht zur Gänze über Fremdkapital finanzieren würden, wenn dieses ja billiger sei?

a) Welche Unterschiede würden sich für die drei Unternehmer aus den beiden Finanzierungsvarianten ergeben? Welche Entscheidung sollten sie treffen?

b) Was versteht Emma unter den Opportunitätskosten des Eigenkapitals?

c) Sollte tatsächlich das Unternehmen vollständig über Fremdkapital finanziert werden? Begründen Sie warum bzw. warum nicht!

Emmas Hausbank ist an der Idee interessiert und kann sich vorstellen, den drei Unternehmern ein Darlehen zu gewähren. Zur Rückzahlung der Darlehenssumme bietet die Bank entweder eine konstante Tilgung oder eine Annuitätentilgung an, jeweils mit einem risikoadjustierten Darlehenszinssatz von 3% p.a. bei jährlicher Verzinsung, monatlicher Rückzahlung und einer Laufzeit von zehn Jahren. Es fallen dabei einmalige Bearbeitungsgebühren in Höhe von 1% der Darlehenssumme an, die jährliche Kontoführungsgebühr wird dank Emmas Verhandlungsgeschick von der Bank erlassen.

d) Daniel wundert sich, dass der zu bezahlende Zinssatz bei 3% p.a. liegt, wo doch der risikolose Zinssatz derzeit nur 1% p.a. beträgt. Welche Bestandteile, außer dem risikolosen Marktzinssatz, sind noch im Kreditzinssatz enthalten?

e) Wie hoch ist der tatsächlich zur Verfügung stehende Betrag nach Genehmigung der Darlehens in Höhe von 20.000 €?

f) Wie hoch ist die monatliche Belastung durch das Darlehen in den ersten sechs Monaten, jeweils bei konstanter Tilgung und bei Annuitätentilgung? (Verwenden Sie zur Berechnung den konformen monatlichen Zinssatz, der dem angegebenen Darlehenszinssatz von 3% p.a. bei jährlicher Verzinsung entspricht!)

g) Bei welcher Tilgungsart ist die ausstehende Restschuld nach fünf Jahren höher?

Sofia möchte wissen, ob es nicht eine Möglichkeit gibt, den Risikozuschlag zu senken – vielleicht könnten sie ja Sicherheiten aufbringen? Der Bankberater versucht, Sofia anhand eine einfachen Beispiels den Zusammenhang zu erklären. Er sagt, wenn die Bank beispielsweise im Schnitt 4% auf einen einjährigen Kredit von 100.000 € verdienen möchte, müsste sie mehr Zinsen verrechnen, da ja einige Schuldner ihren Kredit nicht komplett oder auch gar nicht zurückzahlen würden. Der dann entstehende Verlust wäre natürlich geringer, wenn eine Sicherheit eingebracht würde – und damit würde auch der verrechnete Zinssatz sinken.

h) Wie hoch müsste die Bank den Darlehenszins ansetzen, wenn sie 4% Rendite erzielen will und damit rechnet,

   i) dass bei 2% der Kunden ein vollständiger Zahlungsausfall eintritt?

   ii) dass 2% der Kunden nur die Hälfte ihrer Schulden zurückzahlen können?

   iii) dass bei 2% der Kunden zwar ein vollständiger Zahlungsausfall eintritt, diese aber eine Sicherheit im Wert von 30.000 € hinterlegt haben?

i) Geben Sie einen Überblick über die verschiedenen Arten von Kreditsicherheiten. Welche Formen würden sich für Emma, Sofia und Daniel anbieten, welche kämen nicht in Frage?

Die Bank möchte auch, dass ein Finanzplan erstellt wird, in dem die erwarteten Ein- und Auszahlungen der ersten drei Monate erfasst sind. Emma schätzt nach Gesprächen mit anderen Eisdielenbesitzern, dass eine Kugel Eis um durchschnittlich 1,45 € verkauft werden kann und dabei variable Kosten in Höhe von 0,20 € für Personal und 0,30 € für Rohstoffe entstehen. Zusätzlich fallen fixe monatliche Auszahlungen (Miete, Versicherung, etc.) in Höhe von 2.800 € an, und auch die Raten für das Bankdarlehen, wo man sich für die Annuitätentilgung entschieden hat, müssen beglichen werden.

Im Mai, dem ersten Monat, werden außerdem alle Maschinen und Einrichtungsgegenstände um 45.000 € gekauft, die auch sofort zur Zahlung fällig werden. Daniel merkt als Marketingexperte an, wie wichtig es sei, gleich einen hohen Bekanntheitsgrad zu erreichen und schlägt daher eine große Werbeaktion vor, bei der Gratiseis vor Schulen und großen Firmen verteilt werden soll. Die Kosten dafür setzt er mit 2.700 € an. Sofia meint noch, dass sicher auch im zweiten Monat (im Juni) noch kleinere Gegenstände zu besorgen sein werden, und plant dafür pauschal 200 € ein.

Emma erwartet, dass sie in den beiden ersten Monaten Mai und Juni noch eher weniger Kugeln Eis verkaufen werden können. Für den Sommerbeginn rechnet sie aber mit einem starken Anstieg der Verkäufe und glaubt, dass bis zu 9.000 Kugeln realistisch sind.

Monat	erwarteter Absatz Eis
Mai	2.000 Kugeln
Juni	3.000 Kugeln
Juli	9.000 Kugeln

Da die drei planen, auch an kleinere Unternehmen auf Rechnung zu liefern, nimmt Emma ein Liquidationsspektrum von (0,6; 0,3; 0,05) an.

j) Was ist ein Liquidationsspektrum? Wie werden die Zahlen interpretiert?

k) Halten Sie Emmas Liquidationsspektrum für realistisch?

l) Erstellen Sie einen Finanzplan für die ersten drei Monate Mai, Juni und Juli!

m) Welche Grundsätze sollten bei der Erstellung eines Finanzplans beachtet werden?

Emma stellt fest, dass laut Plan nicht in allen Monaten ein positiver Zahlungsmittelendbestand zu erwarten ist. Im Gespräch mit der Bank über dieses Problem bietet diese die Möglichkeit eines Kontokorrentkredits an, um etwaige kurzfristige Finanzierungslücken überbrücken zu können. Der Kontokorrentkredit bietet folgende Konditionen:

- Kreditlimit: 1.000 €
- Bereitstellungsprovision: 0,5% p.a. (zahlbar im Jänner, April, Juli und Oktober)
- Sollzinsen: 8% p.a. (zahlbar monatlich im Nachhinein)
- Überziehungsprovision: 2% p.a. (zahlbar monatlich im Nachhinein)

n) Wie sieht der Finanzplan nun aus, wenn der Kontokorrentkredit zur Deckung von Liquiditätsengpässen herangezogen wird?

Nach weiterem Überlegen merkt Emma auch an, dass die Engpässe viel geringer wären, wenn die Kunden schneller ihre Rechnungen bezahlen würden. Sie schlägt vor, einen Skonto von 2% zu gewähren, wenn die Rechnung innerhalb von zehn statt innerhalb von dreißig Tagen beglichen wird. Daniel wirft auch noch ein, dass er während des Studiums etwas über Factoringgesellschaften gelesen hat, die offene Forderungen abkaufen und damit ebenfalls für schnelleren Geldzufluss sorgen.

o) Wie wird die von Emma beschriebene Kreditform mit dem Skonto genannt? Wie hoch ist der effektive Zinssatz p.a. für einen Rechnungsbetrag von beispielsweise 100 €?

p) Wäre die Kundenanzahlung als alternative Kreditform auch dafür geeignet, Einzahlungen früher zu erhalten? Welchen Barwert würde man verlieren, wenn man auf eine Rechnung von 100 € 10% Rabatt gewähren würde, und dafür die Hälfte des rabattierten Betrags sofort anstatt in einem Monat bezahlt wird? Der Kalkulationszinssatz beträgt 3% p.a. bei jährlicher Verzinsung.

q) Was versteht man unter Factoring?

Die Bank ist mit dem Finanzplan zufrieden, kündigt aber an, noch eine Kreditwürdigkeitsprüfung vornehmen zu wollen. Sofia ist etwas besorgt, da sie nicht weiß, wie so eine Prüfung abläuft und was dabei genau geprüft wird. Ihr Vater wurde mit seinem Betrieb einmal insolvent und sie fürchtet nun, dass dies auf sie zurückfallen könnte.

r) Wie sieht eine solche Kreditwürdigkeitsprüfung aus? Welche Quellen werden verwendet und welche Ratings erstellt?

Die Kreditwürdigkeitsprüfung der Bank verläuft problemlos und auch der Finanzplan wird akzeptiert. Emma, Sofia und Daniel entschließen sich, das Wagnis einzugehen, und eröffnen ihre Eisdiele „Frozen Delight“.

Kapitel 9

Teil 2: Expansion

Bewertung einer Neuinvestition

Fünf Jahre später

„Frozen Delight", die Eisdiele von Emma, Sofia und Daniel, läuft ausgezeichnet. Die fair gehandelten Rohstoffe aus ökologischer Landwirtschaft, die Familienrezepte für typisches italienisches Eis und der Umstand, dass ihre Eisdiele eine der ersten in der Stadt war, die neben den traditionellen Eissorten auch laktosefreies und veganes Eis angeboten haben, haben zu großem Erfolg geführt.

Dank Daniels unermüdlicher Arbeit ist dies auch einigen andern Unternehmen aufgefallen: Vor einigen Wochen hat eine Supermarktkette den Vorschlag unterbreitet, in ihren exklusiven Spezialitätenfilialen auch Eis von „Frozen Delight" anzubieten. Dies hätte unbestreitbare Vorteile: Neben der stärkeren Präsenz der Marke und der damit verbundenen Werbung für die Eisdiele würde natürlich der Absatz signifikant gesteigert werden. Insbesondere in den Wintermonaten, wenn das Geschäft in der Eisdiele selbst nur schleppend geht, wäre der zusätzliche Umsatz willkommen – insgesamt würde sich ihr Umsatz besser über das gesamte Jahr verteilen.

Die Supermarktkette rechnet mit folgenden maximalen Absatzzahlen:

Jahr	maximaler Absatz (Liter)
1. Jahr	50.000
2. Jahr	52.000
3. Jahr	55.000
4. Jahr	58.000
5. Jahr	58.000

Ab dem fünften Jahr sollte sich der maximale Absatz bei 58.000 Liter pro Jahr eingependelt haben. Der Einfachheit halber wird angenommen, dass sich der jeweilige Umsatz gleichmäßig über das Jahr verteilt.

Die derzeitigen Produktionskapazitäten von „Frozen Delight" reichen allerdings nicht aus, um diese Absatzzahlen bzw. Bestellmengen der Supermarktkette zu bewältigen. Es müsste sowohl eine neue Eismaschine angeschafft, als auch zusätzliches Personal eingestellt werden, weil alle personellen und maschinellen Ressourcen mit dem laufenden Betrieb voll ausgeschöpft sind.

Sofia hat daher verschiedene Angebote für Eismaschinen eingeholt und eine Vorabauswahl nach den vorhandenen technischen Funktionen getroffen. Am besten erscheint ihr die Maschine „SuperFreddo" eines italienischen Herstellers mit folgenden Leistungsdaten:

SuperFreddo	
Preis	20.570 €
Nutzungsdauer	4 Jahre
maximale Stundenleistung	30 Liter
Stromverbrauch pro Stunde	10,80 kWh
Entsorgungsauszahlung	5.500 €

Die Auszahlung für die Entsorgung fällt unmittelbar nach dem Ende der Nutzungsdauer an. Für den Kühlmittelverbrauch müssen jährliche Auszahlungen von 1.600 € einkalkuliert werden. Die derzeitigen Stromkosten betragen 0,08 € pro kWh.

Mit der Maschine würde ausschließlich für den Verkauf über die Supermarktkette produziert werden. Aufgrund verschiedener gesetzlicher Bestimmungen zur Lärmvermeidung kann die Maschine maximal zehn Stunden pro Tag betrieben werden, fünf Tage pro Woche und 52 Wochen im Jahr.

Sofia weiß aus Erfahrung, dass der Dauerbetrieb mit der maximalen Stundenleistung nicht möglich ist, da einerseits durch die Herstellung verschiedener Eissorten mehr Zeit bei der Bedienung der Maschine benötigt wird, andererseits auch die Fehleranfälligkeit und Wartungshäufigkeit der Eismaschine bei Volllastbetrieb relativ hoch ist. Sie rechnet daher mit einer durchschnittlichen Stundenleistung von 24 Litern.

Die Maschine kann optional mit einer Kühlmittelrückgewinnungsanlage um 4.680 € aufgerüstet werden, dadurch würde der Stromverbrauch um 4,50 kWh und die jährlichen Auszahlungen für Kühlmittel um die Hälfte reduziert werden.

Die bei der Produktion eines Liters Eis benötigten Rohstoffe (insbesondere die verwendeten exotischen Früchte) verursachen auch bei einer so großen Abnahmemenge relativ hohe Auszahlungen von 2,15 € pro Liter, die anteiligen Auszahlungen für das Personal betragen 2,10 € je Liter. Die Supermarktkette ist bereit, pro Liter Eis 4,60 € an „Frozen Delight" zu bezahlen.

Emma, Sofia und Daniel sind sich einig, dass sie den Vorschlag der Supermarktkette umsetzen und diese mit ihrem Eis beliefern wollen. Im Moment diskutieren sie die Anschaffung der neuen Eismaschine. Emma hat einige Kennzahlen zur Entscheidungsfindung ermittelt und wird ihre Ergebnisse und Empfehlungen heute präsentieren. Aufgrund des derzeitigen niedrigen Zinsniveaus hat sie einen Kalkulationszinssatz von 3% p.a. für ihre Berechnungen herangezogen.

a) Welches Investitionsrechenverfahren wird Emma sinnvollerweise verwenden, um zu einer Entscheidung zu kommen und warum?

b) Wird Emma die Anschaffung der Maschine „SuperFreddo" empfehlen? Wenn ja, sollte die Maschine mit oder ohne der optionalen Kühlmittelrückgewinnung angeschafft werden?

c) Daniel und Sofia können wenig mit der Kennzahl des von Emma herangezogenen Verfahrens anfangen. Helfen Sie Emma, diese möglichst einfach erklären!

d) Daniel kann zwar Emmas Erklärung nachvollziehen, versteht aber immer noch nicht, warum sie nicht einfach die Renditen der beiden Maschinenvarianten vergleicht – diese Kennzahl hätten er und Sofia sofort interpretieren können. Verwenden Sie eine geeignete Software, um die beiden Renditen zu berechnen, und erklären Sie mit Hilfe dieser konkreten Zahlen, warum die entsprechende Methode hier zur Anwendung gelangen sollte oder nicht. Welche Probleme können auftreten? Weshalb kann es (nicht) zu Widersprüchen zu anderen Methoden kommen?

e) Da die drei bei den letzten Treffen immer wieder diskutiert haben, welche Beträge sie aus dem Unternehmen für ihren persönlichen Lebensunterhalt entnehmen können, möchte Emma auch darauf eingehen. Wenn alle drei zu gleichen Teilen am Unternehmen beteiligt sind, wie hoch wäre dann der zusätzliche konstante jährliche Entnahmebetrag für jeden von ihnen während der Nutzungsdauer der Maschine, wenn sie die empfohlene Maschinenvariante anschaffen?

Daniel hat über einen seiner zahlreichen Kontakte von einer neuen innovativen Eismaschine „FreezeTec“ erfahren, bei der neben Speiseeis auch Frozen Yoghurt produziert werden kann. Obwohl sie derzeit nicht planen, Frozen Yoghurt anzubieten, wäre das für die Zukunft eventuell eine interessante Option. Daher hat er sich ausführlich über diese Maschine informiert und stellt sie als mögliche Alternative bei der Besprechung vor.

FreezeTec	
Preis	28.980 €
Nutzungsdauer	5 Jahre
maximale Stundenleistung	25 Liter
Stromverbrauch pro Stunde	8,50 kWh
Entsorgungsauszahlungen	4.200 €

Auch bei dieser Maschine fallen die Auszahlungen für die Entsorgung unmittelbar nach dem Ende der Nutzungsdauer an. Der Kühlmittelverbrauch beläuft sich auf 1.450,00 € pro Jahr. Die durchschnittliche Stundenleistung ist auch hier niedriger als die maximale Stundenleistung anzusetzen, gerechnet wird mit 20 Litern pro Stunde. Die Maschine arbeitet mit dem selben Geräuschpegel wie „SuperFreddo“ und kann daher ebenfalls nur zu den oben angegebenen Zeiten betrieben werden.

f) Welche Vor- und Nachteile bieten die beiden Maschinen? Für welche Maschine sollten die drei sich entscheiden, wenn sie von einmaliger Investition ausgehen? Welches Investitionsrechenverfahren kommt hier zur Anwendung?

Sofia ist von Emmas Ergebnissen nicht überzeugt. Sie erinnert sich vage an vergangene Schulstunden, in denen sie etwas über Break-Even-Punkte und Amortisation gehört hat. Sie argumentiert, dass in unsicheren Zeiten (und wer weiß schon, wie sich die Trends beim Eis entwickeln werden) besser jene Maschine angeschafft werden sollte, bei der man die Anschaffungsauszahlung schneller wieder zurück verdient hat.

g) Welches Investitionsrechenverfahren entspricht Sofias Argumentation am besten? Welche Eismaschine sollten die drei anschaffen, wenn sie sich nach diesem Verfahren richten?

h) Welche Punkte sprechen aus methodischer Sicht für und/oder gegen Sofias Argumente?

i) Sofia hat insofern recht, als dass das mit einer Investition verbundene Risiko in die Entscheidungsfindung miteinbezogen werden sollte. Welche Möglichkeiten gibt es dazu?

Daniel bringt einen weiteren Punkt in die Diskussion ein: Vorausgesetzt, das Geschäft über die Supermarktkette entwickelt sich wie geplant, dann würden sie die Supermarktkette ja nicht nur die nächsten vier bzw. fünf Jahre beliefern, sondern auch noch darüber hinaus. Das bedeutet, dass sie gleich nach dem Ende der Nutzungsdauer einer Maschine die nächste Maschine anschaffen würden. Müsste man diese Tatsache nicht in die Überlegungen über die relative Vorteilhaftigkeit der beiden Maschinen aufnehmen?

j) Welche Investitionsrechenverfahren kann man im Allgemeinen bei dieser Art von Entscheidung anwenden?

k) Sind diese Verfahren in diesem speziellen Fall sinnvoll? Sind die notwendigen Voraussetzungen gegeben? Warum bzw. warum nicht?

l) Wie könnte Emma vorgehen, wenn sie eine Entscheidung für die nächsten 20 Jahre treffen möchte?

Nach reiflicher Überlegung und weil die Herstellerfirma von „SuperFreddo“ ihnen einen einmaligen Rabatt von 2.500 € gewährt hat, haben Emma, Sofia und Daniel sich für diese Variante (inklusive der zusätzlichen Kühlmittelrückgewinnungsanlage) entschieden. Der Verkauf über die Supermarktkette funktioniert großartig, und durch den zusätzlichen Werbeeffekt konnten sie auch in der Eisdiele einen höheren Umsatz erzielen.

Drei Jahre später kommt es infolge außerordentlich starker Regenfälle zu einer Überschwemmung der Produktionsstätte von „Frozen Delight“. Die Eismaschine wird dabei irreparabel beschädigt und muss ersetzt werden. (Sämtliche anfallenden Auszahlungen für die Entsorgung der Maschine übernimmt dabei die Hochwasserversicherung.) Da sie diesmal nicht mit einem entsprechenden Preisnachlass der Herstellerfirma rechnen kann, möchte Emma noch einmal die beiden in Frage kommenden Varianten – Maschine „SuperFreddo“ mit Kühlmittelrückgewinnung oder Maschine „FreezeTec“ – genau analysieren.

Die mit den beiden Maschinen verbundenen Auszahlungen sind die selben wie vor drei Jahren geblieben. Zur Ermittlung der Einzahlungen zieht Emma jetzt allerdings aktuelle Prognosen der zukünftigen Absatzzahlen heran. Diese besagen, dass mit einer Wahrscheinlichkeit von 75% bis auf weiteres der jährliche Absatz bei 58.000 Litern liegen wird. Mit einer Wahrscheinlichkeit von 25% könnte er aber auch 62.000 Liter betragen.

Emma möchte das Risiko unterschiedlich hoher Einzahlungen mit einem Risikozuschlag von 2 Prozentpunkten auf den risikolosen Zinssatz von 3% berücksichtigen. Da sich der Verkauf über die Supermarktkette in den letzten Jahren so gut entwickelt hat, geht sie davon aus, dass sich an dieser Kooperation bis auf Weiteres nichts ändern wird und plant dementsprechend langfristig.

m) Für welche Eismaschine sollte Emma sich unter diesen Voraussetzung entscheiden? Welches Investitionsrechenverfahren wird hier verwendet und warum?

Kapitel 10

Teil 3: Weltmarkt

Finanzierung eines Großprojekts und Risikomanagement

Zehn Jahre später

„Frozen Delight“ hat mittlerweile mehrere Filialen in den größten Städten Österreichs und Deutschlands eröffnet und wächst ständig weiter. Aufgrund des nachhaltigen Erfolgs überlegen Emma, Sofia und Daniel, nun im großen Stil und weltweit zu expandieren.

Für ihre Wachstumsstrategie ist zusätzliches Kapital in Höhe von ca. 70 Mio. € notwendig. Die drei Unternehmer diskutieren daher verschiedene Finanzierungsmöglichkeiten, nach mehreren Gesprächen mit Banken wird jedoch klar, dass eine Summe in dieser Größenordnung nicht über ein klassisches Darlehen finanziert werden kann. Emma erklärt, dass als Alternative Fremdkapital über Anleihen und zusätzliches Eigenkapital über einen Börsengang beschafft werden könnte. Für letzteres müsste das Unternehmens in eine Aktiengesellschaft umgewandelt werden. Daniel kennt zwar mittlerweile den Unterschied zwischen Fremd- und Eigenkapital, ist aber nicht mit den Besonderheiten von Anleihen und Aktien vertraut.

a) Stellen Sie Aktien und Anleihen gegenüber! Welche Rechte und Pflichten sind mit diesen Finanzierungsinstrumenten verbunden? Welche Form der Finanzierung scheint besser geeignet, wenn die drei Unternehmer möglichst viel Kontrolle über das Unternehmen behalten wollen und warum?

Auch wenn die drei sich prinzipiell darauf geeinigt haben, das benötigte Kapital über die Emission einer Anleihe aufzubringen, hat Daniel noch einige Bedenken. Da er nicht genau weiß, in welcher Form diese Emission stattfinden würde, ist er besorgt, dass diese für sie mit zu viel Arbeit verbunden sein könnte. Emma beruhigt ihn jedoch und versichert ihm, dass die Durchführung an einen Finanzdienstleister, zum Beispiel eine Bank, weitergegeben wird, da die Unternehmer selbst natürlich nicht über ausreichend finanzielles Fachwissen verfügen. Man könnte sich aber jedenfalls schon vorab überlegen, welche Form von Anleihe man emittieren möchte.

Nach einigen Diskussionen einigen sie sich zwar auf eine Laufzeit von sechs Jahren, sind aber immer noch unentschlossen, ob sie eine endfällige Kuponanleihe, eine Nullkuponanleihe, eine Floating Rate Note oder eine Serienanleihe begeben sollen. Bei jeder Anleiheform würden einmalige Auszahlungen anlässlich der Emission in Höhe von 1% des Nominales sowie laufende Auszahlungen von 15.000 € pro Jahr anfallen. Sofia merkt noch an, dass sie insgesamt möglichst wenig Zinsen bezahlen möchte.

b) Wie würde das Auszahlungsprofil für die endfällige Kuponanleihe aussehen, wenn man von einem jährlichen Kupon von 4% ausgeht? Welcher Tilgungsart entspricht diese Form der Anleihe?

c) Wie würde das Auszahlungsprofil für die Floating Rate Note aussehen, wenn der aktuelle EURIBOR bei 2% liegt und ein Risikoaufschlag von 2 Prozentpunkten angenommen wird? Welcher Tilgungsart entspricht diese Form der Anleihe?

d) Wie würde das Auszahlungsprofil für die (echte) Nullkuponanleihe aussehen, wenn man von einer erwarteten Jahresrendite von 4% ausgeht? Vernachlässigen Sie hier die einmaligen Auszahlungen anlässlich der Emission und die laufenden Auszahlungen! Welcher Tilgungsart entspricht diese Form der Anleihe?

e) Wie würde das Auszahlungsprofil für die Serienanleihe aussehen, wenn man von einem Kupon von 4% jährlich ausgeht? Welcher Tilgungsart entspricht diese Form der Anleihe?

f) Welche Anleihe weist die geringste Gesamtzinsbelastung auf?

Daniel möchte noch ein weiteres Thema ansprechen, dass ihm sehr wichtig erscheint. Im Laufe der letzten Jahre hat das Unternehmen immer wieder Kredite aufgenommen, die über die nächsten Jahre zurückgezahlt werden müssen. Da sich die Wirtschaft in den letzten Jahren generell nicht gut entwickelt hat, herrschte ein Umfeld niedriger Zinsen. Die laufenden Kredite weisen variable Zinszahlungen auf und Daniel befürchtet nun, dass steigende Zinsen in Zukunft das Unternehmen stark belasten könnten. Er hat auch schon diesbezüglich mit den kreditgebenden Banken gesprochen, diese sind aber nicht daran interessiert, die variabel verzinsten Kredite zu attraktiven Bedingungen in solche mit fixen Zinszahlungen umzuwandeln. Emma erklärt, dieses Ziel könnte man auch mit einem Swap erreichen. Daniel möchte sich dieses Instrument näher erklären lassen, auch weil er gehört hat, dass ein Swap ein „Nullsummenspiel" ist und er mit dem Begriff nichts anfangen kann.

g) Wie funktioniert ein Zinsswap?

h) Müsste „Frozen Delight" in der beschriebenen Situation Käufer oder Verkäufer des Swaps sein? Welches Auszahlungsprofil ergibt sich für das Unternehmen?

i) Kann man die Swapposition auch wieder auflösen? Falls ja, wie? Wie würde sich eine bis zur Auflösung veränderte Lage der Zinsen auswirken?

j) Wo werden Swaps gehandelt?

k) Was versteht man unter einem Nullsummenspiel bei Derivaten?

l) Emma findet auf dem Markt einen Swap, der 4% Kuponzahlungen gegen den EURIBOR tauscht und bei einem Nominale von 1 Mio. € noch 2,5 Jahre Restlaufzeit aufweist. Die nächste der jährlichen Kuponzahlungen ist in genau einem halben Jahr fällig. Der EURIBOR beträgt heute für alle Fristigkeiten 2%, der EURIBOR vor einem halben Jahr betrug 2,3%. Wie hoch ist der Wert dieses Swaps aus Sicht der Position, die Emma eingehen müsste? Gehen sie von stetiger Verzinsung aus!

m) Welche Möglichkeiten hätte es bei der Aufnahme der Kredite in der Vergangenheit gegeben, um die negativen Folgen eines steigenden Zinsniveaus zu vermeiden oder zumindest einzuschränken?

Sofia, die für den kulinarischen Teil des Unternehmens verantwortlich ist, merkt beim Thema Risiko zusätzlich an, dass bei entsprechender Unternehmensgröße auch die Veränderung der Rohstoffpreise ein Faktor ist, der den Erfolg des Unternehmens stark beeinflusst. Speziell der Preis für Zucker hat sich in den letzten Monaten immer wieder geändert, wodurch vor allem die Planung zukünftiger Cash Flows erschwert wird. Sie schlägt daher vor, nach Möglichkeiten zu suchen, bereits heute den zukünftig zu zahlenden Zuckerpreis zu fixieren, sodass eine langfristige Finanzplanung möglich wird.

n) Welche Finanzinstrumente gibt es, die eine vollständige Absicherung des Zuckerpreises ermöglichen? Wie unterscheiden sich die Instrumente?

o) Müsste „Frozen Delight" Käufer oder Verkäufer dieser Instrumente sein, um den zukünftigen Zuckerpreis abzusichern?

Daniel kann nicht nachvollziehen, warum man sich auch gegen fallende Zuckerpreise (von denen das Unternehmen ja profitieren würde) absichern sollte. Gäbe es denn keine Instrumente, mit denen man sich gegen steigende Zuckerpreise absichern, aber bei fallenden Kursen trotzdem von den niedrigeren Preisen profitieren kann (also ähnlich einer Versicherung)? Emma erklärt ihm, dass diese Absicherung mit Optionen möglich gemacht werden kann.

Nach kurzer Suche findet Emma folgende Informationen: Zucker kostet gerade 15 $ pro Tonne. Außerdem werden folgenden Call- und Put-Optionen auf Zucker gehandelt, die in 30 Tagen verfallen:

	Call-Option	Put-Option
Ausübungspreis	13	15
Optionspreis	3	1

p) Welche Option und welche Position ermöglichen eine einseitige Absicherung gegen den steigenden Zuckerpreis?

q) Welche Kosten fallen für diese „Versicherung" an?

r) Stellen Sie die Situation anhand eines Gewinn-/Verlustdiagramms grafisch dar!

Nachdem sich Emma in die Welt der Optionen stärker eingearbeitet hat, merkt sie, dass man mit Optionen auch eine so genannte „beidseitige" Absicherung durchführen kann. Sie hat heute zwar schon 100 Tonnen Zucker zu je 15 $ eingekauft, vermutet aber, dass der Zuckerpreis in 30 Tagen entweder genau bei 12 $ oder bei 17 $ pro Tonne liegen wird. Sie möchte das Unternehmen gegen diese Preisschwankung absichern.

s) Welche Motivation kann es für eine beidseitige Absicherung geben, wenn man sich auch nur gegen Verluste absichern könnte?

t) Wie viele Call-Optionen müsste Emma kaufen bzw. verkaufen, um sich gegen jede Preisänderung abzusichern?

u) Wie hoch ist der gesamte Portfoliowert am Verfallstag, wenn man von einem risikolosen Zinssatz von 1% p.a. bei stetiger Verzinsung ausgeht? Rechnen Sie mit 365 Tagen pro Jahr.

Teil III

Lösungen

Kapitel 11

Lösungen zu den Übungsaufgaben

Anmerkung: In allen Beispielen wurde erst das Endergebnis auf die entsprechende Anzahl an Nachkommastellen gerundet, auch wenn der Übersichtlichkeit halber auch Zwischenergebnisse gerundet angegeben werden!

11.1 Lösungen zu den Übungsaufgaben aus Kapitel 1

Lösung zu Übungsaufgabe 1.1:
Die wichtigsten Unterschiede sind in folgender Tabelle zusammengefasst:

	Finanzwirtschaft	Rechnungswesen
Ziel	Entscheidungsvorbereitung	Dokumentation
zeitlicher Fokus	zukunftsorientiert	vergangenheitsbezogen
betrachtete Einheiten	Zahlungen	Buchungen
Erfolgsgrößen	periodenunabhängig	periodenbezogen

Lösung zu Übungsaufgabe 1.2:
Richtig sind a, c und d.

a) Richtig

b) Falsch: Wenn die Einzahlungen einer Periode höher sind als die Auszahlungen, besteht kein Finanzierungsbedarf.

c) Richtig

d) Richtig

e) Falsch: Der güter- und finanzwirtschaftliche Kreislauf ist das das Grundmodell der *traditionellen* Sichtweise der Finanzwirtschaft.

Lösung zu Übungsaufgabe 1.3:
Richtig ist d.

a) Falsch: Gerade die Möglichkeit der Veranlagung oder Aufnahme von finanziellen Mitteln zum einheitlichen Zinssatz hat zur Folge, dass die zeitlichen Präferenzen der Entscheidungsträger nicht mehr berücksichtigt werden müssen.

b) Falsch: Dadurch werden die Konsumströme an die Präferenzen angepasst (und nicht umgekehrt).

c) Falsch: Dies ist eine These der *traditionellen* Sichtweise der Finanzwirtschaft.

d) Richtig

e) Falsch: Zahlungen werden mit Hilfe von Investition und Finanzierung auf der Zeitachse verschoben, bleiben aber immer noch Zahlungen. Ein Konsumstrom ergibt sich erst dann, wenn Güter oder Dienstleistungen gekauft bzw. konsumiert werden.

Lösung zu Übungsaufgabe 1.4:
Richtig sind b und c.

a) Falsch: Selbstverwirklichung ist ein ideelles, aber kein monetäres Ziel.

b) Richtig

c) Richtig

d) Falsch: Selbstbestimmtheit ist kein monetäres Ziel.

e) Falsch: Arbeitszufriedenheit ist ebenfalls kein monetäres Ziel.

Lösung zu Übungsaufgabe 1.5:
Richtig sind b und d.

a) Falsch: Ein Unternehmen, das jederzeit seine Zahlungsverpflichtungen in voller Höhe erfüllen kann, ist *liquide*. Liquidierbar ist es, wenn es verkauft werden kann.

b) Richtig

c) Falsch: Die Synchronisation von Mittelverwendung und Mittelbeschaffung ist nicht gleichbedeutend mit Liquidität.

d) Richtig

e) Falsch: Der Quotient aus dem Überschuss der Kapitalnutzung und dem Kapitaleinsatz ist die Rentabilität.

Lösung zu Übungsaufgabe 1.6:
Richtig sind a und d.

a) Richtig

b) Falsch: Die Rentabilität ist der *Quotient* aus dem Überschuss aus Kapitalnutzung und dem Kapitaleinsatz.

c) Falsch

d) Richtig

e) Falsch: Die Rentabilität ist der Quotient aus dem Kapitalertrag und dem Kapitaleinsatz (und nicht umgekehrt).

Lösung zu Übungsaufgabe 1.7:
Die Liquidität eines Unternehmens ist umso höher, je höher der Bestand an liquiden Mitteln (z.B. Bargeld, täglich fälliges Guthaben am Firmenkonto, usw.) ist. Dies sind jedoch Veranlagungsformen, die keine (z.B. Bargeld) oder nur sehr geringe (z.B. Girokonto) Zinsen erwirtschaften, also keinen wesentlichen Beitrag zur Rentabilität leisten.

Umgekehrt sind Veranlagungen, die hohe Renditen versprechen, typischerweise langfristig ausgelegt, hier investiertes Kapital steht zur Deckung kurzfristiger Liquiditätsengpässe nicht zur Verfügung.

Lösung zu Übungsaufgabe 1.8:
Richtig sind b und e.

a) Falsch: Die Auswahl geeigneter Investitionsprojekte gehört zum Asset Management.

b) Richtig

c) Falsch: Das interne Rechnungswesen ist Aufgabe des Informationsmanagements.

d) Falsch: Die Absicherung von Fremdwährungsforderungen zählt zum Risikomanagement.

e) Richtig

Lösung zu Übungsaufgabe 1.9:
Richtig sind a, b, c und d.

a) Richtig: Die Bewertung und Steuerung von Risikopositionen zählt zum Teilbereich des Risikomanagements.

b) Richtig: Die kurzfristige Finanzplanung gehört zum Liability Management.

c) Richtig: Die Zusammenstellung eines Investitionsprogramms gehört zu den Aufgaben des Asset Managements.

d) Richtig: Die Beschaffung langfristiger Finanzmittel ist eine Aufgabe des Liability Managements.

e) Falsch: die Beschaffung betriebsnotwendiger Roh- und Hilfsstoffe ist eine Aufgabe des Beschaffungswesens.

11.2 Lösungen zu den Übungsaufgaben aus Kapitel 2

Lösung zu Übungsaufgabe 2.1:
Richtig sind a, d und e.

a) Richtig

b) Falsch: Bei einem Entscheidungsmodell bezeichnet eine Aktion eine bestimmte Handlungsalternative des Entscheidungsträgers.

c) Falsch: Dies wäre die Beschreibung eines Entscheidungsmodells (ein so genanntes normatives Modell). Ein deskriptives Modell ist ein Beschreibungsmodell, es zeigt Zusammenhänge auf, liefert aber keine Handlungsempfehlung.

d) Richtig

e) Richtig

Lösung zu Übungsaufgabe 2.2:
Richtig sind b, c und d.

a) Falsch: Beschreibungsmodelle stellen Zusammenhänge zwischen verschiedenen Sachverhalten dar, bestimmen aber nicht die beste Handlungsalternative.

b) Richtig

c) Richtig

d) Richtig

e) Falsch: Prognosemodelle beruhen meistens auf einem Beschreibungsmodell (und nicht umgekehrt).

Lösung zu Übungsaufgabe 2.3:
Richtig ist b.

a) Falsch: Ein Prognosemodell baut üblicherweise auf einem Beschreibungsmodell auf, aber nicht auf einem Entscheidungsmodell.

b) Richtig

c) Falsch: Ein Prognosemodell liefert keine Handlungsempfehlung.

d) Falsch: Ein Modellfehler lässt sich nicht vermeiden, wichtig ist, dass er so klein wie möglich gehalten wird.

e) Falsch: Eine interessierende Größe hat keinen Umweltzustand, sondern nimmt in verschiedenen Umweltzuständen möglicherweise verschiedene Werte an.

Lösung zu Übungsaufgabe 2.4:
Richtig sind a, b, d und e.

a) Richtig
b) Richtig: Das Entscheidungskriterium liefert den „Maßstab“, anhand dessen die verschiedenen Handlungsfolgen verglichen werden.
c) Falsch: Dies wäre ein Beschreibungsmodell.
d) Richtig
e) Richtig

Lösung zu Übungsaufgabe 2.5:
Richtig sind d und e.

a) Falsch: Auf einem vollständigen Kapitalmarkt können alle denkbaren Zahlungsströme gehandelt werden, die Eigenschaft eines einzigen Preises verlangt hingegen der vollkommene Kapitalmarkt.
b) Falsch
c) Falsch: Das ist wieder eine Eigenschaft des *vollkommenen* Kapitalmarktes.
d) Richtig
e) Richtig: Wenn alle Zahlungsströme gehandelt werden können, müssen sie auch einen Marktpreis besitzen (wobei dieser im vollständigen Markt – anders als im vollkommenen Markt – für verschiedene Marktteilnehmer unterschiedlich hoch sein darf).

Lösung zu Übungsaufgabe 2.6:
Richtig sind b, c und e.

a) Falsch: Dies wäre die Definition des vollständigen Kapitalmarktes.
b) Richtig
c) Richtig
d) Falsch: Das Risiko der einzelnen Zahlungen eines Zahlungsstrom beeinflusst in den meisten Fällen auch dessen Marktpreis.
e) Richtig

Lösung zu Übungsaufgabe 2.7:
Richtig sind a, b und d.

a) Richtig

b) Richtig

c) Falsch: Es gibt auch (komplexere) Modelle des Kapitalmarkts, die diese Annahmen nicht treffen.

d) Richtig

e) Falsch: Der Kapitalnehmer erhält heute eine Einzahlung und *leistet* dafür einen zukünftigen Zahlungsstrom.

Lösung zu Übungsaufgabe 2.8:
Richtig sind a, d und e.

a) Richtig

b) Falsch: Der Erwartungswert ist der mit den Eintrittswahrscheinlichkeiten gewichtete Durchschnitt der monetären Handlungsfolgen (und nicht die Wahrscheinlichkeit eines bestimmten Umweltzustands).

c) Falsch: Die Art der Wahrscheinlichkeit ist für die Berechnung des Erwartungswerts irrelevant.

d) Richtig: Für einen risikoneutralen Investor ist der Erwartungswert gleichzeitig sein Sicherheitsäquivalent.

e) Richtig

Lösung zu Übungsaufgabe 2.9:

a) Für jede Kombination von Aktion (Bestellmenge) und Umweltzustand (Bedarf) müssen die entsprechenden Zahlungen berechnet werden.

Wenn z.B. die Nachfrage nach der neuen Müslisorte gering ausfällt, und der Müslihersteller genau die benötigten 200 kg Nüsse vorbestellt hat, fallen an Zahlungen nur $-200 \cdot 2{,}50 = -500$ € an. Hat er allerdings stattdessen 400 kg vorbestellt (und muss dann die nicht benötigten Nüsse billig weiterverkaufen), ergibt sich $-400 \cdot 2{,}30 + 200 \cdot 1{,}10 = -700$ €. Ist hingegen die Nachfrage hoch und er hat nur 200 kg vorbestellt, muss er die zusätzlich benötigte Menge teuer nachkaufen, und es ergibt sich $-200 \cdot 2{,}50 - 600 \cdot 3{,}00 = -2.300$ €.

Analog werden alle anderen Fälle berechnet und man erhält folgende Entscheidungsmatrix:

Nachfrage Bedarf Wahrscheinlichkeit	gering 200 kg 20%	mittel 400 kg 50%	hoch 800 kg 30%
Bestellmenge:			
200 kg	–500	–1.100	–2.300
400 kg	–700	–920	–2.120
800 kg	–940	–1.160	–1.600

b) Die Erwartungswerte der einzelnen Aktien (Bestellmengen) betragen

$$\begin{aligned}
200 \text{ kg}: &\quad 0{,}2 \cdot (-500) + 0{,}5 \cdot (-1.100) + 0{,}3 \cdot (-2.300) = -1.340 \\
400 \text{ kg}: &\quad 0{,}2 \cdot (-700) + 0{,}5 \cdot (-920) + 0{,}3 \cdot (-2.120) = -1.236 \\
800 \text{ kg}: &\quad 0{,}2 \cdot (-940) + 0{,}5 \cdot (-1.160) + 0{,}3 \cdot (-1.600) = -1.248
\end{aligned}$$

Der Müslihersteller sollte also 400 kg Nüsse vorbestellen, da dann die erwarteten Auszahlungen am niedrigsten sind.

Lösung zu Übungsaufgabe 2.10:

a) Die erwarteten Renditen betragen (in Prozent)

$$E(\text{Wertpapier A}) = 0{,}2 \cdot 18 + 0{,}4 \cdot 4 + 0{,}4 \cdot (-4) = 3{,}6\%$$

und

$$E(\text{Wertpapier B}) = 0{,}2 \cdot (-2) + 0{,}4 \cdot (-1) + 0{,}4 \cdot 12 = 4{,}0\%.$$

b) Für die erwartete Portfoliorendite werden die Einzelrenditen mit den Portfolioanteilen gewichtet, es ergibt sich

$$E(\text{Portfolio}) = 0{,}7 \cdot 3{,}6 + 0{,}3 \cdot 4{,}0 = 3{,}72\%.$$

c) Bezeichne x den Anteil des Vermögens, der in Wertpapier A investiert wird, und $(1-x)$ den Anteil von Wertpapier B. Nun muss für jeden Umweltzustand getrennt gefordert werden, dass die resultierende Portfoliorendite nicht negativ sein darf:

$$\begin{aligned}
\text{Umweltzustand 1:} &\quad 18 \cdot x - 2 \cdot (1-x) \geq 0 &\Longrightarrow&\quad x \geq 0{,}1 \\
\text{Umweltzustand 2:} &\quad 4 \cdot x - 1 \cdot (1-x) \geq 0 &\Longrightarrow&\quad x \geq 0{,}2 \\
\text{Umweltzustand 3:} &\quad -4 \cdot x + 12 \cdot (1-x) \geq 0 &\Longrightarrow&\quad x \leq 0{,}75
\end{aligned}$$

Insgesamt ergibt sich daraus $0{,}2 \leq x \leq 0{,}75$, das heißt, wenn der Investor zwischen 20% und 75% seines Vermögens in Wertpapier A und den jeweiligen Rest in Wertpapier B investiert, erzielt er in keinem Umweltzustand eine negative Portfoliorendite.

d) Da die erwartete Rendite von Wertpapier B höher ist als die von Wertpapier A, ist die Portfoliorendite umso höher, je größer der Anteil von Wertpapier B (und je kleiner jener von Wertpapier A) im Portfolio ist. Der Investor muss also innerhalb der in Punkt c berechneten Spannen Wertpapier B möglichst stark und Wertpapier A möglichst schwach gewichten. Damit ergibt sich für Wertpapier A ein Anteil von 20% und für Wertpapier B ein Anteil von 80%. Die damit erzielte erwartete Portfoliorendite beträgt 3,92%, die Renditen in den einzelnen Umweltzuständen 2,0%, 0,0% bzw. 8,8%.

Lösung zu Übungsaufgabe 2.11:
Angenommen, die drei Investoren haben die Wahl zwischen einer sicheren Zahlung in Höhe von 100 € und einer unsicheren Zahlung (entweder 0 € oder 200 € mit jeweils 50% Wahrscheinlichkeit), die einen Erwartungswert von ebenfalls 100 € aufweist.

a) Der risikoneutrale Investor kümmert sich nicht um das Risiko der unsicheren Zahlung, er bewertet diese mit ihrem Erwartungswert von 100 €. Sie ist ihm also gleich viel wert wie die sichere Zahlung in Höhe von 100 €, damit beträgt dann auch sein Sicherheitsäquivalent (der Betrag, der ihm gleich viel wert ist wie die unsichere Zahlung) genau 100 €. Sein Sicherheitsäquivalent ist also gleich hoch wie der Erwartungswert.

b) Der risikoscheue Investor steht dem Risiko der unsicheren Zahlung ablehnend gegenüber, da ihr Erwartungswert gleich hoch ist wie die sichere Zahlung, wird er die sichere Zahlung bevorzugen. Anders ausgedrückt, die unsichere Zahlung (mit Erwartungswert 100 €) ist ihm weniger wert als die sichere Zahlung in Höhe von 100 €. Der Betrag, der ihm gleich viel wert ist wie die unsichere Zahlung (sein Sicherheitsäquivalent), ist daher kleiner als 100 €.

c) Genau umgekehrt argumentiert man beim risikofreudigen Investor: Dieser bewertet Risiko positiv, eine unsichere Zahlung mit einem Erwartungswert von 100 € ist ihm lieber als eine sichere Zahlung in Höhe von 100 €. Damit ist dann auch sein Sicherheitsäquivalent, der Betrag, der ihm gleich lieb ist wie die unsichere Zahlung, höher als 100 €.

Lösung zu Übungsaufgabe 2.12:
Richtig sind c, d und e.

a) Falsch: Das Sicherheitsäquivalent einer risikoneutralen Investorin entspricht genau dem Erwartungswert der unsicheren Zahlung.

b) Falsch: Das Sicherheitsäquivalent einer risikofreudigen Investorin ist definitionsgemäß größer als der Erwartungswert der unsicheren Zahlung.

c) Richtig

d) Richtig

e) Richtig

Lösung zu Übungsaufgabe 2.13:
Alle Antworten sind richtig.

a) Richtig: Riskante Projekte liefern typischerweise einen höheren erwarteten Ertrag (vgl. z.B. Aktie und Sparbuch). Da der risikoneutrale Investor sich nur am Erwartungswert orientiert und Risiko außer Acht lässt, wird er eher in riskante Projekte investieren.

b) Richtig

c) Richtig

d) Richtig

e) Richtig: Die Überlegung, ob man es sich leisten kann, den Einsatz (teilweise) zu verlieren, spielt immer mit eine Rolle.

Lösung zu Übungsaufgabe 2.14:
Der Erwartungswert des Gewinns der Lotterie beträgt $0{,}8 \cdot 0 + 0{,}2 \cdot 40 = 8$ €. Der erforderliche Einsatz ist mit 10 € höher als der Erwartungswert des Gewinns.

a) Spieler A verhält sich risikoscheu, das heißt, sein Sicherheitsäquivalent (der Betrag, den er maximal für ein Los zu zahlen bereit wäre) ist kleiner als der Erwartungswert von 8 €. Der aktuelle Lospreis von 10 € ist ihm zu teuer, er wird daher nicht an der Lotterie teilnehmen.

   Spieler B ist risikoneutral, sein Sicherheitsäquivalent ist genau gleich dem Erwartungswert von 8 €. Auch er wird an der Lotterie nicht teilnehmen.

   Spieler C verhält sich risikofreudig, sein Sicherheitsäquivalent ist daher größer als 8 €. Das heißt aber nicht automatisch, dass er an der Lotterie teilnimmt: Wenn sein Sicherheitsäquivalent zwischen 8 € und 10 € liegt, ist auch ihm das Los zu teuer und er wird nicht mitspielen. Ist sein Sicherheitsäquivalent aber größer als 10 €, dann wird er ein Los kaufen.

b) Wenn Spieler D an der Lotterie teilnimmt, ist ihm der aktuelle Lospreis von 10 € offensichtlich nicht zu hoch, sein Sicherheitsäquivalent muss daher mindestens 10 € betragen. Dies ist größer als der Erwartungswert von 8 €, Spieler D verhält sich daher risikofreudig.

c) Wenn sich Spieler E nicht an der Lotterie beteiligt, folgt daraus, dass er nicht bereit ist, 10 € für ein Los zu bezahlen. Sein Sicherheitsäquivalent ist daher kleiner als 10 €. Daraus kann man aber keine Schlüsse über seine Risikoeinstellung ziehen: Sein Sicherheitsäquivalent könnte beispielsweise 9 € betragen, dann wäre Spieler E risikofreudig. Es könnte genau 8 € betragen, dann wäre er risikoneutral. Oder es könnte niedriger sein als 8 €, dann wäre Spieler E risikoscheu.

Lösung zu Übungsaufgabe 2.15:
Richtig sind a und d.

a) Richtig: Keine seriöse Börse wird einen Future oder eine Option auf die Anzahl der Tore einer Fußball-EM zum Handel zulassen.

b) Falsch: Unter dem Begriff „Risiko" versteht man in der Finanzwirtschaft die Möglichkeit der Abweichung des tatsächlichen Ergebnisses vom Erwartungswert, und zwar der negativen als auch der positiven Abweichung. Daher ist mit dem Sparbuch trotz garantierter Mindestverzinsung ein Risiko verbunden, z.B. dass weniger Tore als erwartet geschossen werden, dass mehr Tore als erwartet geschossen werden, dass die Aktienkurse sich anders als erwartet entwickeln, usw.

c) Falsch: Da mit dem Sparbuch trotz Mindestverzinsung ein gewisses Risiko verbunden ist, kann man nicht automatisch darauf schließen, dass es für jeden risikoaversen Investor zu empfehlen ist. Der aktuelle Marktzinssatz sowie die Stärke der Risikoaversion spielen in dieser Entscheidung ebenfalls eine Rolle. Die Frage ist, ob die Mindestverzinsung und die Möglichkeit auf einen höheren Zinssatz das übernommene Risiko aufwiegen, und dies muss jeder risikoaverse Investor individuell beurteilen.

d) Richtig: Das Sparbuch *kann* für den risikofreudigen (und auch für den risikoscheuen oder risikoneutralen) Investor eine interessante Anlageform darstellen, muss aber nicht.

e) Falsch: Ob für den risikoneutralen Investor der mögliche Ertrag das Risiko aufwiegt oder nicht, kann nicht entschieden werden, dazu fehlen insbesondere die Angaben zum allgemeinen Marktzinsniveau und die Wahrscheinlichkeitsverteilungen für mögliche Kursentwicklungen und die Anzahl der Tore.

Lösung zu Übungsaufgabe 2.16:

Der Erwartungswert der Kaufpreises beim Händler mit der Regenwette beträgt $-650 \cdot 0{,}85 + (-650/2) \cdot 0{,}15 = -601{,}25$ €.

Wenn Tina risikoneutral ist, richtet sie sich nach dem Erwartungswert und wählt deshalb den Händler mit der Regenwette aus, weil $-601{,}25$ € höher ist als $-615{,}00$ €, bzw. 601,25 € billiger ist als 615,00 €.

Wenn Tina sich risikofreudig verhält, wählt sie ebenfalls die Regenwette: erstens ist der erwartete Kaufpreis niedriger, und zweitens ist damit ein Risiko verbunden, das sie als risikofreudige Person positiv bewertet.

Wenn Tina risikoscheu ist, ist sie im Zwiespalt: einerseits ist die Regenwette mit dem billigeren Erwartungswert verbunden (vorteilhaft), andererseits mit Risiko (nachteilig). Je nachdem, wie stark ausgeprägt ihre Risikoaversion ist, überwiegt der eine oder andere Aspekt, und sie kauft entweder beim Händler mit der Regenwette oder bei dem anderen Händler. Man kann daher nicht sagen, dass sie *jedenfalls* beim anderen Händler einkauft.

Richtig sind daher die Antworten c, d und e.

a) Falsch

b) Falsch: Indifferenz heißt nicht automatisch Risikoneutralität! Indifferenz heißt nur, dass man sich zwischen zwei verschiedenen Varianten nicht entscheiden kann. Wenn Tina indifferent ist, bewertet sie eine sichere Zahlungen von $-615{,}00$ € gleich gut wie eine unsichere Zahlung mit einem Erwartungswert von $-601{,}25$ €. Anders ausgedrückt, die sicheren $-615{,}00$ € sind ihr Sicherheitsäquivalent. Damit ist aber ihr Sicherheitsäquivalent kleiner als der Erwartungswert (–615,00 € < –601,25 €) und Tina verhält sich risikoscheu.

c) Richtig

d) Richtig

e) Richtig

11.3 Lösungen zu den Übungsaufgaben aus Kapitel 3

Lösung zu Übungsaufgabe 3.1:

a) $8.000 \cdot 1{,}04^6 = 10.122{,}55$ €

b) $8.000 \cdot (1 + 0{,}04/12)^{12 \cdot 6} = 10.165{,}94$ €

c) $8.000 \cdot e^{0{,}04 \cdot 6} = 10.169{,}99$ €

Je mehr Zinstermine im Jahr (bzw. je kürzer die entsprechende Zinsperiode), umso früher werden bisher angefallene Zinsen dem Kapital zugeschlagen und weiter verzinst – der Zinseszinseffekt tritt also früher ein. Daher steigt bei einem gegebenen Anfangskapital das Endvermögen mit der Anzahl der Zinstermine pro Jahr.

Lösung zu Übungsaufgabe 3.2:

a) $20.000 \cdot 1{,}03^{-10} = 14.881{,}88$ €

b) $20.000 \cdot (1 + 0{,}03/4)^{-4 \cdot 10} = 14.832{,}96$ €

c) $20.000 \cdot e^{-0{,}03 \cdot 10} = 14.816{,}36$ €

Je mehr Zinstermine im Jahr anfallen, umso früher tritt der Zinseszinseffekt ein – das heißt, umso höher sind die Zinszahlungen, die man insgesamt erhält. Je mehr man aber an Zinszahlungen erhält, umso weniger muss man selber beisteuern, um ein bestimmtes vorgegebenes Sparziel zu erreichen. Der Barwert sinkt daher, wenn die Anzahl der Zinstermine pro Jahr steigt.

Lösung zu Übungsaufgabe 3.3:

a) Das gesamte Guthaben am 1. Februar (inklusive Prämie) beträgt

$$5.000 \cdot (1 + 0{,}025/12) + 75 = 5.085{,}42.$$

Daraus ergibt sich ein effektiver Monatszins in Höhe von

$$i_{\text{eff,Monat}} = \frac{5.085{,}42}{5.000} - 1 = 0{,}0170833 \simeq 1{,}708\% \text{ pro Monat.}$$

b) Die entsprechende Jahresrendite beträgt

$$\begin{aligned} i_{\text{eff,Jahr}} &= (1 + i_{\text{eff,Monat}})^{12} - 1 \\ &= 1{,}0170833^{12} - 1 = 0{,}2254016 \simeq 22{,}54\% \text{ p.a.} \end{aligned}$$

Lösung zu Übungsaufgabe 3.4:
Um das Angebot zu beurteilen, muss entweder die derzeitige Verzinsung von 3,5% bei monatlicher Verzinsung auf jährliche Verzinsung umgerechnet werden (das entspricht der Berechnung der Effektivverzinsung), oder der angebotene Jahreszinssatz von 3,7% auf monatliche Verzinsung umgelegt werden (das entspricht der Berechnung des konformen Zinssatzes).

Das heißt, in der folgenden Tabelle dürfen nur die Zinssätze in der jeweils selben Spalte miteinander verglichen werden.

	monatliche Verzinsung	jährliche Verzinsung
derzeit	3,5% p.a.	$(1+\frac{0{,}035}{12})^{12}-1=$ $=0{,}03557 \simeq 3{,}557\%$ p.a.
Angebot	$12 \cdot \left(\sqrt[12]{1{,}037}-1\right)=$ $=0{,}03639 \simeq 3{,}639\%$ p.a.	3,7% p.a.

Damit ergeben sich die Antworten c und d als richtig.

a) Falsch: Bei verschiedenen Verzinsungsarten dürfen nicht einfach die nominellen Zinssätze verglichen werden.

b) Falsch: Die 3,5% p.a. sind bereits bei monatlicher Verzinsung gegeben, daher muss hier kein konformer Zinssatz mehr berechnet werden.

c) Richtig: Der derzeitige effektive Zinssatz beträgt nur 3,557% p.a.

d) Richtig: 3,7% p.a. bei jährlicher Verzinsung entsprechen 3,639% p.a. bei monatlicher Verzinsung.

e) Falsch: Gerade weil die der derzeitigen Verzinsung von 3,5% p.a. bei monatlicher Verzinsung entsprechende jährliche effektive Verzinsung niedriger ist als 3,7% p.a., ist das Angebot der Bank zu empfehlen (es handelt sich ja um eine Veranlagung und keine Kreditaufnahme).

Lösung zu Übungsaufgabe 3.5:
Die Berechnung des Endvermögens am Sparbuch ist in Abbildung 11.1 dargestellt, es beträgt 10.303,11. Somit fehlen auf den gewünschten Betrag von 12.000 € noch 12.000,00–10.303,11=1.696,89 €.

Beachten Sie, dass bei der Darstellung in Abbildung 11.1 der 01.01.2018 in den 31.12.2017 umgeschrieben wurde. Dies hat den Vorteil, dass sich damit alle Datumsangaben auf das Ende einer Periode beziehen und so bei der Ermittlung der Veranlagungsdauer zwischen den einzelnen Datumsangaben weniger Fehler passieren.

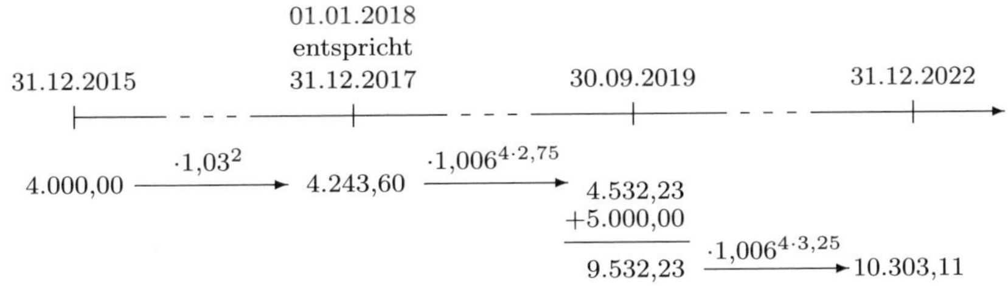

Abbildung 11.1: Lösung zu Übungsaufgabe 3.5

Lösung zu Übungsaufgabe 3.6:
Die Summe aller auf t=4 aufgezinsten Ansparbeträge muss 10.000 € ergeben. Wenn x den Ansparbetrag in t=1 bezeichnet, ergibt sich:

$$x \cdot 1{,}03^3 + (x + 1.000) \cdot 1{,}03^2 + (x + 2.000) \cdot 1{,}03 + (x + 3.000) = 10.000$$
$$\Longrightarrow \quad x = 927{,}21\,€$$

Lösung zu Übungsaufgabe 3.7:
Richtig sind b, c, d und e.

a) Falsch: Bei vierteljährlicher Verzinsung ist der Endwert höher als bei jährlicher Verzinsung.

b) Richtig: Bei vierteljährlicher Verzinsung fallen insgesamt niedrigere Zinszahlungen an als bei stetiger Verzinsung, daher ist der Barwert hier höher.

c) Richtig: Es fallen ja auch mehr Zinstermine im Jahr an, der Zinseszinseffekt tritt früher ein.

d) Richtig: Es fallen weniger Zinstermine an als bei monatlicher Verzinsung, daher muss der konforme Zinssatz höher sein, um die gleiche Effektivverzinsung zu erzielen.

e) Richtig: Es fallen mehr Zinstermine an als bei halbjährlicher Verzinsung, daher reicht ein niedrigerer konformer Zinssatz für die gleiche Effektivverzinsung aus.

Lösung zu Übungsaufgabe 3.8:
Richtig sind b, c und e.

a) Falsch: Zahlungen können immer verglichen werden, indem sie auf einen gemeinsamen Zeitpunkt bezogen werden. Diese Zeitwerte können übereinstimmen oder nicht – wenn sie übereinstimmen, heißen die Zahlungen äquivalent.

b) Richtig: Das ergibt sich aus der Definition der Äquivalenz.

c) Richtig: Die übereinstimmenden Barwerte würden ja mit dem selben Aufzinsungsfaktor multipliziert werden, um die Endwerte zu berechnen.

d) Falsch: Äquivalent heißen Zahlungen nur, wenn die auf den gemeinsamen Zeitpunkt bezogenen Zeitwerte übereinstimmen.

e) Richtig: Sie sind ja nur verschiedene Zeitwerte ein- und derselben Zahlung und daher zu dieser Zahlung, und damit auch zu einander, äquivalent.

Lösung zu Übungsaufgabe 3.9:

a)

$$A = 7.000 \cdot \frac{0{,}01 \cdot 1{,}01^4}{1{,}01^4 - 1} = 1.793{,}97\,€$$

b)

$$A = 7.000 \cdot \frac{0{,}03 \cdot 1{,}03^4}{1{,}03^4 - 1} = 1.883{,}19\,€$$

c)

$$A = 7.000 \cdot \frac{0{,}06 \cdot 1{,}06^4}{1{,}06^4 - 1} = 2.020{,}14\,€$$

Je höher der vereinbarte Zinssatz ist, umso stärker wird das Kapital, das Sie noch nicht verbraucht haben, verzinst. Daher steigt Ihr möglicher Entnahmebetrag mit dem Zinssatz an.

Lösung zu Übungsaufgabe 3.10:
Zunächst muss der Barwert der Annuität ermittelt werden, dieser ergibt sich aus dem abgezinsten Zielbetrag abzüglich der sofortigen Einlage von 4.000 €. Anschließend kann in die Annuitätenformel eingesetzt werden.

a) jährliche Verzinsung:

$$q = 1{,}04$$

$$K_0 = 18.000 \cdot 1{,}04^{-6} - 4.000 = 10.225{,}66$$

$$A = 10.225{,}66 \cdot \frac{0{,}04 \cdot 1{,}04^6}{1{,}04^6 - 1} = 1.950{,}67\,€$$

b) monatliche Verzinsung:

$$q = \left(1 + \frac{0{,}04}{12}\right)^{12} = 1{,}040741543$$

$$K_0 = 18.000 \cdot 1{,}040741543^{-6} - 4.000 = 10.164{,}95$$

$$A = 10.164{,}95 \cdot \frac{0{,}040741543 \cdot 1{,}040741543^6}{1{,}040741543^6 - 1} = 1.943{,}77\,€$$

In diesem Beispiel ist der Zielbetrag vorgegeben, der angespart werden soll. Je mehr Zinstermine im Jahr anfallen, umso höher ist der effektive Jahreszinssatz, und umso höher sind die Zinszahlungen. Je höher aber der Betrag ist, der in Form von Zinszahlungen von der Bank geleistet wird, umso weniger muss der Anleger selber ansparen. Der jährliche Ansparbetrag sinkt also, wenn die Anzahl der jährlichen Zinstermine steigt.

Lösung zu Übungsaufgabe 3.11:
Hier ist der Barwert (das Anfangskapital) gegeben, die Annuität kann daher als Entnahmebetrag, beispielsweise von einem Sparbuch, interpretiert werden.
Richtig sind die Antworten a, c, d und e.

a) Richtig: Je mehr man an Zinsen bekommt, umso höher ist der Betrag, den man entnehmen kann.

b) Falsch: Je mehr Zinstermine pro Jahr, umso höher die Zinszahlungen, und umso höher ist der Entnahmebetrag.

c) Richtig: Die Annuität berechnet sich ja als Barwert multipliziert mit dem Annuitätenfaktor.

d) Richtig: Wenn man sein Kapital auf wenige Jahre aufteilt, kann man pro Jahr mehr entnehmen als wenn man es auf viele Jahre verteilt.

e) Richtig: Wenn man sein Kapital auf viele Zahlungen aufteilt, wird die einzelne Zahlung kleiner sein als wenn man es auf nur wenige Zahlungen verteilt.

Lösung zu Übungsaufgabe 3.12:
Anders als in der vorigen Frage ist hier der Endwert der Annuität vorgegeben. Die Annuität wird jetzt als Ansparbetrag interpretiert, der notwendig ist, um das gegebene Sparziel zu erreichen.
Richtig sind a und c.

a) Richtig: Je mehr Zinstermine, umso höher ist der effektive Jahreszinssatz, und je mehr man an Zinsen bekommt, umso weniger muss man selber ansparen.

b) Falsch: Je länger man Zeit hat, ein Sparziel zu erreichen, umso niedriger kann die jährliche Sparleistung sein.

c) Richtig: Je mehr man an Zinsen bekommt, umso weniger muss man selber ansparen.

d) Falsch: Je weniger Zinstermine pro Jahr, umso niedriger sind die gesamten Zinszahlungen, umso mehr muss man selber zu seinem Sparziel beisteuern.

e) Falsch: Je mehr man an Zinsen bekommt, umso weniger muss man selber ansparen.

Lösung zu Übungsaufgabe 3.13:

a) Aus der Angabe ergeben sich drei (Teil-)Annuitäten, deren Barwert sich jeweils auf den Zeitpunkt ein Jahr vor der ersten Zahlung der entsprechenden (Teil-)Annuität bezieht und dann noch auf t=25 aufgezinst wird:

- erste Annuität (Laufzeit zehn Jahre, erste Zahlung in t=1, Barwert in t=0, aufgezinst um 25 Jahre):

$$K_{25;1} = 1.000 \cdot \frac{1{,}03^{10} - 1}{0{,}03 \cdot 1{,}03^{10}} \cdot 1{,}03^{25} = 17.860{,}35\,€$$

- zweite Annuität (Laufzeit zehn Jahre, erste Zahlung in t=11, Barwert in t=10, aufgezinst um 15 Jahre):

$$K_{25;2} = 1.500 \cdot \frac{1{,}03^{10} - 1}{0{,}03 \cdot 1{,}03^{10}} \cdot 1{,}03^{15} = 19.934{,}67\,€$$

- dritte Annuität (Laufzeit fünf Jahre, erste Zahlung in t=21, Barwert in t=20, aufgezinst um fünf Jahre):

$$K_{25;3} = 2.000 \cdot \frac{1{,}03^{5} - 1}{0{,}03 \cdot 1{,}03^{5}} \cdot 1{,}03^{5} = 10.618{,}27\,€$$

Die Summe aller Endwerte beträgt dann 48.413,29 €.

b)

$$A^{\infty} = 48.413{,}29 \cdot 0{,}03 = 1.452{,}40\,€.$$

Lösung zu Übungsaufgabe 3.14:

Um die Höhe der ewigen Rente zu berechnen, benötigt man das Kapital im Zeitpunkt t=5 (der Barwert der ewigen Rente bezieht sich ja – wie bei allen Renten – auf den Zeitpunkt, der eine Periode vor der ersten Rentenzahlung liegt). Daher muss man zuerst den Barwert der Entnahmen berechnen, diesen vom Anfangskapital abziehen und diese Differenz auf t=5 aufzinsen.

Während der ersten fünf Jahre gilt q=1,015^2=1,030225. Damit ergibt sich

$$K_0 = 100.000 - 2.000 \cdot \frac{1{,}030225^5 - 1}{0{,}030225 \cdot 1{,}030225^5} = 90.846{,}47\,€$$

und

$$K_5 = 90.846{,}47 \cdot 1{,}030225^5 = 105.431{,}03\,€$$

Die ewige Rente ab t=6 wird mit dem geänderten Zinssatz von 4% p.a. berechnet und beträgt

$$A^\infty = 105.431{,}03 \cdot 0{,}04 = 4.217{,}24\,€.$$

Richtig ist daher Antwort d.

a) Falsch: Hier wurde die ewige Rente ebenfalls mit 3% p.a. und halbjährlicher Verzinsung berechnet.

b) Falsch: Hier wurde zwar der Barwert des Entnahmebetrags auf t=5 aufgezinst, nicht aber das Anfangskapital von 100.000.

c) Falsch: Hier wurde vergessen, auf t=5 aufzuzinsen.

d) Richtig

e) Falsch: Hier wurde vergessen, dass der Barwert der Rente sich auf t=5 bezieht, und bis auf t=6 aufgezinst.

Lösung zu Übungsaufgabe 3.15:
Da der Zinssatz in t=8 geändert wird, müssen die Zahlungen auf zwei Annuitäten (einmal mit 2% p.a. bei halbjährlicher, einmal mit 2% p.a. bei jährlicher Verzinsung) aufgeteilt werden.

- Erste Annuität (2% p.a., halbjährliche Verzinsung, Zahlungen von t=1 bis t=8): Der Barwert bezieht sich auf t=0 und wird zunächst mit halbjährlicher Verzinsung auf t=8, danach mit jährlicher Verzinsung die restlichen vier Jahre auf t=12 aufgezinst:

$$K_{12;\,1} = 500 \cdot \frac{1{,}0201^8 - 1}{0{,}0201 \cdot 1{,}0201^8} \cdot 1{,}0201^8 \cdot 1{,}02^4 = 4.646{,}88\,€$$

- Zweite Annuität (2% p.a., jährliche Verzinsung, Zahlungen von t=9 bis t=12): Der Barwert bezieht sich auf t=8 und wird mit jährlicher Verzinsung auf t=12 aufgezinst:

$$K_{12;\,2} = 500 \cdot \frac{1{,}02^4 - 1}{0{,}02 \cdot 1{,}02^4} \cdot 1{,}02^4 = 2.060{,}80\,€$$

	0	1		3	4		7	8		16
geplant:		796,11	...	796,11	796,11	...	796,11	796,11	...	796,11
tatsächlich:		796,11	...	796,11	500,00	...	500,00	796,11	...	796,11
Differenz:					296,11	...	296,11			

Abbildung 11.2: Lösung zu Übungsaufgabe 3.16

Insgesamt ergibt sich ein Endvermögen von 4.646,88+2.060,80=6.707,68 €.

Alternativ könnte man auch den auf t=8 aufgezinsten Wert der ersten Teilrente mit dem Barwert der zweiten Teilrente addieren, und dann diese Summe auf t=12 aufzinsen: $(4.293{,}00+1.903{,}86)\cdot 1{,}02^4=6.707{,}68$ €.

Lösung zu Übungsaufgabe 3.16:
Ein möglicher Lösungsweg wäre, ausgehend von den Einzahlungen des Anlegers sein Endvermögen zu berechnen und mit dem gewünschten Betrag von 10.000 € zu vergleichen.

Dazu müsste man die Sparleistungen in drei verschiedene Annuitäten zerlegen (von t=1 bis t=3 in Höhe von 796,11 €, von t=4 bis t=7 jeweils 500,00 €, und von t=8 bis t=16 wieder 796,11 €), deren Barwerte berechnen und auf t=16 aufzinsen. Dieser Lösungsweg ist vergleichsweise langwierig und vor allem fehleranfällig.

Ein kürzerer Rechenweg ist in Abbildung 11.2 dargestellt: Hier wird von den Fehlbeträgen (verglichen mit der geplanten Sparleistung) in den Zeitpunkten t=4 bis t=7 ausgegangen. Die Differenz des tatsächlichen zum geplanten Endvermögen von 10.000 € muss gleich der Summe der aufgezinsten Fehlbeträge dieser Jahre sein. Damit ergibt sich

$$296{,}11 \cdot (1{,}03^{12} + 1{,}03^{11} + 1{,}03^{10} + 1{,}03^{9}) = 1.616{,}37\text{ €}$$

als Fehlbetrag in t=16.

Lösung zu Übungsaufgabe 3.17:
Der Barwert einer Annuität (und auch jeder anderen Rente) bezieht sich auf den Zeitpunkt, der eine Periode vor der ersten Rentenzahlung liegt. In diesem Beispiel beginnt die Annuität in t=3, der Barwert, berechnet mit der Rentenbarwertformel, bezieht sich daher auf t=2 und muss anschließend noch um genau diese zwei Jahre auf t=0 abgezinst werden:

$$q = \left(1 + \frac{0{,}06}{12}\right)^{12} = 1{,}06168$$

$$\text{Barwert (in t=0)} = 1.000 \cdot \frac{1{,}06168^{10} - 1}{0{,}06168 \cdot 1{,}06168^{10}} \cdot 1{,}06168^{-2} = 6.478{,}17\,€.$$

Lösung zu Übungsaufgabe 3.18:

Ein Zeitstrahl ist für die Lösung dieses Beispiels sehr hilfreich, er ist in Abbildung 11.3 dargestellt. Max erhält das Sparbuch zum 14. Geburtstag, das entspricht dem Zeitpunkt t=0. Zum 19. Geburtstag (in t=5) möchte er einerseits 1.000 € für die Kaution abheben, andrerseits aber auch schon den ersten der regelmäßigen Entnahmebeträge. Diese regelmäßigen Entnahmebeträge bilden eine Annuität mit fünf Zahlungen, von t=5 bis einschließlich t=9. Der Barwert dieser Annuität bezieht sich auf den Zeitpunkt ein Jahr vor der ersten Zahlungen, also auf t=4.

Daher muss zunächst das Vermögen am Sparbuch zum Zeitpunkt t=4 ermittelt werden. Dieses bildet die Basis für die in t=5 beginnende Annuität (mit Barwert in t=4) und die ebenfalls in t=5 fällige Einmalzahlung von 1.000 €, die noch auf t=4 abgezinst werden muss:

Das Kapital am Sparbuch wächst bis t=4 (Bezugspunkt Barwert Annuität) auf

$$K_4 = 10.000 \cdot 1{,}03^4 = 11.255{,}09.$$

Davon müssen die Annuität (mit Barwert in t=4) und die einmaligen 1.000 in t=5 finanziert werden. Die in t=5 fälligen 1.000 € werden auf t=4 bezogen und betragen dann

$$1.000 \cdot 1{,}03^{-1} = 970{,}87.$$

Als Barwert für die Annuität bleiben damit 11.255,09–970,87=10.284,22 übrig, und für die Annuität ergibt sich

$$A = 10.284{,}22 \cdot \frac{0{,}03 \cdot 1{,}03^5}{1{,}03^5 - 1} = 2.245{,}61\,€.$$

Richtig ist daher Antwort c.

a) Falsch: Hier wurde die Laufzeit der Annuität mit sechs statt fünf Jahren berechnet.

b) Falsch: Hier wurden der Einmalbetrag von 1.000 € nicht auf t=4 abgezinst.

c) Richtig

d) Falsch: Hier wurde übersehen, dass der Barwert der Annuität sich auf t=4 (statt t=5) bezieht.

e) Falsch: Hier wurde der einmalige Entnahmebetrag vergessen.

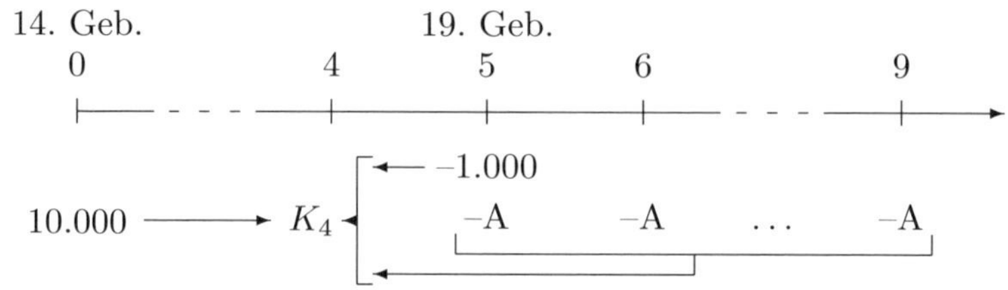

Abbildung 11.3: Lösung zu Übungsaufgabe 3.18

Lösung zu Übungsaufgabe 3.19:

a) Hier handelt es sich um eine jährliche Rente bei vierteljährlicher Verzinsung:

$$q = \left(1 + \frac{0{,}04}{4}\right)^4 = 1{,}04060401 \quad \text{und} \quad N = 7:$$

$$A = 7.000 \cdot \frac{0{,}04060401 \cdot 1{,}04060401^7}{1{,}04060401^7 - 1} = 1.168{,}87\,€.$$

b) In diesem Unterpunkt geht es um eine vierteljährliche Rente bei vierteljährlicher Verzinsung. Jetzt müssen sowohl der Zinssatz als auch die Laufzeit in Vierteljahre umgerechnet werden, damit ergibt sich:

$$q = 1 + \frac{0{,}04}{4} = 1{,}01 \quad \text{und} \quad N = 28:$$

$$A = 7.000 \cdot \frac{0{,}01 \cdot 1{,}01^{28}}{1{,}01^{28} - 1} = 287{,}87\,€.$$

Bei der vierteljährlichen Rente wird schon nach einem Quartal die erste Entnahme getätigt, das veranlagte Kapital reduziert sich daher früher bzw. schneller und kann daher nicht mehr so viele Zinsen einbringen wie im Fall der jährlichen Entnahmebeträge. Daher ist der vierteljährliche Entnahmebetrag niedriger als ein Viertel des jährlichen Entnahmebetrags.

Lösung zu Übungsaufgabe 3.20:
Auch hier handelt es sich um eine unterjährige Rente mit unterjähriger Verzinsung, die allerdings die erste Rentenzahlung sofort in t=0 aufweist. Der Barwert dieser Rente gemäß der entsprechenden Formel würde sich daher auf t=–1 beziehen. Wir behandeln daher die sofortige Zahlung getrennt von den anderen und erhalten damit

- eine halbjährliche Rente in Höhe von 363,36 € mit einer Laufzeit von sieben Halbjahren, die in einem halben Jahr beginnt und deren Barwert sich auf t=0 bezieht (eine Periode vor der ersten Rentenzahlung), mit q=1,015 und N=7, und
- eine sofortige Einmalzahlung von 363,36 €.

Die Summe der Barwerte dieser beiden Teile beträgt

$$K_0 = 363{,}36 \cdot \frac{1{,}015^7 - 1}{0{,}015 \cdot 1{,}015^7} + 363{,}36 = 2.760,89\,€.$$

Das Sparbuch mit 2.800 € reicht daher zur Finanzierung der Studiengebühren aus.

Lösung zu Übungsaufgabe 3.21:
Es werden die Barwerte sämtlicher Zahlungen verglichen, die innerhalb des Planungshorizontes von 24 Monaten anfallen:

- Bei Anbieter 1 beträgt dieser Barwert

$$K_0 = 49{,}90 + 35{,}00 \cdot \frac{1{,}005^{24} - 1}{0{,}005 \cdot 1{,}005^{24}} = 839{,}60\,€,$$

- bei Anbieter 2 ergibt sich hingegen

$$K_0 = 499{,}90 + 14{,}90 + 12{,}80 \cdot \frac{1{,}005^{24} - 1}{0{,}005 \cdot 1{,}005^{24}} = 803{,}60\,€.$$

Peter sollte sich daher für Anbieter 2 entscheiden.

Lösung zu Übungsaufgabe 3.22:

a) Es handelt sich um eine steigende Rente mit R_1=7.000, N=9, i=0,03 und g=0,02. Der Barwert dieser Rente beträgt somit

$$K_0 = 7.000 \cdot \frac{1{,}03^9 - 1{,}02^9}{(0{,}03 - 0{,}02) \cdot 1{,}03^9} = 58.842{,}74,$$

und der notwendige sofortige Einmalerlag

$$85.000 \cdot 1{,}03^{-9} - 58.842{,}74 = 6.302{,}68\,€.$$

b) Die letzte Zahlung der steigenden Rente beträgt

$$R_9 = R_1 \cdot (1+g)^{N-1} = 7.000 \cdot 1{,}02^8 = 8.201{,}62\,€$$

Beachten Sie, dass bis zur neunten Rentenzahlung nur acht Erhöhungen durchgeführt wurden.

Lösung zu Übungsaufgabe 3.23:
Zur Berechnung des Barwerts dieser ewigen steigenden Rente muss zunächst die erste Rentenzahlung ermittelt werden. Dazu muss aus der bekannten siebten Rentenzahlung die darin steckenden sechs Erhöhungen (zu jeweils 3%) wieder herausgerechnet werden. Die erste Rentenzahlung beträgt also

$$R_1 = R_7 \cdot (1+g)^{-6} = 13.500 \cdot 1{,}03^{-6} = 11.306{,}04.$$

Das ursprünglich veranlagte Vermögen ergibt sich mit

$$K_0 = \frac{R_1}{i-g} = \frac{11.306{,}04}{0{,}05 - 0{,}03} = 565.301{,}87\,€.$$

Lösung zu Übungsaufgabe 3.24:
Analog zur konstanten unterjährigen Rente werden bei der steigenden unterjährigen Rente der Zinssatz und die Laufzeit in die entsprechenden unterjährigen Perioden umgerechnet (hier Monate). Der Steigerungsfaktor bezieht sich bereits auf einen Monat. Mit den Werten

$$i_{\text{Monat}} = \frac{0{,}03}{12} = 0{,}0025, \quad g_{\text{Monat}} = 0{,}00125 \quad \text{und} \quad N = 24$$

erhält man für den Barwert der steigenden monatlichen Rente

$$K_0 = 650 \cdot \frac{1{,}0025^{24} - 1{,}00125^{24}}{(0{,}0025 - 0{,}00125) \cdot 1{,}0025^{24}} = 15.339{,}99$$

und für den Endwert nach 24 Monaten

$$K_{24} = 15.339{,}99 \cdot 1{,}0025^{24} = 16.287{,}34\,€.$$

Lösung zu Übungsaufgabe 3.25:
Richtig sind a und d.

a) Richtig: Bei der steigenden Rente sind die Zahlungen am Anfang der Laufzeit niedriger und am Ende der Laufzeit höher als bei der konstanten Rente. Durch das Abzinsen werden Zahlungen, die später anfallen, wesentlich stärker reduziert als Zahlungen zu Beginn der Rente. Daher werden bei der Barwertberechnung bei der steigenden Rente die im Vergleich zur konstanten Rente höheren Zahlungen am Schluss der Laufzeit stärker reduziert, während die Zahlungen am Anfang der Laufzeit (die wiederum bei der konstanten Rente höher sind als bei der steigenden Rente) nur sehr schwach beeinflusst werden. Insgesamt ergibt sich dadurch ein höherer Barwert bei der konstanten Rente.

b) Falsch: Wenn der Barwert der steigenden Rente niedriger ist, muss auch der Endwert niedriger als bei der konstanten Rente sein.

c) Falsch: Die letzte Rentenzahlung allein ist kein geeignetes Vergleichskriterium.

d) Richtig: Wenn der Barwert der steigenden Rente niedriger ist, muss auch der Endwert niedriger als bei der konstanten Rente sein.

e) Falsch: Aus einer gleichen durchschnittlichen Rentenhöhe ergibt sich nicht automatisch ein gleicher Barwert.

Lösung zu Übungsaufgabe 3.26:
Richtig sind a, c und e.

a) Richtig

b) Falsch: Die Zinsstruktur zeigt eine „Momentaufnahme" der aktuell geltenden Zinssätze für verschiedene Veranlagungsdauern.

c) Richtig

d) Falsch: Risikolose Zinssätze enthalten keine Risikozuschläge.

e) Richtig: Die Zinsstruktur ist eine „Momentaufnahme", sie kann sich daher im Zeitablauf ändern oder auch parallel verschieben.

Lösung zu Übungsaufgabe 3.27:
Richtig sind a und d.

a) Richtig: Mathematisch gesehen ist die Spot Rate i_l das geometrische Mittel der Spot Rates i_k und der Forward Rate $f_{k|l}$. Da bei einer normalen Zinsstruktur i_l höher ist als i_k, muss die Forward Rate $f_{k|l}$ nicht nur höher als i_k, sondern sogar auch höher als i_l sein, damit der geometrische Mittelwert tatsächlich i_l ergibt.

b) Falsch: Dies allein ist noch kein geeignetes Entscheidungskriterium.

c) Falsch: Zukünftige Zahlungen sind zwar meistens mit einem gewissen Risiko behaftet, dies hat aber mit den Forward Rates nichts zu tun. Außerdem können (z.B. bei einer inversen Zinsstruktur) die Forward Rates auch niedriger sein als die entsprechenden Spot Rates.

d) Richtig

e) Falsch: Auf Basis der Zinsstruktur können die Forward Rates berechnet werden, damit ist auch ersichtlich, ob sie höher oder niedriger sind als die entsprechenden Spot Rates.

Lösung zu Übungsaufgabe 3.28:

$$f_{1|3} = \sqrt[(3-1)]{\frac{1{,}033^3}{1{,}030^1}} - 1 = 0{,}034503$$

$$f_{2|5} = \sqrt[(5-2)]{\frac{1{,}036^5}{1{,}032^2}} - 1 = 0{,}038675$$

Richtig sind a, b und d.

a) Richtig

b) Richtig

c) Falsch: Hier wurde bei der Berechnung die Quadratwurzel vergessen.

d) Richtig: Dazu müsste beispielsweise die Spot Rate i_4 bekannt sein.

e) Falsch

11.4 Lösungen zu den Übungsaufgaben aus Kapitel 4

Lösung zu Übungsaufgabe 4.1:
Richtig sind a und c.

a) Richtig

b) Falsch: Die Entscheidung über die Durchführung eines Projekts ist nicht das selbe wie das Projekt an sich.

c) Richtig: Man tauscht z.B. Bargeld (liquide Mittel) gegen eine Produktionsanlage (andere Form von Vermögen).

d) Falsch: Da nicht angegeben ist, ob die erste Zahlung eine Ein- oder Auszahlung ist, könnte es sich auch um eine Finanzierung handeln.

e) Falsch: Das finanzielle Gleichgewicht wird aufrecht erhalten oder gewahrt (nicht gedeckt), und dies erfordert typischerweise eine bestimmte Finanzierungsmaßnahme, aber keine Investition.

Lösung zu Übungsaufgabe 4.2:
Richtig sind b und e.

a) Falsch: Dies entspricht einer Finanzierung, da die Zahlungsreihe mit einer Einzahlung beginnt.

b) Richtig

c) Falsch: Auch das ist eine Finanzierungsmaßnahme.

d) Falsch: Auch hier beginnt die entsprechende Zahlungsreihe mit einer Einzahlung, es handelt sich daher um eine Finanzierung.

e) Richtig: Für den Gläubiger beginnt die Zahlungsreihe mit einer Auszahlung.

Lösung zu Übungsaufgabe 4.3:
Richtig sind c und e.

a) Falsch: Die Investitionsrechnung basiert auf Daten bzw. Prognosen über zukünftige Zahlungen, die durch das entsprechende Projekt verursacht werden. Diese Zahlungen werden bei der Durchführung des Projekts zwar Eingang in die Finanzplanung finden, aber die Finanzplanung selber stellt (im Allgemeinen) keine Daten über das Investitionsprojekt bereit.

b) Falsch: Die Buchhaltung ist vergangenheitsorientiert, während die Investitionsrechnung mit zukünftigen prognostizierten Zahlungen arbeitet.

c) Richtig

d) Falsch: Die Risikoeinstellung des Entscheidungsträger hat einen wesentlichen Einfluss auf die Einstufung des Projekts.

e) Richtig: Die optimale Nutzungsdauer bzw. der optimale Ersatzzeitpunkt sind klassische Anwendungsfälle der Investitionsrechnung.

Lösung zu Übungsaufgabe 4.4:
Richtig sind b und d.

a) Falsch: Statische Verfahren sind zwar einfacher anzuwenden, durch die stark vereinfachten Modellannahmen kommt man aber oft zu Fehlschlüssen. Die Einfachheit der Anwendung ist kein Grund, diese Verfahren prinzipiell zu bevorzugen.

b) Richtig: Beispielsweise übernimmt die Kostenvergleichsrechnung die Daten direkt von der Kostenrechnung.

c) Falsch: Statische Verfahren verwenden meistens Durchschnittswerte, die keine (oder nur sehr wenige) Prognosen erfordern.

d) Richtig

e) Falsch: Statische und statistische Methoden klingen zwar ähnlich, sind aber völlig verschiedene Gebiete.

Lösung zu Übungsaufgabe 4.5:
Richtig sind b, d und e.

a) Falsch: Die Gewinnvergleichsrechnung ist ein statisches Verfahren.

b) Richtig

c) Falsch: Eine dynamische Stückkostenrechnung gibt es in der Finanzierung nicht.

d) Richtig

e) Richtig

Lösung zu Übungsaufgabe 4.6:
Richtig sind a, c und e.

a) Richtig: Das Projektrisiko bestimmt (zusammen mit der Risikoeinstellung des Entscheidungsträgers) die Höhe des risikoangepassten Kalkulationszinssatzes.

b) Falsch: Jedes Projekt sollte mit dem Zinssatz bewertet werden, der seinem speziellen Risiko entspricht.

c) Richtig: Der risikolose Zinssatz am Kapitalmarkt ist die Basis, auf den z.B. der Risikozuschlag aufgeschlagen wird.

d) Falsch: Der risikolose Zinssatz am Kapitalmarkt (als Basis des risikoangepassten Kalkulationszinssatzes) berücksichtigt bereits die Inflation, eine Anpassung (sogar noch im Jahresabstand) ist daher nicht notwendig.

e) Richtig: Die Opportunitätskosten des Projekts geben an, welchen Ertrag man bei der besten verfügbaren alternativen Anlagemöglichkeit erzielen würde, und dies beeinflusst natürlich den Zinssatz, mit dem das ursprüngliche Projekt bewertet wird.

Lösung zu Übungsaufgabe 4.7:

a) Das Endvermögen des Investors bei Durchführung des Projekts beträgt

$$2.300 \cdot 1{,}06^4 + 3.400 \cdot 1{,}06^3 + 3.100 \cdot 1{,}06^2 + 2.500 \cdot 1{,}06 + 1.800 = 14.886{,}31\,€.$$

Beachten Sie, dass die Anschaffungsauszahlung beim Endvermögen nicht inkludiert wird!

b) Veranlagt der Investor die Anschaffungsauszahlung zu 6% für fünf Jahre, beträgt sein Endvermögen

$$7.800 \cdot 1{,}06^5 = 10.438{,}16\,€.$$

c) Der Kapitalwert des Investitionsprojekts beträgt

$$(14.886{,}31 - 10.438{,}16) \cdot 1{,}06^{-5} = 3.323{,}92\,€.$$

Alternativ kann der Kapitalwert auch wie folgt berechnet werden:

$$-7.800 + \frac{2.300}{1{,}06} + \frac{3.400}{1{,}06^2} + \frac{3.100}{1{,}06^3} + \frac{2.500}{1{,}06^4} + \frac{1.800}{1{,}06^5} = 3.323{,}92\,€.$$

Lösung zu Übungsaufgabe 4.8:
Die 2.000 €, die die Investorin anfangs besitzt, gibt sie für die Anschaffungsauszahlung aus. Ihr Endvermögen beträgt daher

$$700 \cdot 1{,}04^4 + 600 \cdot 1{,}04^3 + 500 \cdot 1{,}04^2 + 400 \cdot 1{,}04 + 300 = 2.750{,}62\,€.$$

Damit ist Antwort d richtig.

a) Falsch: 260,81 € ist der Kapitalwert.

b) Falsch: 317,31 € ist der auf t=5 aufgezinste Kapitalwert (im Vergleich zum Endvermögen enthält dieser die Anschaffungsauszahlung).

c) Falsch: Der aufgezinste Kapitalwert und die Anschaffungsauszahlung dürfen nicht einfach addiert werden, da sie sich auf verschiedene Zeitpunkte (t=5 bzw. t=0) beziehen.

d) Richtig

e) Falsch

Lösung zu Übungsaufgabe 4.9:

a) Der Kapitalwert beträgt

$$-36.000 + \frac{11.000}{1{,}07} + \frac{12.000}{1{,}07^2} + \frac{13.000}{1{,}07^3} + \frac{9.000}{1{,}07^4} = 2.239{,}57\,€.$$

Der Kapitalwert ist positiv, die Investition ist daher vorteilhaft.

Beachten Sie, dass Sie alle Zahlungen berücksichtigen müssen, auch wenn sie nach dem Ende der Nutzungsdauer anfallen!

b) Bei einem Kalkulationszinssatz von 10% ergibt sich für den Kapitalwert

$$-36.000 + \frac{11.000}{1{,}1} + \frac{12.000}{1{,}1^2} + \frac{13.000}{1{,}1^3} + \frac{9.000}{1{,}1^4} = -168{,}43\,€.$$

In diesem Fall sollte das Unternehmen die neue Produktionsanlage nicht beschaffen.

c) Der Kapitalwert ist die abgezinste Differenz der Endvermögen bei der Investition in das Projekt bzw. bei der alternativen Veranlagung zum Kalkulationszinssatz. Je höher der Kalkulationszinssatz ist, umso „besser" ist die Alternativveranlagung. Die Differenz der beiden Endvermögen, und damit auch der Kapitalwert, wird daher geringer. Eine andere Erklärung ist, dass bei einem höheren Zinssatz die Barwerte der zukünftigen Zahlungen niedriger werden und damit auch der Kapitalwert sinkt.

Dieser Zusammenhang gilt jedoch nur bei Normalinvestitionen! Bei Nicht-Normalinvestitionen kann es in manchen Fällen auch vorkommen, dass der Kapitalwert bei steigendem Zinssatz höher wird.

Lösung zu Übungsaufgabe 4.10:
Richtig sind b, c und d.

a) Falsch: Der Kapitalwert ist der Barwert des im Vergleich zur Veranlagung am Kapitalmarkt erzielten *zusätzlichen* Endvermögens.

b) Richtig

c) Richtig

d) Richtig: Bei der Durchführung des Projekts würde der Investor genau um den Kapitalwert reicher werden, daher verzichtet er nur dann darauf, wenn er den entsprechenden Betrag als Entschädigung erhält.

e) Falsch: Der aktuelle Marktwert des für die Durchführung des Projekts notwendigen Kapitals entspricht (normalerweise) genau der Anschaffungsauszahlung.

Lösung zu Übungsaufgabe 4.11:

a) Es ergibt sich folgende Tabelle:

Zeit-punkt	Einzah-lungen	Auszah-lungen	Summe Zahlungen	Barwert	kum. Barwert
0		25.000	–25.000	–25.000,00	–25.000,00
1	15.000	9.500	5.500	5.092,59	–19.907,41
2	19.000	8.200	10.800	9.259,26	–10.648,15
3	22.000	12.500	9.500	7.541,41	–3.106,74
4	18.000	11.600	6.400	4.704,19	1.597,45
5	17.000	10.400	6.600	4.491,85	6.089,30
6	0	15.500	–15.500	–9.767,63	–3.678,33

Die dynamische Amortisationszeit beträgt vier Jahre. Da sich das Projekt amortisiert, würde die dynamische Amortisationsrechnung es als vorteilhaft einstufen.

b) Der Kapitalwert ist mit –3.678,33 € negativ, das Projekt ist gemäß der Kapitalwertmethode nicht vorteilhaft.

c) Die Kapitalwertmethode berücksichtigt sämtliche Zahlungen des Projekts (nicht nur bis zum Amortisationszeitpunkt), und der Kapitalwert als Entscheidungskriterium passt perfekt zum Ziel der Vermögensmaximierung (im Gegensatz zur Amortisationsdauer), daher sollte der Empfehlung der Kapitalwertmethode gefolgt und das Projekt nicht realisiert werden.

d) Bei Investitionsprojekten mit nur einem einzigen Vorzeichenwechsel liefern die Kapitalwertmethode und die dynamische Investitionsrechnung immer die selbe Empfehlung:

Nach dem Vorzeichenwechsel der Zahlungen (von negativ auf positiv) kann der kumulierte Barwert nur noch ansteigen. Wird er irgendwann positiv, dann ist auch der letzte kumulierte Barwert (der ja dem Kapitalwert entspricht) positiv, und beide Methoden betrachten das Projekt als vorteilhaft. Bleibt der kumulierte Barwert im negativen Bereich, amortisiert sich das Projekt nicht, und auch der Kapitalwert ist negativ. In diesem Fall würden beide Verfahren das Projekt ablehnen.

Das heißt allerdings nicht, dass in diesem Fall die dynamische Amortisationsrechnung ein „gutes“ Verfahren ist! Sie ist wegen der oben genannten Defizite immer noch der Kapitalwertmethode unterlegen, auch wenn sich diese Defizite in dieser speziellen Situation nicht störend bemerkbar machen.

Lösung zu Übungsaufgabe 4.12:

a) Der Kapitalwert des Projekts beträgt

$$-50.000 + \frac{20.500}{1{,}05} + \frac{18.700}{1{,}05^2} + \frac{15.400}{1{,}05^3} + \frac{16.900}{1{,}05^4} = 13.692{,}03\,€,$$

das Projekt ist daher vorteilhaft.

b) Der Barwert aller Entnahmen beträgt

$$3.500 \cdot \frac{1{,}05^4 - 1}{0{,}05 \cdot 1{,}05^4} = 12.410{,}83,$$

der Kapitalwert reduziert sich um genau diesen Betrag auf 1.281,20 €.

Alternativ könnte man den neuen Kapitalwert auch als Summe der Barwerte der nach den entsprechenden Entnahmen verbleibenden Zahlungen berechnen, dies führt zum selben Ergebnis, ist aber etwas aufwändiger:

$$-50.000 + \frac{17.000}{1{,}05} + \frac{15.200}{1{,}05^2} + \frac{11.900}{1{,}05^3} + \frac{13.400}{1{,}05^4} = 1.281{,}20\,€.$$

c) Den maximal möglichen jährliche Entnahmebetrag erhält man, indem man den Kapitalwert des Projekts mit Hilfe der Annuitätenformel auf die Jahre der Nutzungsdauer aufteilt:

$$13.692{,}03 \cdot \frac{0{,}05 \cdot 1{,}05^4}{1{,}05^4 - 1} = 3.861{,}31\,€.$$

Lösung zu Übungsaufgabe 4.13:
Zu den in der Tabelle angegeben Zahlungen kommen hier noch die Auszahlungen für die Stilllegung der Anlage in t=3 und die Lizenzzahlungen. Die erste Lizenzzahlung fällt in t=4 an, der Barwert dieser Annuität bezieht sich damit auf t=3 und muss daher bei der Berechnung des Kapitalwerts noch um weitere drei Jahre abgezinst werden. Man erhält dann für den Kapitalwert

$$-1 - \frac{2.100}{1{,}08} - \frac{3.000}{1{,}08^2} - \frac{8.000}{1{,}08^3} + 1.500 \cdot \frac{1{,}08^{20} - 1}{0{,}08 \cdot 1{,}08^{20}} \cdot 1{,}08^{-3} = 822{,}82\,€.$$

a) Falsch: Hier wurde der Barwert der Annuität der Lizenzzahlungen um vier statt richtigerweise um drei Jahre abgezinst.

b) Richtig

c) Falsch: Hier wurden die Auszahlungen für die Stilllegung der Anlage vergessen.

d) Richtig: Der Kapitalwert würde zwar um 699,00 € sinken, wäre aber immer noch positiv.

e) Falsch: Die Lizenzzahlungen stellen eine Annuität dar, keine Einmalzahlung.

Lösung zu Übungsaufgabe 4.14:

a) Gesucht ist der Kapitalwert der Investitionskette bei fünfmaliger Durchführung des Projekts. Der einfache Kapitalwert beträgt

$$-75.000 + \frac{22.000}{1{,}05} + \frac{23.000}{1{,}05^2} + \frac{26.000}{1{,}05^3} + \frac{31.000}{1{,}05^4} - \frac{15.000}{1{,}05^5} = 3.024{,}72.$$

Die Nutzungsdauer des Projekts beträgt 4 Jahre, der Kapitalwert der ersten Realisierung bezieht sich auf t=0, jener der zweiten auf t=4, usw., bis zum Kapitalwert der fünften und letzten Durchführung in t=16. (Beachten Sie, dass das Projekt jeweils nach Ablauf der Nutzungsdauer nach vier Jahren ersetzt wird, auch wenn im fünften Jahr noch Zahlungen anfallen.) Der Kettenkapitalwert (bezogen auf 20 Jahre Gesamtnutzungsdauer) berechnet sich damit zu

$$3.024{,}72 \cdot \left(1 + 1{,}05^{-4} + 1{,}05^{-8} + 1{,}05^{-12} + 1{,}05^{-16}\right) = 10.630{,}35\,€.$$

b) Bei einmaliger Durchführung beträgt die Annuität

$$3.024{,}72 \cdot \frac{0{,}05 \cdot 1{,}05^4}{1{,}05^4 - 1} = 853{,}01,$$

bei fünfmaliger Durchführung (und damit 20 Jahren Gesamtnutzungsdauer) ergibt sich mit

$$10.630{,}35 \cdot \frac{0{,}05 \cdot 1{,}05^{20}}{1{,}05^{20} - 1} = 853{,}01\,€$$

genau der gleiche jährliche Betrag.

c) Hier werden entweder die Kettenkapitalwerte oder die Annuitäten verglichen:

Wird das Alternativprojekt viermal hintereinander durchgeführt, ergibt sich ebenfalls eine Gesamtnutzungsdauer von 20 Jahren. Der entsprechende Kettenkapitalwert beträgt

$$3.500{,}00 \cdot \left(1 + 1{,}05^{-5} + 1{,}05^{-10} + 1{,}05^{-15}\right) = 10.074{,}60\,€$$

und ist damit niedriger als der Kettenkapitalwert des ersten Projekts. Daher ist das erste Projekt vorzuziehen.

Zur selben Empfehlung gelangt man mit dem Vergleich der Annuitäten. Die Annuität des Alternativprojekts ist mit

$$3.500{,}00 \cdot \frac{0{,}05 \cdot 1{,}05^5}{1{,}05^5 - 1} = 808{,}41\,€$$

niedriger als jene des ersten Projekts, die Entscheidung fällt daher zu Gunsten des ersten Projekts.

Lösung zu Übungsaufgabe 4.15:

a) Bei einmaliger Investition werden die (einfachen) Kapitalwerte verglichen. Der Kapitalwert von Projekt A beträgt

$$-8.500 + \frac{2.200}{1{,}06} + \frac{3.400}{1{,}06^2} + \frac{3.900}{1{,}06^3} + \frac{4.800}{1{,}06^4} = 3.678{,}02\,€,$$

jener von Projekt B

$$-6.300 + \frac{5.300}{1{,}06} + \frac{3.200}{1{,}06^2} + \frac{1.500}{1{,}06^3} = 2.807{,}42\,€.$$

Projekt A ist aufgrund des höheren Kapitalwertes vorzuziehen.

b) Bei identischer Reinvestition und unterschiedlichen Nutzungsdauern können die einfachen Kapitalwerte nicht mehr zur Entscheidung herangezogen werden. Stattdessen vergleicht man die Kettenkapitalwerte oder die Annuitäten.

Die Kettenkapitalwerte werden auf zwölf Jahre aufgestellt (dies entspricht dem kleinsten gemeinsamen Vielfachen der beiden Nutzungsdauern), sie betragen bei Projekt A

$$3.678{,}02 \cdot \left(1 + 1{,}06^{-4} + 1{,}06^{-8}\right) = 8.898{,}99\,€$$

und bei Projekt B

$$2.807{,}42 \cdot \left(1 + 1{,}06^{-3} + 1{,}06^{-6} + 1{,}06^{-9}\right) = 8.805{,}41\,€.$$

Der Kettenkapitalwert von Projekt A ist höher als jener von Projekt B, daher ist auch bei identischer Reinvestition Projekt A vorzuziehen.

Zur selben Empfehlung gelangt man über den Vergleich der Annuitäten: Für Projekt A erhält man eine Annuität in Höhe von

$$3.678{,}02 \cdot \frac{0{,}06 \cdot 1{,}06^4}{1{,}06^4 - 1} = 1.061{,}45\,€,$$

für Projekt B hingegen nur

$$2.807{,}42 \cdot \frac{0{,}06 \cdot 1{,}06^3}{1{,}06^3 - 1} = 1.050{,}28\,€.$$

c) Bei identischer Reinvestition wären die beiden Projekte genau dann gleichwertig, wenn die Kettenkapitalwerte oder die Annuitäten übereinstimmen. Der Kettenkapitalwert von Projekt B müsste also ebenfalls 8.899,00 € betragen. Damit gilt

$$\mathrm{KW}_{\mathrm{B}}^{*} \cdot \left(1 + 1{,}06^{-3} + 1{,}06^{-6} + 1{,}06^{-9}\right) = 8.898{,}99$$

und es folgt $\mathrm{KW}_{\mathrm{B}}^{*} = 2.837{,}26$ €.

Alternativ kann man über die Annuitäten rechnen: Die neue Annuität von Projekt B müsste 1.061,45 € ausmachen, daraus ergibt sich

$$\mathrm{KW}_{\mathrm{B}}^{*} \cdot \frac{0{,}06 \cdot 1{,}06^{3}}{1{,}06^{3} - 1} = 1.061{,}45$$

und es folgt wieder $\mathrm{KW}_{\mathrm{B}}^{*} = 2.837{,}26$ €.

Lösung zu Übungsaufgabe 4.16:
Bei einmaliger Investition vergleicht man die (einfachen) Kapitalwerte. Jener von Projekt X ist in der Angabe mit 155,23 € gegeben, jener von Projekt Y beträgt

$$61{,}18 \cdot \frac{1{,}07^{3} - 1}{0{,}07 \cdot 1{,}07^{3}} = 160{,}56\,€,$$

daher ist Projekt Y vorzuziehen. Richtig ist damit Antwort d.

a) Falsch: Hier wurde fälschlicherweise bei der Berechnung des Kapitalwerts von Projekt Y die Nutzungsdauer von Projekt X verwendet.

b) Falsch: Die Zahlen sind zwar richtig, allerdings darf die Annuitätenmethode in diesem Fall (einmalige Investition, unterschiedliche Nutzungsdauern) nicht verwendet werden.

c) Falsch: Ob die einmalige Zahlung (in Höhe des Kapitalwerts) oder die Annuität während der Nutzungsdauer vorzuziehen ist, muss ja erst berechnet werden.

d) Richtig

e) Falsch: Auch hier wären zwar die Zahlen korrekt, aber die Annuitätenmethode ist aufgrund der unterschiedlichen Nutzungsdauern nicht anzuwenden.

Lösung zu Übungsaufgabe 4.17:
Hier handelt es sich um eine Auswahlentscheidung bei identischer Reinvestition und unterschiedlichen Nutzungsdauern, als Vergleichskriterien kommen

der Kettenkapitalwert oder die Annuität in Frage. Da sich keine der Antwortmöglichkeiten auf den Kettenkapitalwert bezieht, müssen nur die entsprechenden Annuitäten berechnet werden.

Für die Variante der Neuanschaffung nach zwei Jahren ergibt sich ein Kapitalwert von

$$-8.000 + 5.500 \cdot 1{,}1^{-1} + 5.500 \cdot 1{,}1^{-2} = 1.545{,}45$$

und eine Annuität von

$$1.545{,}45 \cdot \frac{0{,}1 \cdot 1{,}1^2}{1{,}1^2 - 1} = 890{,}47\,€.$$

Wird die Generalüberholung durchgeführt, beträgt der Kapitalwert

$$-8.000 + 5.500 \cdot 1{,}1^{-1} + 2.500 \cdot 1{,}1^{-2} + 3.500 \cdot 1{,}1^{-3} = 1.695{,}72$$

und die Annuität

$$1.695{,}72 \cdot \frac{0{,}1 \cdot 1{,}1^3}{1{,}1^3 - 1} = 681{,}87\,€.$$

Die Annuität bei der Generalüberholung ist damit um 890,48–681,87=208,60 € kleiner als bei der Neuanschaffung nach zwei Jahren, daher sollte die Maschine bereits nach zwei Jahren ersetzt werden.

a) Falsch: Der einfache Kapitalwert kann hier nicht zum Vergleich herangezogen werden, da es um einen Vergleich zweier Projekte mit unterschiedlicher Nutzungsdauer und identischer Reinvestition geht.

b) Falsch: Hier wurde die Annuität der ersten Variante auf drei Jahre (statt auf zwei) bezogen.

c) Richtig

d) Falsch: Der einfache Kapitalwert kann hier nicht zum Vergleich verwendet werden.

e) Falsch: Allein aus der Höhe der jährlichen Einzahlungen nach der Generalüberholung kann nicht auf die Vorteilhaftigkeit geschlossen werden.

Lösung zu Übungsaufgabe 4.18:
Richtig sind a, c, und d.

a) Richtig: Die Annuitätenmethode entfaltet ihre Vorteile zwar besonders beim Projektvergleich bei identischer Reinvestition und *unterschiedlichen* Nutzungsdauern, kann aber bei gleichen Nutzungsdauern ebenfalls eingesetzt werden.

b) Falsch: Die Annuitätenmethode liefert immer die selbe Entscheidung wie die Kapitalwertmethode (wenn diese korrekt angewendet wird).

c) Richtig: Der Kapitalwert der verbleibenden Rückflüsse nach den Entnahmen ist gleich null. Da der interne Zinssatz als jener Zinssatz definiert ist, bei dem der Kapitalwert gleich null ist, ist damit der Kalkulationszinssatz gleich dem internen Zinssatz.

d) Richtig

e) Falsch: Es werden bei der Berechnung des Kapitalwerts (und damit der Basis der Annuität) zwar sämtliche Zahlungen berücksichtigt, aber die Annuität selbst wird auf die betriebliche Nutzungsdauer des entsprechenden Projekts bezogen.

Lösung zu Übungsaufgabe 4.19:
Richtig sind a, d und e.

a) Richtig: Der Annuitätenfaktor ist (bei positivem Zinssatz) immer positiv, damit folgt aus einem positiven Kapitalwert eine positive Annuität und umgekehrt.

b) Falsch: Bei einer positiven Annuität ist das entsprechende Projekt absolut vorteilhaft, egal, ob einmalig oder öfter investiert wird.

c) Falsch: Es ist genau umgekehrt: Es kann in jedem Jahr der Nutzungsdauer des Investitionsprojekts die *Annuität* entnommen werden, sodass der *Kapitalwert* vollständig aufgebraucht wird.

d) Richtig: Bei einer positiven Annuität ist auch der Kapitalwert positiv, dieser entspricht dem letzten kumulierten Barwert der Amortisationsrechnung. Das heißt, spätestens im letzten Jahr der Zahlungen amortisiert sich das Projekt.

e) Richtig: Bei einer positiven Annuität ist auch der Kapitalwert positiv, veranschaulicht man sich den Verlauf der Kapitalwertfunktion einer Normalinvestition, erkennt man, dass der interne Zinssatz rechts vom Kalkulationszinssatz liegt (und daher größer ist).

Lösung zu Übungsaufgabe 4.20:
Es ergibt sich die folgende Tabelle der Zahlungen und Barwerte:

Zeitpunkt	Einzahlungen	Auszahlungen	Summe Zahlungen	Barwert	kum. Barwert
0		400	–400	–400,00	–400,00
1	300	160	140	133,33	–266,67
2	280	170	110	99,77	–166,89
3	350	180	170	146,85	–20,04
4	410	220	190	156,31	136,27
5	150	350	–200	–156,71	–20,43

Die Amortisationszeit beträgt demnach vier Jahre, der Kapitalwert –20,43 €.

a) Richtig

b) Falsch: Zur Kapitalwertberechnung müssen alle Zahlungen des Projekts herangezogen werden, auch jene nach Ende der Nutzungsdauer.

c) Richtig

d) Falsch

e) Falsch: Das Projekt amortisiert sich zwar während der Nutzungsdauer, diese wird aber in der dynamischen Amortisationsrechnung überhaupt nicht berücksichtigt.

Lösung zu Übungsaufgabe 4.21:

a) Für die Berechnung der dynamischen Amortisationsdauern ergibt sich folgende Tabelle:

Zeitpunkt	Projekt X			Projekt Z		
	Zahlungen	Barwert	kum. Barwert	Zahlungen	Barwert	kum. Barwert
0	–1.800,00	–1.800,00	–1.800,00	–1.200,00	–1.200,00	–1.200,00
1	510,00	476,64	–1.323,36	540,00	504,67	–695,33
2	580,00	506,59	–816,77	470,00	410,52	–284,81
3	620,00	506,10	–310,67	400,00	326,52	41,71
4	520,00	396,71	86,04			
5	280,00	199,64	285,68			

Projekt X amortisiert sich nach vier Jahren, Projekt Z bereits nach drei Jahren, daher empfiehlt die dynamische Amortisationsrechnung Projekt Z.

b) Der Kapitalwert der beiden Projekte entspricht jeweils dem letzten kumulierten Barwert, also gilt

$$KW_X = 285{,}68\,€ \quad \text{und} \quad KW_Z = 41{,}71\,€.$$

Gemäß der Kapitalwertmethode sollte die Investorin Projekt X wählen.

c) Die Kapitalwertmethode gibt an, um welchen Betrag die Investorin reicher wird (bezogen auf den heutigen Zeitpunkt), wenn sie das jeweilige Projekt realisiert, verglichen mit der Veranlagung der Anschaffungsauszahlung am Kapitalmarkt. Damit passt die Kapitalwertmethode, bzw. ihr Entscheidungskriterium des Kapitalwerts, genau zum Ziel der Vermögensmaximierung.

Die dynamische Amortisationsrechnung gibt hingegen an, wie lange es dauert, bis die Anschaffungsauszahlung (unter Berücksichtigung von Zinsen und Zinseszinsen) erstmalig zurückverdient wird. Sie berücksichtigt dabei weder die Höhe des kumulierten Barwerts zum Amortisationszeitpunkt, noch Zahlungen bzw. deren Barwerte, die nach dem Amortisationszeitpunkt anfallen. Die Vernachlässigung dieser Informationen kann zu Fehlentscheidungen führen. Darüber hinaus passt das Entscheidungskriterium der Amortisationsdauer nicht zum Ziel der Vermögensmaximierung, schließlich kann man Vermögen nicht in Zeiteinheiten messen. Insgesamt ist daher die Kapitalwertmethode vorzuziehen.

Lösung zu Übungsaufgabe 4.22:
Richtig ist d.

a) Falsch: Die dynamische Amortisationsrechnung kennt keinen „Amortisationsertrag“ (auch die Höhe des ersten positiven kumulierten Barwerts ist für die Entscheidung irrelevant).

b) Falsch: Das wäre die *statische* Amortisationsrechnung, die *dynamische* Amortisationsrechnung arbeitet mit den Barwerten der Zahlungen.

c) Falsch: Der letzte kumulierte Barwert entspricht dem Kapitalwert, das Projekt kann sich aber auch schon früher amortisieren.

d) Richtig

e) Falsch: Die Zahlungen werden bis zum Amortisationszeitpunkt berücksichtigt, nicht bis zum Ende der Nutzungsdauer.

Lösung zu Übungsaufgabe 4.23:

a) Die Startwerte i^+ und i^- des Näherungsverfahren können frei gewählt werden, solange sich jeweils ein positiver und ein negativer Kapitalwert ergibt. Beginnt man versuchsweise mit einen Zinssatz von 10% und berechnet den entsprechenden Kapitalwert

$$-800 + 367 \cdot 1{,}1^{-1} + 284 \cdot 1{,}1^{-2} + 256 \cdot 1{,}1^{-3} = -39{,}32,$$

so ist dieser negativ. 10% dient daher als i^- im Verfahren, und man erhält i^-=0,1 und KW^-=-39,32.

Wenn man sich den Verlauf der Kapitalwertfunktion einer Normalinvestition vergegenwärtigt, erkennt man, dass der entsprechende Zinssatz für einen positiven Kapitalwert kleiner als 10% sein muss. Für beispielsweise 3% ergibt sich ein Kapitalwert von

$$-800 + 367 \cdot 1{,}03^{-1} + 284 \cdot 1{,}03^{-2} + 256 \cdot 1{,}03^{-3} = 58{,}28,$$

somit gilt i^+=0,03 und KW^+=58,28.

Einsetzen in die Formel für eine Iteration des Näherungsverfahrens liefert den ersten Näherungswert,

$$\hat{i}_1 = 0{,}03 + \frac{58{,}28 \cdot (0{,}1 - 0{,}03)}{58{,}28 - (-39{,}32)} = 0{,}071802.$$

Für die zweite Iteration benötigt man wieder i^+, KW^+, i^- und KW^-. Der Kapitalwert, der sich ergibt, wenn man den ersten Näherungswert $\hat{i}_1$=0,071802 als Kalkulationszinssatz heranzieht, beträgt

$$-800 + 367 \cdot 1{,}071802^{-1} + 284 \cdot 1{,}071802^{-2} + 256 \cdot 1{,}071802^{-3} = -2{,}44,$$

damit fungiert $\hat{i}_1$ jetzt als i^- und –2,44 als KW^-. i^+ und KW^+ werden von der ersten Iteration übernommen.

Damit erhält man für den zweiten Näherungswert

$$\hat{i}_2 = 0{,}03 + \frac{58{,}28 \cdot (0{,}071802 - 0{,}03)}{58{,}28 - (-2{,}44)} = 0{,}070120.$$

Der tatsächliche interne Zinssatz in diesem Beispiel beträgt 7,0014%, mit den obigen Startwerten würde man ihn nach vier Iterationen erreichen.

b) Die Rendite des Projekts ist mit rund 7,0% höher als die geforderte Mindestrendite von 6%, die Interne-Zinssatz-Methode betrachtet daher das Projekt als vorteilhaft.

Lösung zu Übungsaufgabe 4.24:
Richtig sind a und c.

a) Richtig: Je näher die Startwerte zueinander (und zum internen Zinssatz) liegen, umso weniger Iterationen werden benötigt.

b) Falsch: Es sind Kalkulationszinssätze zu wählen, die jeweils einen positiven und einen negativen Kapitalwert erbringen – üblicherweise sind diese Zinssätze beide positiv.

c) Richtig: KW^- ist negativ, KW^+ ist positiv, damit ist KW^- automatisch kleiner als KW^+.

d) Falsch: Betrachten Sie den Verlauf der Kapitalwertfunktion einer Normalinvestition: i^- ist der Zinssatz, bei dem sich ein negativer Kapitalwert ergibt, während bei i^+ der Kapitalwert positiv ist. Da die Kapitalwertfunktion monoton fällt, liegt i^- rechts von i^+, das heißt i^- ist größer als i^+.

e) Falsch: Betrachten Sie noch einmal die Grafik der Kapitalwertfunktion: Bei Normalinvestitionen liegt die Verbindungsgerade zwischen den beiden ausgewählten Punkten oberhalb der Kapitalwertfunktion, sie schneidet daher die x-Achse weiter rechts als die Kapitalwertfunktion. Daher ist der Näherungswert typischerweise größer als der exakte Wert des internen Zinssatzes.

Lösung zu Übungsaufgabe 4.25:

a) Bei einer geforderten Mindestverzinsung von 5% sind beide Investitionsprojekte für sich allein genommen vorteilhaft, da die jeweilige Rendite höher ist als 5%.

Beim Projektvergleich entscheidet sich die Interne-Zinssatz-Methode für Projekt A, da dieses die höhere Rendite aufweist.

b) Bei einem Kalkulationszinssatz von 5% ergibt sich

$$\mathrm{KW}_A = -6.500 + 4.300 \cdot 1{,}05^{-1} + 3.500 \cdot 1{,}05^{-2} = 769{,}84\,€$$

und

$$\mathrm{KW}_B = -7.600 + 3.300 \cdot 1{,}05^{-1} + 5.800 \cdot 1{,}05^{-2} = 803{,}63\,€,$$

gemäß der Kapitalwertmethode ist Projekt B aufgrund des höheren Kapitalwertes vorzuziehen. In diesem Fall widersprechen also die Kapitalwert- und die Interne-Zinssatz-Methode einander.

c) Bei einem Kalkulationszinssatz von 8% erhält man für die Kapitalwerte

$$\mathrm{KW}_A = 482{,}17\,€ \quad \text{bzw.} \quad \mathrm{KW}_A = 428{,}12\,€,$$

nun würde auch die Kapitalwertmethode Projekt A vorziehen.

d) Die beiden Kapitalwertfunktionen schneiden einander zwischen 5% und 8% (genau berechnet bei 6,12%), daher ist der Kapitalwert zunächst bei Projekt B, dann aber bei Projekt A höher (Abbildung 11.4 zeigt den Verlauf der beiden Kapitalwertfunktionen). Dementsprechend schneidet dann auch die Kapitalwertfunktion von Projekt A die x-Achse weiter rechts, weist also den höheren internen Zinssatz auf.

Befindet man sich mit den beiden Investitionsrechenverfahren „rechts vom Schnittpunkt“ der Kapitalwertfunktionen, liefern beide die selbe Empfehlung hinsichtlich der relativen Vorteilhaftigkeit. Liegt aber der Kalkulationszinssatz bei der Kapitalwertmethode „links“ und die internen Zinssätze „rechts“ von diesem Schnittpunkt, widersprechen die beiden Methoden einander in ihrer Empfehlung.

Lösung zu Übungsaufgabe 4.26:
Richtig sind b, c und d.

a) Falsch: Die Lage der internen Zinssätze hat im Allgemeinen nichts mit dem Deckungskriterium zu tun.

b) Richtig: Bei Normalinvestitionen gibt es nur einen einzigen internen Zinssatz. Normalinvestitionen sind daher absolut vorteilhaft, wenn dieser eine interne Zinssatz (die Rendite) größer ist als der Kalkulationszinssatz (die geforderte Mindestverzinsung).

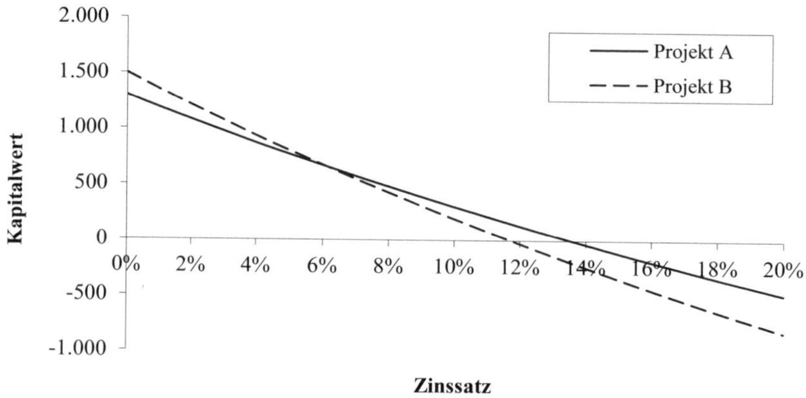

Abbildung 11.4: Schneidende Kapitalwertfunktionen

c) Richtig: Bei Nicht-Normalinvestionen kann dies der Fall sein.

d) Richtig: Beim internen Zinssatz ist der Kapitalwert definitionsgemäß gleich null.

e) Falsch: Nicht-Normalinvestitionen könnten bei diesem Kalkulationszinssatz einen negativen Kapitalwert aufweisen, und zusätzlich sich auch während der Laufzeit des Projekts nicht amortisieren.

Lösung zu Übungsaufgabe 4.27:
Richtig sind a und c.

a) Richtig: Diese Annahme folgt aus der Definitionsgleichung des internen Zinssatzes.

b) Falsch: Es ist eine Tatsache, dass es bei einer Normalinvestition genau einen internen Zinssatz gibt, und keine implizite Annahme. Außerdem ist dies kein Mangel der Internen Zinssatz-Methode.

c) Richtig

d) Falsch: Unterschiede in der Kapitalbindung werden durch Veranlagung zum internen Zinssatz des Projekts mit der geringeren Kapitalbindung ausgeglichen (und nicht zum Kalkulationszinssatz).

e) Falsch: Bei Entscheidungen über die absolute Vorteilhaftigkeit von Normalinvestitionen gibt es keinen Widerspruch zwischen Kapitalwert- und Interner-Zinssatz-Methode.

Lösung zu Übungsaufgabe 4.28:
Richtig sind b, d und e.

a) Falsch: Beim Projektvergleich sollte prinzipiell nicht die Interne-Zinssatz-Methode herangezogen werden – Projekt Y könnte beim relevanten Kalkulationszinssatz durchaus einen positiven Kapitalwert besitzen.

b) Richtig

c) Falsch: Es ist nicht bekannt, ob Projekt X eine Normalinvestition ist oder nicht, daher könnte auch Projekt X (im Fall einer Nicht-Normalinvestition) einen weiteren internen Zinssatz aufweisen.

d) Richtig

e) Richtig

Lösung zu Übungsaufgabe 4.29:
Wenn der interne Zinssatz der verbleibenden Zahlungen 8% betragen soll, heißt das, dass der Kapitalwert der verbleibenden Zahlungen bei einem Kalkulationszinssatz von 8% gleich null sein soll. Der jährliche konstante Entnahmebetrag, der diese Bedingung erfüllt, ist genau die Annuität:

$$A = 5.576{,}24 \cdot \frac{0{,}08 \cdot 1{,}08^6}{1{,}08^6 - 1} = 1.206{,}23\,€.$$

Lösung zu Übungsaufgabe 4.30:

a) Der Kapitalwert des Projekts beträgt

$$-150.000 + \frac{63.200}{1{,}05} + \frac{66.000 - 30.000}{1{,}05^2} + \frac{72.800}{1{,}05^3} + \frac{7.200}{1{,}05^4} = 11.654{,}37\,€,$$

das Projekt ist damit vorteilhaft.

b) Wenn der interne Zinssatz des Projekts genau 5% betragen soll, dann muss der Kapitalwert bei einem Kalkulationszinssatz von 5% gleich null sein. Dies ist dann der Fall, wenn die Anschaffungsauszahlung um 11.654,37 höher als bisher ist. Je höher die Anschaffungsauszahlung, umso niedriger wird der Kapitalwert und die Rendite des Projekts. Wenn also die Rendite *mindestens* 5% betragen soll, dann darf die Anschaffungsauszahlung *maximal* 150.000+11.654,37=161.654,37 € betragen.

c) Auch hier muss wieder der Kapitalwert beim Kalkulationszinssatz von (jetzt) 7% gleich null werden. Es gilt daher für die unbekannte Entsorgungsauszahlung EA:

$$-150.000 + \frac{63.200}{1{,}07} + \frac{36.000}{1{,}07^2} + \frac{72.800 - \text{EA}}{1{,}07^3} + \frac{7.200}{1{,}07^4} = 0$$

$$\Longrightarrow \quad \text{EA} = 6.650{,}20.$$

Die Entsorgungsauszahlung in t=3 darf also maximal 6.650,20 € betragen, damit die Rendite des Projekts nicht niedriger als 7% wird.

Lösung zu Übungsaufgabe 4.31:
Richtig sind a, c, d und e.

a) Richtig

b) Falsch: Wenn die beiden Kapitalwertfunktionen einander schneiden, können sich Widersprüche zwischen der Kapitalwert- und der Internen-Zinssatz-Methode ergeben. Dabei ist es egal, ob es sich um Normalinvestitionen handelt oder nicht.

c) Richtig: Bei Normalinvestitionen kann wegen des einmaligen Vorzeichenwechsels der kumulierte Barwert, wenn er einmal positiv ist, nicht wieder negativ werden, in diesem Fall ist auch der Kapitalwert positiv. Ist das Projekt nicht vorteilhaft, ist der Kapitalwert negativ, und auch der kumulierte Barwert wird immer kleiner als null sein.

d) Richtig

e) Richtig

Lösung zu Übungsaufgabe 4.32:
Richtig ist e.

a) Falsch: Das Projekt kann sich während oder nach der Nutzungsdauer oder gar nicht amortisieren. Die Nutzungsdauer selbst ist in der dynamischen Amortisationsrechnung irrelevant.

b) Falsch: Die Effektivverzinsung des Investitionsprojekts (der interne Zinssatz) ist genau die Verzinsung des gebundenen Kapitals.

c) Falsch: Das *zusätzliche* Endvermögen, verglichen mit der besten alternativen Veranlagung, ist negativ, das Endvermögen des Projekts selbst kann durchaus positiv sein.

d) Falsch: Der Kapitalwert hängt vom verwendeten Kalkulationszinssatz ab, und variiert mit diesem Kalkulationszinssatz. Der interne Zinssatz ist jener Zinssatz, bei dem der Kapitalwert den Wert null annimmt. Der Kapitalwert kann also auch bei einem positiven internen Zinssatz durchaus negativ sein (man vergleiche die Grafik mit dem typischen Verlauf einer Kapitalwertfunktion).

e) Richtig: Bei einem negativen Kapitalwert ist auch die Annuität negativ und das Projekt wird von beiden Verfahren als nicht vorteilhaft eingestuft.

Lösung zu Übungsaufgabe 4.33:
Hier handelt es sich um eine Auswahlentscheidung bei identischer Reinvestition und *gleichen* Nutzungsdauern. In diesem Fall können sowohl die Annuitäten als auch die einfachen Kapitalwerte verglichen werden. (Bei gleichen Nutzungsdauern kann man auch sagen, dass die Kettenkapitalwerte den einfachen Kapitalwerten entsprechen, da das kleinste gemeinsame Vielfache der beiden Nutzungsdauern die Nutzungsdauer selbst ist.)

Die Interne-Zinssatz-Methode sollte bei Auswahlentscheidungen nicht verwendet werden, selbst wenn es sich um Normalinvestitionen handelt. Die Kapitalwertfunktionen können einander (auch bei Normalinvestitionen) schneiden, was zu Fehlentscheidungen führen kann.

Der Kapitalwert von Projekt X beträgt

$$\mathrm{KW}_X = -10.000 + \frac{3.000}{1{,}08} + \frac{4.300}{1{,}08^2} + \frac{4.800}{1{,}08^3} + \frac{2.500}{1{,}08^4} = 2.112{,}30$$

und ist damit um 2.112,30–1.900,00=212,30 € größer als der in der Angabe gegebene Kapitalwert von Projekt Y von 1.900,00 €. Daher ist Projekt X zu bevorzugen.

Vergleicht man die Annuitäten, erhält man für Projekt X

$$A_X = 2.112{,}30 \cdot \frac{0{,}08 \cdot 1{,}08^3}{1{,}08^3 - 1} = 819{,}64\,€$$

und für Projekt Y

$$A_Y = 1.900{,}00 \cdot \frac{0{,}08 \cdot 1{,}08^3}{1{,}08^3 - 1} = 737{,}26\,€,$$

also entscheidet man auch hier für Projekt X.

a) Richtig

b) Falsch: Bei der Berechnung des Kapitalwerts müssen alle Zahlungen des Projekts berücksichtigt werden, auch wenn sie erst nach Ablauf der Nutzungsdauer anfallen.

c) Falsch: Die Interne-Zinssatz-Methode ist für Auswahlentscheidungen nicht geeignet.

d) Falsch: Auch bei der Berechnung der Annuität müssen alle Zahlungen berücksichtigt werden, selbst wenn sie erst nach Ablauf der Nutzungsdauer anfallen.

e) Richtig

Lösung zu Übungsaufgabe 4.34:
Richtig sind a, c, d und e.

a) Richtig: Bei Ja/Nein-Entscheidungen über Normalinvestitionen gibt es zwischen Interner-Zinssatz- und Kapitalwertmethode keine Widersprüche, und die Kapitalwertmethode liefert immer die selbe Empfehlung wie die Annuitätenmethode, daher führt in diesem Fall die Interne-Zinssatz-Methode zur selben Entscheidung wie die Annuitätenmethode.

b) Falsch: Bei Auswahlentscheidungen können die beiden Kapitalwertfunktionen einander schneiden, auch wenn es sich um Normalinvestitionen handelt, daher sind Widersprüche der beiden Methode möglich.

c) Richtig: Bei Nicht-Normalinvestitionen sind Widersprüche möglich.

d) Richtig: Bei Ja/Nein-Entscheidungen über Normalinvestitionen führt die Interne-Zinssatz-Methode zur selben Empfehlung wie die Kapitalwertmethode, und die dynamische Amortisationsrechnung liefert in genau diesem Fall auch die selbe Entscheidung wie die Kapitalwertmethode, daher stimmen dann auch die Empfehlungen der Interne-Zinssatz-Methode und der dynamischen Amortisationsrechnung überein.

e) Richtig: Auch bei Normalinvestitionen können die Kapitalwertfunktionen einander schneiden, daher kann es zu widersprüchlichen Empfehlungen kommen.

Lösung zu Übungsaufgabe 4.35:
Richtig sind b und c.

a) Falsch: In diesem Fall können auch die Kettenkapitalwerte verglichen werden.

b) Richtig: Die Kapitalwertmethode kann in jeder Situation verwendet werden.

c) Richtig

d) Falsch: Beim Projektvergleich sollte die Interne-Zinssatz-Methode generell nicht herangezogen werden (selbst wenn es sich um Normalinvestitionen handelt).

e) Falsch: Bei der Entscheidung über die absolute Vorteilhaftigkeit einer Normalinvestition liefert die dynamische Amortisationsrechnung aufgrund des einmaligen Vorzeichenwechsels zwar die selbe Empfehlung wie die Kapitalwertmethode, bei Auswahlentscheidungen sind allerdings Widersprüche möglich (auch bei Normalinvestitionen), da ja die dynamische Amortisationsrechnung hier auf eine möglichst kurze Amortisationsdauer abzielt, während die Kapitalwertmethode den jeweiligen Vermögenszuwachs als Entscheidungskriterium heranzieht.

Lösung zu Übungsaufgabe 4.36:
Richtig ist a.

a) Richtig: Man kann entweder die Erwartungswerte mit dem risikoangepassten Zinssatz kombinieren, oder die Sicherheitsäquivalente mit dem risikolosen Zinssatz.

b) Falsch: In diesem Fall kann nur die Kapitalwertmethode herangezogen werden, da bei der Annuitätenmethode aufgrund der Kombination von unterschiedlicher Nutzungsdauer und unterschiedlichem Zinssatz Widersprüche möglich sind (vgl. auch Übungsaufgabe 4.43).

c) Falsch: Die geforderte Mindestverzinsung (der Vergleichszinssatz) würde um den Risikozuschlag erhöht, nicht der interne Zinssatz.

d) Falsch: Für jedes Projekt wird ein eigener, dem Projektrisiko angepasster Kalkulationszinssatz verwendet.

e) Falsch: Sicherheitsäquivalente beinhalten bereits die Risikoeinstellung des Entscheidungsträgers, daher werden sie mit dem risikolosen Zinssatz kombiniert (andernfalls hätte man die Risikoeinstellung doppelt berücksichtigt).

Lösung zu Übungsaufgabe 4.37:
Da sich die Wahrscheinlichkeiten der drei Szenarien auf 100% summieren müssen, ergibt sich für Szenario 3 eine Wahrscheinlichkeit von 20%. Die erwartete Einzahlung in t=2 berechnet sich damit zu

$$33.000 \cdot 0{,}15 + 46.000 \cdot 0{,}65 + 58.000 \cdot 0{,}20 = 46.450,$$

und die erwartete Rendite beträgt

$$\sqrt[2]{\frac{46.450}{40.000}} - 1 = 0{,}0776131 \simeq 7{,}76\% \text{ p.a.}$$

Lösung zu Übungsaufgabe 4.38:

a) Der Erwartungswert der unsicheren Zahlung in t=1 beträgt $0{,}7 \cdot 1.300 + 0{,}3 \cdot 800 = 1.150$, dies ist gleichzeitig das Sicherheitsäquivalent des risikoneutralen Investors B. Für die einzelnen Investoren ergeben sich unter Verwendung der Sicherheitsäquivalente und des risikolosen Zinssatzes die folgenden Kapitalwerte:

$$\text{KW}_\text{A} = -19{,}05\,€, \quad \text{KW}_\text{B} = 95{,}24\,€ \quad \text{und} \quad \text{KW}_\text{C} = 123{,}81\,€.$$

Investor A sollte das Projekt nicht realisieren, da sich mit seinem niedrigen Sicherheitsäquivalent ein negativer Kapitalwert ergibt. Für die anderen beiden Investoren ist das Projekt hingegen empfehlenswert.

b) Gesucht sind die risikoangepassten Zinssätze r, die zu den oben berechneten Kapitalwerten führen, wenn statt des jeweiligen Sicherheitsäquivalents der Erwartungswert der unsicheren Zahlung (in Höhe von 1.150) zur Berechnung verwendet würde.

Für Investor A ergibt sich damit der Ansatz

$$\mathrm{KW_A} = -19{,}05 = -1.000 + \frac{1.150}{1 + r_\mathrm{A}} \quad \Longrightarrow \quad r_\mathrm{A} = 0{,}17233 \simeq 17{,}23\%.$$

Dies entspricht einem Risikozuschlag von 17,23–5,00=12,23 Prozentpunkten.

Investor B ist risikoneutral, sein Sicherheitsäquivalent ist gleich dem Erwartungswert, daher ist auch der risikoangepasste Zinssatz gleich dem risikolosen Zinssatz. Daraus folgt weiters, dass er keinen Risikozuschlag auf den risikolosen Kalkulationszinssatz verwendet. (Im Zweifelsfall könnte man dies auch wie im obigen Ansatz formal nachrechnen.)

Bei Investor C erfolgt die Berechnung analog zu Investor A:

$$\mathrm{KW_C} = 123{,}81 = -1.000 + \frac{1.150}{1 + r_\mathrm{C}} \quad \Longrightarrow \quad r_\mathrm{C} = 0{,}023305 \simeq 2{,}33\%.$$

C rechnet also mit einem negativen Risikozuschlag, nämlich mit 2,33–5,00=–2,67 Prozentpunkten.

Lösung zu Übungsaufgabe 4.39:

In den beiden Szenarien ergeben sich folgende Zahlungen bzw. die resultierenden Erwartungswerte:

Zeitpunkt	Kampagne erfolgreich			Kampagne nicht erfolgreich			Erwartungswert
	Einzahlungen	Auszahlungen	Summe	Einzahlungen	Auszahlungen	Summe	
0		130.000	–130.000		130.000	–130.000	–130.000
1	27.500	8.000	19.500	6.000	3.000	3.000	12.900
2	30.000	8.000	22.000	3.500	0	3.500	14.600
3	35.000	8.000	27.000	0	0	0	16.200
⋮	⋮	⋮	⋮	⋮	⋮	⋮	⋮

Ab dem dritten Jahr bleiben die jährlichen Zahlungen konstant und fallen in Form einer ewigen Rente an. Der Barwert dieser ewigen Rente bezieht sich auf den Zeitpunkt t=2 (eine Periode vor der ersten Rentenzahlung).

Insgesamt ergibt sich für den Kapitalwert bei einem risikoangepassten Zinssatz von 11%

$$\mathrm{KW} = -120.000 + \frac{12.900}{1{,}11^1} + \frac{14.600}{1{,}11^2} + \frac{16.200}{0{,}11 \cdot 1{,}11^2} = 13.001{,}16\,€.$$

Der Kapitalwert ist positiv, das neue Produkt sollte also eingeführt werden.

Lösung zu Übungsaufgabe 4.40:
In den beiden Szenarien ergeben sich folgende Zahlungen bzw. die resultierenden Erwartungswerte:

Zeitpunkt	Auszahlungen	Umsatz Szenario 1	Umsatz Szenario 2	erwarteter Umsatz	Einzahlungen	Summe
0	60.000					–60.000
1		15.000	19.500	15.900	9.540	9.540
2		20.000	26.000	21.200	19.080	19.080
3		25.000	32.500	26.500	24.380	24.380
4	7.000	30.000	39.000	31.800	29.680	22.680
5	7.000				12.720	5.720
6	7.000					–7.000

Die (erwarteten) Einzahlungen ergeben sich dabei aus den erwarteten Umsätzen und der Tatsache, dass im selben Jahr nur 60% des Umsatzes zur Einzahlung gelangen, die restlichen 40% erst im Folgejahr. So ergibt sich beispielsweise in t=1 für die Einzahlungen $0{,}6 \cdot 15.900 = 9.540$, für t=2 erhält man $0{,}6 \cdot 21.200 + 0{,}4 \cdot 15.900 = 19.080$, usw.

Der Kapitalwert wird mit Hilfe des risikoangepassten Kalkulationszinssatzes berechnet (dabei werden wie immer alle Zahlungen des Projekts berücksichtigt), und es ergibt sich damit ein Kapitalwert in Höhe von –751,80 €.

Die richtige Antwortalternative ist also d.

a) Falsch: Auch die Zahlungen nach Ablauf der Nutzungsdauer müssen berücksichtigt werden.

b) Falsch: Auch die letzte Zahlung muss in die Kapitalwertberechnung mit einbezogen werden.

c) Falsch: Hier wurde das Liquidationsspektrum ignoriert.

d) Richtig

e) Falsch: Der risikolose Zinssatz muss um den Risikozuschlag erhöht werden.

Lösung zu Übungsaufgabe 4.41:

a) Variante S ist sicher, daher wird zur Berechnung des Kapitalwerts der risikolose Zinssatz von 5% herangezogen. Der entsprechende Kapitalwert beträgt 13.415,76 €. Bei Variante R wird der risikoangepasste Zinssatz von 8% (5% plus dem Risikozuschlag von 3 Prozentpunkten) verwendet, hier ergibt sich ein Kapitalwert von 11.350,33 €.

   Bei einmaliger Investition ist daher Variante S aufgrund des höheren Kapitalwerts zu bevorzugen.

b) Bei identischer Reinvestition und unterschiedlichen Nutzungsdauern kann die Annuitätenmethode nur dann verwendet werden, wenn die risikoangepassten Zinssätze der beiden Alternativen gleich hoch sind – dies ist hier nicht der Fall! Daher müssen die entsprechenden Kettenkapitalwerte für eine gemeinsame Gesamtnutzungsdauer von zwölf Jahren (dem kleinsten gemeinsamen Vielfachen der beiden einzelnen Nutzungsdauern) berechnet und verglichen werden:

$$KW_{\text{Kette S}} = 13.415{,}76 \cdot \left(1 + \frac{1}{1{,}05^4} + \frac{1}{1{,}05^8}\right) = 33.533{,}25\,€,$$

$$KW_{\text{Kette R}} = 11.350{,}33 \cdot \left(1 + \frac{1}{1{,}08^3} + \frac{1}{1{,}08^6} + \frac{1}{1{,}08^9}\right) = 33.191{,}21\,€.$$

Auch bei identischer Reinvestition ist Variante S zu bevorzugen, da sie den höheren Kettenkapitalwert aufweist.

Lösung zu Übungsaufgabe 4.42:
Hier handelt es sich um eine Auswahlentscheidung bei einmaliger Investition, daher werden die (einfachen) Kapitalwerte (unter Verwendung des jeweiligen risikoangepassten Zinssatzes) berechnet und verglichen. (Die Annuitätenmethode wird bei einmaliger Investition und verschiedenen Nutzungsdauern generell nicht zur Anwendung, die Interne-Zinssatz-Methode sollte höchstens bei Entscheidungen über die absolute Vorteilhaftigkeit von Normalinvestitionen verwendet werden.)

Der Kapitalwert von Projekt X beträgt 352,12 € (auch die letzte Zahlung, nach Ablauf der Nutzungsdauer, muss berücksichtigt werden) und ist damit niedriger als jener von Projekt Y, der in der Angabe mit 580,00 € gegeben ist. Die Differenz beträgt 227,88 €, damit ist die Antwortalternative c richtig.

a) Falsch: Bei einmaliger Investition und unterschiedlicher Nutzungsdauer darf die Annuitätenmethode nicht verwendet werden (selbst wenn die risikoangepassten Kalkulationszinssätze gleich hoch wären).

b) Falsch: Der interne Zinssatz ist kein geeignetes Entscheidungskriterium im Projektvergleich.

c) Richtig

d) Falsch: Wenn der (erwartete) Vermögenszuwachs durch ein riskantes Projekt „hoch genug" ist (ausgedrückt z.B. durch einen positiven Kapitalwert bei Verwendung des risikoangepassten Kalkulationszinssatzes), kann sich auch ein risikoscheuer Investor für ein riskantes Projekt entscheiden.

e) Falsch: Auch die letzte Zahlung in t=4 muss für den Kapitalwert berücksichtigt werden.

Lösung zu Übungsaufgabe 4.43:
Beim Projektvergleich bei identischer Reinvestition und verschiedenen Nutzungsdauern darf, wenn die beiden Projekte unterschiedliches Risiko und damit unterschiedlich hohe risikoangepasste Kalkulationszinssätze aufweisen, die Annuitätenmethode nicht verwendet werden, da sie zu anderen Empfehlungen als die Kapitalwertmethode führen kann (wie das auch im Beispiel der Fall ist). Daher müssen die Kettenkapitalwerte verglichen werden:

$$\mathrm{KW}_{\text{Kette A}} = 9.600 \cdot \left(1 + 1{,}06^{-3} + 1{,}06^{-6} + 1{,}06^{-9}\right) = 30.110{,}19,$$

$$\mathrm{KW}_{\text{Kette Z}} = 14.200 \cdot \left(1 + 1{,}09^{-4} + 1{,}09^{-8}\right) = 31.386{,}14.$$

Die Differenz der Kettenkapitalwerte der beiden Projekte beträgt 30.110,19–31.386,14=–1.275,95 €. Richtig ist somit Antwort e.

a) Falsch: Die Annuitätenmethode kann bei unterschiedlichen risikoangepassten Zinssätzen zur Widersprüchen zur Kapitalwertmethode führen (wie es hier der Fall ist) und sollte daher nicht verwendet werden.

b) Falsch: Bei identischer Reinvestition und unterschiedlicher Nutzungsdauer können die einfachen Kapitalwerte nicht zum Vergleich herangezogen werden.

c) Falsch: Bei Projekt Z muss mit dem risikoangepassten Zinssatz von 9% gearbeitet werden.

d) Falsch: Das riskante Projekt Z muss mit dem risikoangepassten Zinssatz bewertet werden.

e) Richtig

Lösung zu Übungsaufgabe 4.44:
Es gilt die Beziehung

$$\mathrm{KW} = 1.030 = -54.000 + (0{,}75 \cdot 73.000 + 0{,}25 \cdot 60.000) \cdot (1+r)^{-3}$$

Nach einigen Umformungen erhält man für den risikoangepassten Zinssatz r bzw. für den Risikozuschlag z:

$$\Longrightarrow r = 0{,}082218 \quad \text{bzw.} \quad z = r - i = 0{,}052218.$$

Richtig ist damit Antwort b.

a) Falsch: Sie haben bei der Umformung der Gleichung ein Vorzeichen vertauscht.

b) Richtig

c) Falsch: Sie haben bei der Berechnung die Laufzeit des Projekts ignoriert.

d) Falsch

e) Falsch: Dies ist der risikoangepasste Zinssatz, gefragt ist aber nach dem Risikozuschlag.

Lösung zu Übungsaufgabe 4.45:
Richtig sind b und d.

a) Falsch: Die Zahlungen fallen erst in der Zukunft an und werden daher mit den entsprechenden Forward Rates veranlagt (und das auch bei jeder anderen Art der Zinsstruktur).

b) Richtig: Die Annuitätenformel benötigt einen eindeutigen und konstanten Zinssatz, bei einer nicht-flachen Zinsstruktur ist dieser aber nicht gegeben.

c) Falsch: Bei der Internen-Zinssatz-Methode werden die einzelnen Zahlungen des Investitionsprojekts implizit mit dem internen Zinssatz abgezinst.

d) Richtig

e) Falsch: Die Risikoeinstellung wird über den Risikozuschlag zum risikolosen Zinssatz berücksichtigt, es ergeben sich dann eben risikoangepasste Spot Rates, mit denen die Annuitätenmethode aber nicht umgehen kann.

Lösung zu Übungsaufgabe 4.46:

a) Es ergibt sich folgende Tabelle:

Zeit-punkt	i_t (p.a.)	Einzah-lungen	Auszah-lungen	Summe Zahlungen	Barwert
0			70.000	–70.000	–70.000,00
1	4,6%	18.800	4.500	14.300	13.671,13
2	4,9%	21.200	5.000	16.200	14.721,91
3	5,0%	24.600	4.700	19.900	17.190,37
4	5,2%	25.900	3.900	22.000	17.962,21
5	5,3%	25.500	5.100	20.400	15.757,54
Kapitalwert (Zinsstruktur)					9.303,15

Der Kapitalwert ist positiv, das Projekt ist daher empfehlenswert.

b) Die Berechnung des Endvermögens geht am schnellsten, indem man zum Kapitalwert die Anschaffungsauszahlung addiert und den resultierenden Betrag mit der Spot Rate i_5 aufzinst:

$$\text{EV} = (9.303{,}15 + 70.000{,}00) \cdot 1{,}053^5 = 12.044{,}03\,€.$$

Alternativ könnte man auch die Forward Rates $f_{1|5}$, $f_{2|5}$, $f_{3|5}$ und $f_{4|5}$ berechnen, diese zum Aufzinsen der entsprechenden Zahlungen des Projekts verwenden und zuletzt alle auf t=5 aufgezinsten Zahlungen addieren.

Lösung zu Übungsaufgabe 4.47:

a) Bei einmaliger Investition werden die einfachen Kapitalwerte verglichen:

$$KW_A = -10.000 + \frac{7.200}{1{,}040} + \frac{7.200}{1{,}040^2} - \frac{3.000}{1{,}042^3} = 928{,}22\,€,$$

$$KW_B = -15.000 + \frac{4.500}{1{,}040} + \frac{4.500}{1{,}040^2} + \frac{4.500}{1{,}042^3} + \frac{4.500}{1{,}045^4} = 1.238{,}44\,€.$$

Maschine B liefert den höheren Kapitalwert und ist deshalb vorzuziehen.

b) Bei identischer Reinvestition werden die Kettenkapitalwerte, bezogen auf eine gemeinsame Gesamtnutzungsdauer, verglichen. In diesem Beispiel ist das kleinste gemeinsame Vielfache des beiden Einzelnutzungsdauern vier Jahre. Dies entspricht der Einzelnutzungsdauer von Maschine B, das heißt, der einfache Kapitalwert dieser Maschine ist gleichzeitig auch der Kettenkapitalwert.

Zur Berechnung des Kettenkapitalwertes von Maschine A müssen die Zahlungsreihen von zwei Realisierungen aneinander gehängt werden, dabei darf man nicht auf die Entsorgungsauszahlung vergessen:

Zeitpunkt	i_t (p.a.)	1. Realisierung	2. Realisierung	Summe Zahlungen	Barwert
0		–10.000		–10.000	–10.000,00
1	4,0%	7.200		7.200	6.923,08
2	4,0%	7.200	–10.000	–2.800	–2.588,76
3	5,2%	–3.000	7.200	4.200	3.712,33
4	4,5%		7.200	7.200	6.037,64
5	4,6%		–3.000	–3.000	–2.395,87
Kettenkapitalwert(A)					9.303,15

Der Kettenkapitalwert von Maschine A ist höher als der (Ketten-)Kapitalwert von Maschine B, daher sollte jetzt Maschine A gewählt werden.

Lösung zu Übungsaufgabe 4.48:

Der Kettenkapitalwert von Modell S wird wie folgt berechnet:

Zeitpunkt	i_t (p.a.)	1. Realisierung	2. Realisierung	Summe Zahlungen	Barwert
0		–75.000		–75.000	–75.000,00
1	3,5%	27.000		27.000	26.086,96
2	3,7%	30.000		30.000	27.897,40
3	3,9%	26.000	–75.000	–49.000	–43.686,72
4	3,9%		27.000	27.000	23.168,70
5	3,6%		30.000	30.000	25.137,52
6	3,7%		26.000	26.000	20.907,44
Kettenkapitalwert(S)					4.511,29

Richtig sind daher die Antworten a und c.

a) Richtig

b) Falsch: Für Modell S muss der auf sechs Jahre bezogene Kettenkapitalwert für den Vergleich berechnet werden, nicht der einfache Kapitalwert.

c) Richtig

d) Falsch: Die Annuitätenmethode kann bei nicht-flacher Zinsstruktur nicht verwendet werden.

e) Falsch: Für den Kettenkapitalwert von Modell S muss die gesamte Zahlungsreihe aufgestellt werden. Aufgrund der verschiedenen Zinssätze sind die einfachen Kapitalwerte der beiden Realisierungen nicht gleich hoch.

11.5 Lösungen zu den Übungsaufgaben aus Kapitel 5

Lösung zu Übungsaufgabe 5.1:
Richtig sind a und b.

a) Richtig: Informationsprobleme sind der Hauptgrund für unvollständige und unvollkommene Kapitalmärkte.

b) Richtig: Die entsprechende Situation resultiert aus asymmetrischer Informationsverteilung.

c) Falsch: Das Problem beim „moral hazard“ besteht darin, dass hohe Risiken eingegangen werden, da man keinerlei Konsequenzen befürchten muss.

d) Falsch: Akteure am Kapitalmarkt verfolgen jeweils ihre eigenen Ziele und diese sind unterschiedlich.

e) Falsch: Die Hauptursache sind ungleiche bzw. unvollständige Informationen.

Lösung zu Übungsaufgabe 5.2:
Richtig sind c und d.

a) Falsch: Innenfinanzierung kann aus allen gewinnbringenden Aktivitäten eines Unternehmens erfolgen, hauptsächlich aus dem am Markt erwirtschafteten Gewinn.

b) Falsch: Das Vorziehen von Auszahlungen wird verwendet, um eine optimale Liquiditätsverwendung zu gewährleisten.

c) Richtig: Einzahlungsüberschüsse können sehr gut als innenfinanzierende Mittel verwendet werden.

d) Richtig: Würden die Überschüsse ausbezahlt werden, könnten sie nicht mehr zur Finanzierung von Unternehmensaktivitäten verwendet werden.

e) Falsch: Ein Gesellschafterdarlehen zählt zum externen Fremdkapital, auch wenn es von einem Eigentümer gestellt wird.

Lösung zu Übungsaufgabe 5.3:
Richtig sind b und d.

a) Falsch: Beteiligungsfinanzierung (externe Eigenfinanzierung) kann beispielsweise auch bei einer Gesellschaft mit beschränkter Haftung oder einer Kommanditgesellschaft erfolgen.

b) Richtig: Beispielsweise sind dies bei einer Aktiengesellschaft Aktien, bei einer Gesellschaft mit beschränkter Haftung Einlagen.

c) Falsch: Es ist eine externe Finanzierungsform, da das Kapital von außen dem Unternehmen zufließt.

d) Richtig: Die Eigentümer haften mit ihrer Einlage.

e) Falsch: Es wird Eigenkapital von außen zugeführt.

Lösung zu Übungsaufgabe 5.4:
Die wichtigsten Abgrenzungskriterien sind in folgender Tabelle aufgelistet:

Kriterium	Eigenkapital (z.B. Aktie)	Fremdkapital (z.B. Kredit)
rechtliche Stellung	Eigentümerstellung	Gläubigerstellung
Zahlungsanspruch	Gewinn- und Verlustbeteiligung	Tilgung und Zinsen, keine Erfolgsbeteiligung
Geschäftsführung	idR ja (Mitsprache-, Stimm- und Kontrollrechte)	nein
zeitliche Verfügbarkeit	unbefristet	idR befristet
Haftung	ja	nein
Liquiditätsbelastung	nicht fix (nur bei Gewinnausschüttung)	fix (Zinsen- und Kapitaldienst)
Steuerbelastung	Ausschüttung versteuerter Gewinne	Zinsen steuerlich absetzbar

Lösung zu Übungsaufgabe 5.5:
Richtig sind b und d.

a) Falsch: Fremdkapital ist im Gegensatz zu Eigenkapital nicht am Gewinn beteiligt.

b) Richtig

c) Falsch: Die Kreditsumme ist steuerlich nicht absetzbar.

d) Richtig

e) Falsch: Fremdkapital hat kein Mitspracherecht, dies bleibt dem Eigenkapital vorbehalten.

Lösung zu Übungsaufgabe 5.6:
Richtig sind a, b und d.

a) Richtig

b) Richtig

c) Falsch: Der Kontokorrentkredit ist formell ein kurzfristiger Kredit, dessen Laufzeit immer wieder verlängert wird.

d) Richtig

e) Falsch: Der Lombardkredit zählt zu den kurzfristigen Kreditformen.

Lösung zu Übungsaufgabe 5.7:
Richtig sind a, b und c.

a) Richtig: Die Tilgung umfasst die Rückzahlung des ausgeliehenen Kapitals (ohne Zinsen).

b) Richtig: Die Annuität ist die periodisch zu leistende konstante Zahlung, die sowohl Zinsen als auch Tilgung umfasst.

c) Richtig: Da die Restschuld geringer wird, werden auch die zu leistenden Zinszahlungen niedriger, während die Gesamtzahlung gleich bleibt.

d) Falsch: Da der Zinsanteil kleiner wird, wird der Tilgungsanteil höher.

e) Falsch: Bei endfälliger Tilgung sind immer noch Zinsen während der Laufzeit zu bezahlen.

Lösung zu Übungsaufgabe 5.8:
Richtig ist e.

a) Falsch: Der Anteil der Zinsen an der Annuitätenzahlung verändert sich über die Zeit und wird kleiner.

b) Falsch: Der Anteil der Tilgungen an der Annuitätenzahlung verändert sich über die Zeit und wird größer.

c) Falsch: Die steuerliche Behandlung beider Instrumente ist gleich.

d) Falsch: Es werden schon während der Laufzeit Zinsen gezahlt (und auch getilgt).

e) Richtig: Die Anteile verschieben sich während die Laufzeit.

Lösung zu Übungsaufgabe 5.9:
Richtig ist b.

a) Falsch: Aufgrund des geringeren Schuldenstands werden auch die Zinsbelastungen geringer.

b) Richtig: Da während der Laufzeit keine Tilgung erfolgt, bleibt auch die Basis zur Berechnung der Zinsen gleich.

c) Falsch: Der Tilgungsanteil nimmt zu, da ein immer kleinerer Anteil der Annuität für Zinsen aufgewendet werden muss.

d) Falsch: Auch die Effektivverzinsung des Darlehensgebers steigt, wenn Bearbeitungs- und Kontoführungsgebühren einführt werden. Da Darlehensnehmer und -geber die selben Zahlungen, nur mit entgegengesetzten Vorzeichen, aufweisen, ist auch die Effektivverzinsung für beide Seiten gleich hoch.

e) Falsch: In rückzahlungsfreien Jahren sind auch keine Zinsdienste zu leisten.

Lösung zu Übungsaufgabe 5.10:
Richtig sind a, b, c und e.

a) Richtig: Die Spesen werden höher und damit auch die Effektivverzinsung.

b) Richtig: Niedrigere Zinszahlungen führen auch zu einem niedrigeren Effektivzinssatz.

c) Richtig: Da die Tilgung gleichmäßig auf die Kreditjahre verteilt wird, hat eine Verkürzung der Laufzeit eine Erhöhung der Tilgungszahlungen pro Jahr zur Folge.

d) Falsch: Die Zinszahlungen für das erste Jahr bleiben gleich, da deren Basis ja die Darlehenssumme ist. In allen anschließenden Jahren sind die Zinszahlungen aber tatsächlich höher, da wegen der längeren Laufzeit die Tilgungszahlungen niedriger und damit die jeweiligen Restschulden höher werden.

e) Richtig: Die zu verteilenden Tilgungszahlungen sind höher, ebenso wie die Zinsen, die von der höheren aushaftenden Restschuld berechnet werden.

Lösung zu Übungsaufgabe 5.11:
Da die Laufzeit fünf Jahre beträgt und zwei tilgungsfreie Jahre vereinbart sind, muss das Darlehen in den letzten drei Jahren getilgt werden.

Aufgrund der konstanten Tilgungsart heißt dies, dass in jedem der drei Jahre ein Drittel des Darlehensbetrags als Tilgung zurückbezahlt werden muss, in diesem Beispiel 60.000/3=20.000 € pro Jahr. Die Zinszahlungen berechnen sich aus der Restschuld am Ende der Vorperiode multipliziert mit dem Zinssatz (hier beispielsweise für den Zeitpunkt t=4: 40.000·0,06=2.400 €). Die jeweilige Restschuld beträgt die Restschuld der Vorperiode minus der aktuellen Tilgungszahlung.

Insgesamt ergibt sich folgender Tilgungsplan:

Einzahlungs-/Auszahlungstabelle						
Zeit-punkt	Einzah-lungen	Auszahlungen Tilgung	Zinsen	sonstige	Summe	Schulden-stand
0	60.000			1.200	58.800	60.000
1			3.600	10	–3.610	60.000
2			3.600	10	–3.610	60.000
3		20.000	3.600	10	–23.610	40.000
4		20.000	2.400	10	–22.410	20.000
5		20.000	1.200	10	–21.210	0

Lösung zu Übungsaufgabe 5.12:
Beim Annuitätendarlehen ist die jährliche Summe aus Zinsen und Tilgung konstant, sie entspricht der Annuität (mit dem Darlehensbetrag als Barwert K_0).

Um den Tilgungsplan aufzustellen, wird zuerst die Annuität ermittelt:

$$A = 150.000 \cdot \frac{0{,}04 \cdot 1{,}04^3}{1{,}04^3 - 1} = 54.052{,}28.$$

Diese Annuität muss für jedes Jahr ihren Zins- und Tilgungsanteil aufgeteilt werden: Dabei werden die zu bezahlenden Zinsen aus der Restschuld der Vorperiode berechnet, die Tilgung ergibt sich als Differenz der berechneten Annuität und dem eben berechneten Zinsanteil.

Um die Summe der Zahlungen an den Darlehensgeber zu berechnen, müssen die Kontoführungsgebühren noch zur Annuität (der Summe aus Zinsen und Tilgung) addiert werden. Der neue Schuldenstand ergibt sich wieder aus dem Schuldenstand am Ende der Vorperiode abzüglich der gezahlten Tilgung.

Wiederholt für jede Periode lässt sich die Einzahlungs-/Auszahlungstabelle folgendermaßen aufstellen:

Einzahlungs-/Auszahlungstabelle						
Zeit-punkt	Einzah-lungen	Auszahlungen			Summe	Schulden-stand
		Tilgung	Zinsen	sonstige		
0	150.000,00			1.500,00	148.500,00	150.000,00
1		48.052,28	6.000,00	15,00	–54.067,28	101.947,72
2		49.974,37	4.077,91	15,00	–54.067,28	51.973,35
3		51.973,35	2.078,93	15,00	–54.067,28	0,00

Beachten Sie, dass erst bei der Summe der Zahlungen die sonstigen Auszahlungen wie Kontoführungsgebühren berücksichtigt werden, da diese nicht zur Tilgung oder Zinszahlung verwendet werden, und auch nicht Bestandteil der ermittelten Annuität sind.

Lösung zu Übungsaufgabe 5.13:

a) Konstante Tilgung (aus Sicht des Darlehensnehmers):

Da in den ersten beiden Jahren keine Tilgung erfolgt, verringert sich die Restschuld nicht, jedoch müssen Zinsen bezahlt werden. In den fünf Jahren von t=3 bis t=7 erfolgt die Tilgung dann zu gleichen Teilen. Die Zinsen berechnen sich wieder aus der Restschuld des Vorjahres multipliziert mit dem Zinssatz. Es ergibt sich folgende Zahlungstabelle:

Einzahlungs-/Auszahlungstabelle						
Zeit-punkt	Einzah-lungen	Auszahlungen			Summe	Schulden-stand
		Tilgung	Zinsen	sonstige		
0	100.000			2.000	98.000	100.000
1		0	8.000	100	–8.100	100.000
2		0	8.000	100	–8.100	100.000
3		20.000	8.000	100	–28.100	80.000
4		20.000	6.400	100	–26.500	60.000
5		20.000	4.800	100	–24.900	40.000
6		20.000	3.200	100	–23.300	20.000
7		20.000	1.600	100	–21.700	0

b) Annuitätentilgung (aus Sicht des Darlehensnehmers):

Die tilgungsfreien Jahre werden wie oben berücksichtigt, danach wird die Höhe der Annuität für einen Rückzahlungszeitraum von fünf Jahren berechnet. Achtung: Die Kontoführungsgebühr fällt jedes Jahr separat an und ist nicht in der Annuität enthalten.

$$A = 100.000 \cdot \frac{0{,}08 \cdot 1{,}08^5}{1{,}08^5 - 1} = 25.045{,}65.$$

Nun lässt sich der Tilgungsplan folgendermaßen aufstellen:

Einzahlungs-/Auszahlungstabelle						
Zeit-punkt	Einzah-lungen	Auszahlungen			Summe	Schulden-stand
		Tilgung	Zinsen	sonstige		
0	100.000,00			2.000,00	98.000,00	100.000,00
1		0,00	8.000,00	100,00	-8.100,00	100.000,00
2		0,00	8.000,00	100,00	-8.100,00	100.000,00
3		17.045,65	8.000,00	100,00	-25.145,65	82.954,35
4		18.409,30	6.636,35	100,00	-25.145,65	64.545,06
5		19.882,04	5.163,60	100,00	-25.145,65	44.663,02
6		21.472,60	3.573,04	100,00	-25.145,65	23.190,41
7		23.190,41	1.855,23	100,00	-25.145,65	0,00

Lösung zu Übungsaufgabe 5.14:

a) Konstante Tilgung (aus Sicht des Darlehensnehmers):

Die Änderungen werden chronologisch abgearbeitet: Die erste Änderung erfolgt im vierten Jahr. Die Tilgung wird ausgesetzt, daher verringert sich auch der Schuldenstand nicht. Die Zinsen bleiben hier noch gleich.

Im fünften Jahr zahlt Florian nur 2.600 €. Generell werden von jeder Zahlung des Darlehensnehmers zuerst die Spesen (z.B. Kontoführungsgebühren), danach die Zinsen und erst an letzter Stelle die Tilgung abgedeckt. Im Beispiel hier werden also von Florians Zahlung zunächst 100 € für die Kontoführungsgebühr abgezogen, und die restlichen 2.500 € werden für den Zinsdienst verwendet. Eigentlich würden die fälligen Zinsen aber $80.000 \cdot 0{,}08 = 6.400$ € betragen, d.h. es erfolgt nicht nur keine Tilgung, sondern es werden sogar zu wenig Zinsen bezahlt. Diese nicht gezahlten Zinsen ($6.400 - 2.500 = 3.900$) erhöhen den Schuldenstand, er beträgt jetzt $80.000 + 3.900 = 83.900$ €.
Im sechsten Jahr wird dann die Gesamtlaufzeit des Darlehens auf neun Jahre verlängert und die konstante Tilgung für die verbleibenden vier Jahre neu berechnet: $83.900/4 = 20.975$ €. Weiters muss nun bei der Berechnung der jährlichen Zinszahlungen der geänderte Zinssatz von 10% verwendet werden.

Einzahlungs-/Auszahlungstabelle						
Zeit-	Einzah-	Auszahlungen				Schulden-
punkt	lungen	Tilgung	Zinsen	sonstige	Summe	stand
0	100.000			2.000	98.000	100.000
1		0	8.000	100	–8.100	100.000
2		0	8.000	100	–8.100	100.000
3		20.000	8.000	100	–28.100	80.000
4		0	6.400	100	–6.500	80.000
5		0	2.500	100	–2.600	83.900
6		20.975	8.390	100	–29.465	62.925
7		20.975	6.293	100	–27.368	41.950
8		20.975	4.195	100	–25.270	20.975
9		20.975	2.098	100	–23.173	0

b) Annuitätentilgung (aus Sicht des Darlehensnehmers):

Zuerst werden die ersten beiden Punkte (die Änderungen im vierten und im fünften Jahr) analog zu Punkt a abgearbeitet: Im vierten Jahr bleibt der Schuldenstand mangels Tilgungszahlung unverändert, im fünften Jahr werden mit dem gezahlten Betrag von 2.600 € zuerst die Kontoführungsgebühr und danach ein Teil der fälligen Zinsen beglichen. Die fehlenden Zinsen in Höhe von 6.636,35–2.500,00=4.136,35 € werden zum Schuldenstand addiert und erhöhen diesen auf 82.954,35+4.136,35=87.090,70 €.

Im sechsten Jahr wird die Höhe der Annuität auf Basis dieses Schuldenstands und unter Verwendung der geänderten Restlaufzeit und des geänderten Zinssatzes neu ermittelt:

$$A = 87.090{,}70 \cdot \frac{0{,}1 \cdot 1{,}1^4}{1{,}1^4 - 1} = 27.474{,}57.$$

Die Kontoführungsgebühr ist bei der Annuitätenberechnung wie immer nicht enthalten und muss gesondert berücksichtigt werden. Nun lässt sich die neue Auszahlungstabelle folgendermaßen aufstellen:

Einzahlungs-/Auszahlungstabelle						
Zeit-	Einzah-	Auszahlungen				Schulden-
punkt	lungen	Tilgung	Zinsen	sonstige	Summe	stand
0	100.000,00			2.000,00	98.000,00	100.000,00
1		0,00	8.000,00	100,00	–8.100,00	100.000,00
2		0,00	8.000,00	100,00	–8.100,00	100.000,00
3		17.045,65	8.000,00	100,00	–25.145,65	82.954,35
4		0,00	6.636,35	100,00	–6.736,35	82.954,35
5		0,00	2.500,00	100,00	–2.600,00	87.090,70
6		18.765,50	8.709,07	100,00	–27.574,57	68.325,20
7		20.642,05	6.832,52	100,00	–27.574,57	47.683,15
8		22.706,26	4.768,31	100,00	–27.574,57	24.976,89
9		24.976,89	2.497,69	100,00	–27.574,57	0,00

Lösung zu Übungsaufgabe 5.15:
Der Tilgungsplan des Darlehens sind folgendermaßen aus:

Einzahlungs-/Auszahlungstabelle						
Zeit-punkt	Einzah-lungen	Auszahlungen			Summe	Schulden-stand
		Tilgung	Zinsen	sonstige		
0	400.000			4.000	396.000	400.000
1		0	24.000	20	–24.020	400.000
2		100.000	24.000	20	–124.020	300.000
3		100.000	18.000	20	–118.020	200.000
4		100.000	12.000	20	–112.020	100.000
5		100.000	6.000	20	–106.020	0

Der interne Zinssatz des Darlehens kann (aufwändig) mit dem Näherungsverfahren berechnet werden, schneller ist es aber, den in Antwort b angegeben internen Zinssatz auf seine Richtigkeit zu prüfen. Der interne Zinssatz ist jener Zinsatz, bei dem der Kapitalwert der Zahlungsreihe gleich null ist:

$$\begin{aligned} KW &= 396.000 - \frac{24.020}{1{,}0634} - \frac{124.020}{1{,}0634^2} - \frac{118.020}{1{,}0634^3} - \frac{112.020}{1{,}0634^4} - \frac{106.020}{1{,}0634^5} \\ KW &\approx 0. \end{aligned}$$

Um für Antwort c die Bearbeitungsgebühr zu berechnen, die eine Rendite von 7% ergibt, geht man analog vor: Der Kapitalwert der Zahlungsreihe muss bei einem Kalkulationszinssatz von 7% null ergeben, daraus kann man dann die Bearbeitungsgebühr ableiten.

$$\begin{aligned} 0 &= 400.000 - BG - \frac{24.020}{1{,}07} - \frac{124.020}{1{,}07^2} - \frac{118.020}{1{,}07^3} - \frac{112.020}{1{,}07^4} - \frac{106.020}{1{,}07^5} \\ BG &= 11.837{,}74, \end{aligned}$$

oder in % des Darlehensbetrags

$$BG = \frac{11.837{,}74}{400.000,00} = 2{,}959\%.$$

Alternativ könnte man auch die in Punkt c angegebene Lösung auf ihre Richtigkeit prüfen, indem man eine Bearbeitungsgebühr von 4% und einen internen Zinssatz von 7% in die Kapitalwertgleichung einsetzt. Wäre die Antwort richtig, müsste sich ein Kapitalwert von null ergeben.

$$\begin{aligned} KW &= 400.000 \cdot 0{,}96 - \frac{24.020}{1{,}07} - \frac{124.020}{1{,}07^2} - \frac{118.020}{1{,}07^3} - \frac{112.020}{1{,}07^4} - \frac{106.020}{1{,}07^5} \\ KW &= -4.162{,}26\,€. \end{aligned}$$

Richtig sind daher a, b, und d.

a) Richtig

b) Richtig

c) Falsch

d) Richtig: Da die beiden Sichtweisen des Darlehensgebers und des Darlehensnehmers sich nur in den Vorzeichen der anfallenden Zahlungen unterscheiden, sind die Renditen der jeweiligen Zahlungsreihen gleich hoch.

e) Falsch: Die Zinszahlungen im dritten Jahr betragen 18.000 €.

Lösung zu Übungsaufgabe 5.16:
Die Zahlungssumme, die Sie im Zeitpunkt t=0 als Einzahlung erhalten, beträgt 150.000 · (1–0,015)=147.750 €.

Die ersten beiden Jahre sind Freijahre, d.h. es fallen keine Tilgungszahlungen an. Die Zinsen betragen jeweils 150.000 · 0,06=9.000, zusammen mit der Kontoführungsgebühr ergibt sich eine jährliche Zahlung von 9.000+70=9.070 €.

Ab dem dritten Jahr fallen auch Tilgungszahlungen an. Die Annuität (die Summe aus Tilgung und Zinsen) wird über die Restlaufzeit von 18 Jahren berechnet und beträgt

$$A = 150.000 \cdot \frac{0{,}06 \cdot 1{,}06^{18}}{1{,}06^{18} - 1} = 13.853{,}48.$$

Die jährliche Zahlungssumme inkludiert zusätzlich noch die Kontoführungsgebühr und beträgt damit 13.853,48+70,00=13.923,48 €.

Richtig sind daher c und d.

a) Falsch: Das ist nur die Annuität, also die Summe aus Zinsen und Tilgung, es ist aber auch die Kontoführungsgebühr zu bezahlen.

b) Falsch: Die Annuität wird wegen der beiden tilgungsfreien Jahre über 18 Jahre berechnet, nicht über 20.

c) Richtig

d) Richtig

e) Falsch: Sie haben die Kontoführungsgebühr berücksichtigt, diese fällt aber in t=0 noch nicht an.

Lösung zu Übungsaufgabe 5.17:
Zuerst wird die Annuität für das ursprüngliche Darlehen mit sechsjähriger Laufzeit berechnet:

$$A = 125.000 \cdot \frac{0{,}035 \cdot 1{,}035^{6}}{1{,}035^{6} - 1} = 23.458{,}53.$$

Im nächster Schritt werden die jeweils fälligen Zinsen aus der Restschuld (bzw. der offenen Forderung) vom Ende der Vorperiode berechnet. Die Tilgung entspricht der Differenz aus der berechneten Annuität und dem eben berechneten

Zinsanteil. Um Antwort a berechnen zu können, wird im zweiten Jahr nur eine Tilgung 2.500 € verbucht und der restliche Forderungsstand von 103.416,47 € (siehe Tabelle) neuerlich mit Hilfe der Annuitätenformel auf die Restlaufzeit von vier Jahren verteilt.

$$A = 103.416{,}47 \cdot \frac{0{,}035 \cdot 1{,}035^4}{1{,}035^4 - 1} = 28.155{,}25.$$

Insgesamt ergibt sich folgende Einzahlungs-/Auszahlungstabelle (aus der Sicht der Bank):

Einzahlungs-/Auszahlungstabelle					
Zeit-punkt	Auszah-lungen	Einzahlungen			Forderungs-stand
		Tilgung	Zinsen	Summe	
0	125.000,00			-125.000,00	125.000,00
1		19.083,53	4.375,00	23.458,53	105.916,47
2		2.500,00	3.707,08	6.207,08	103.416,47
3		24.535,68	3.619,58	28.155,25	78.880,80
4		25.394,42	2.760,83	28.155,25	53.486,37
5		26.283,23	1.872,02	28.155,25	27.203,14
6		27.203,14	952,11	28.155,25	0,00

Richtig sind daher b und d.

a) Falsch: Sie haben mit drei statt vier Jahren Restlaufzeit gerechnet.

b) Richtig: Da beim Annuitätendarlehen bereits während der Laufzeit getilgt wird, ist weniger durchschnittliche Restschuld vorhanden und daher sind auch weniger Zinsen zu bezahlen.

c) Falsch: Die reinen Tilgungszahlungen sind in Summe gleich hoch, sie sind nur unterschiedlich über die Laufzeit verteilt: beim Annuitätendarlehen sind sie zuerst niedriger, später aber höher als beim Darlehen mit konstanter Tilgung.

d) Richtig

e) Falsch: Die Zinszahlungen sinken zwar tatsächlich, jedoch werden die Tilgungszahlungen höher.

Lösung zu Übungsaufgabe 5.18:
Richtig sind a, c und e.

a) Richtig

b) Falsch: Der Emissionskurs kann ein Disagio oder Agio aufweisen.

c) Richtig: Auch wenn dies nicht dem Standardfall entspricht, kann dies in den Anleihebedingungen vereinbart werden.

d) Falsch: Endfällig bedeutet nur, dass die Tilgungszahlung komplett am Ende der Laufzeit geleistet wird. Zinszahlungen fallen hier regelmäßig während der Laufzeit an.

e) Richtig: Die Differenz zwischen dem niedrigen Kaufpreis und der Tilgungszahlung ersetzt die Verzinsung der Anleihe.

Lösung zu Übungsaufgabe 5.19:
Richtig sind a und c.

a) Richtig: Beim Kauf oder Verkauf der Anleihe am Kupontermin fallen keine Stückzinsen an.

b) Falsch: Eine Anleihe notiert am Markt immer zum „Clean Price".

c) Richtig

d) Falsch: Die Liquidität hat keinen Einfluss auf die Stückzinsen.

e) Falsch: Zum Kupontermin sind die Stückzinsen gleich null.

Lösung zu Übungsaufgabe 5.20:
Am Tag der Emission sind eine Einzahlung in Höhe des Nominalwerts multipliziert mit dem Emissionskurs (EmK), sowie die einmaligen Emissionsspesen als Auszahlung zu verzeichnen.

In den Folgejahren fallen bei der endfälligen Kuponanleihe dann nur Zinsen und Spesen an. Erst am am Ende des Laufzeit erfolgt die vollständige Tilgung sowie die letzte Zinszahlung.

Einzahlungs-/Auszahlungstabelle						
Zeit-punkt	Einzah-lungen	Auszahlungen			Summe	Schulden-stand
		Tilgung	Zinsen	sonstige		
0	49.000.000			100.000	48.900.000	50.000.000
1			2.750.000	20.000	–2.770.000	50.000.000
2			2.750.000	20.000	–2.770.000	50.000.000
3			2.750.000	20.000	–2.770.000	50.000.000
4			2.750.000	20.000	–2.770.000	50.000.000
5		50.000.000	2.750.000	20.000	–52.770.000	0

Lösung zu Übungsaufgabe 5.21:

a) Ein- und Auszahlungen aus Sicht des Emittenten:

Der Emittent tilgt jedes Jahr eine Serie, daher verringert sich auch sein Schuldenstand um diese getilgten Anleihen und damit in der Folge auch die zu zahlenden Zinsen. Sein Zahlungsmuster entspricht dem eines Schuldners eines Darlehens mit konstanter Tilgung.

Einzahlungs-/Auszahlungstabelle						
Zeit-	Einzah-	Auszahlungen				Schulden-
punkt	lungen	Tilgung	Zinsen	sonstige	Summe	stand
0	36.050.000			-500.000	35.550.000	35.000.000
1		5.000.000	2.450.000	75.000	–7.525.000	30.000.000
2		5.000.000	2.100.000	75.000	–7.175.000	25.000.000
3		5.000.000	1.750.000	75.000	–6.825.000	20.000.000
4		5.000.000	1.400.000	75.000	–6.475.000	15.000.000
5		5.000.000	1.050.000	75.000	–6.125.000	10.000.000
6		5.000.000	700.000	75.000	–5.775.000	5.000.000
7		5.000.000	350.000	75.000	–5.425.000	0

b) Ein- und Auszahlungen aus Sicht des Zeichners:

Wenn der Investor den gezeichneten Betrag gleichmäßig auf alle Serien verteilt, ähnelt auch für ihn das resultierende Zahlungsmuster dem des Darlehens mit konstanter Tilgung aus der Sicht des Darlehensgebers. Der einzige Unterschied sind die Spesen: Während bei einem Darlehen diese für den Gläubiger (die Bank) eine Einzahlung darstellen, sind sie im Fall der Anleihe für den Zeichner Auszahlungen, die er an seine depotführende Bank zu leisten hat.

Einzahlungs-/Auszahlungstabelle						
Zeit-	Einzahlungen		Auszahlungen			Rest-
punkt	Tilgung	Zinsen	Kauf	sonstige	Summe	forderung
0			721.000	5.000	-726.000	700.000
1	100.000	49.000		1.000	148.000	600.000
2	100.000	42.000		1.000	141.000	500.000
3	100.000	35.000		1.000	134.000	400.000
4	100.000	28.000		1.000	127.000	300.000
5	100.000	21.000		1.000	120.000	200.000
6	100.000	14.000		1.000	113.000	100.000
7	100.000	7.000		1.000	106.000	0

c) Damit der Zeichner eine effektive Rendite von 7% erzielt, muss der Emissionskurs so gewählt werden, dass der Kapitalwert der Zahlungsreihe bei Verwendung von 7% als Kalkulationszinssatz gleich null wird.

$$-700.000 \cdot \mathrm{EmK} - 5.000 + \frac{148.000}{1{,}07} + \frac{141.000}{1{,}07^2} + \ldots + \frac{106.000}{1{,}07^7} = 0$$

$$\mathrm{EmK} = \frac{689.610{,}71}{700.000} = 0{,}9852 \simeq 98{,}52\%.$$

Lösung zu Übungsaufgabe 5.22:

a) Der Emittent kann mit folgenden Ein- und Auszahlungen rechnen (alle Werte in 1.000 €:

Einzahlungs-/Auszahlungstabelle						
Zeit-	Einzah-	Auszahlungen				Schulden-
punkt	lungen	Tilgung	Zinsen	sonstige	Summe	stand
0	95.000				95.000	100.000
1			6.000		–6.000	100.000
2			6.000		–6.000	100.000
3			6.000		–6.000	100.000
4			6.000		–6.000	100.000
5			6.000		–6.000	100.000
6		100.000	6.000		–106.000	0

b) Ein Investor, der 10.000 € des Nominalbetrags zeichnet, erwartet folgende Zahlungen:

Einzahlungs-/Auszahlungstabelle						
Zeit-	Einzahlungen		Auszahlungen			Rest-
punkt	Tilgung	Zinsen	Kauf	sonstige	Summe	forderung
0			9.500		–9.500	10.000
1		600			600	10.000
2		600			600	10.000
3		600			600	10.000
4		600			600	10.000
5		600			600	10.000
6	10.000	600			10.600	0

c) Zur Berechnung des gesuchten Emissionskurses stellt man wieder die Kapitalwertgleichung auf und setzt diese gleich null. Der Emissionskurs lässt sich dann einfach ermitteln.

Aus Sicht des Emittenten (alle Zahlungen in 1.000 €):

$$100.000 \cdot \text{EmK} - \frac{6.000}{1{,}07} - \frac{6.000}{1{,}07^2} - \ldots - \frac{6.000}{1{,}07^5} - \frac{106.000}{1{,}07^6} = 0$$

$$\text{EmK} = \frac{95.233{,}46}{100.000} = 0{,}952335 \simeq 95{,}23\%.$$

Aus Sicht des Investors:

$$-10.000 \cdot \text{EmK} + \frac{600}{1{,}07} + \frac{600}{1{,}07^2} + \frac{600}{1{,}07^3} + \ldots + \frac{600}{1{,}07^5} + \frac{10.600}{1{,}07^6} = 0$$

$$\text{EmK} = \frac{9.523{,}35}{10.000} = 0{,}952335 \simeq 95{,}23\%.$$

Da weder für den Emittenten noch für den Investor Spesen anfallen, ist die Effektivverzinsung bei gegebenem Emissionskurs für beide Seiten gleich.

d) Der Emittent würde nach Abzug der zusätzlichen Spesen weniger Einnahmen bei der Emission erzielen, jedoch die gleichen zukünftigen Zahlungsverpflichtungen verzeichnen. Daher müsste der Emissionskurs höher liegen, um die zusätzlichen Spesen abzudecken, wie folgende Berechnung zeigt (Werte wieder in 1.000 €):

$$100 \cdot \text{EmK} - 150 - \frac{6.000}{1{,}07} - \frac{6.000}{1{,}07^2} - \ldots - \frac{6.000}{1{,}07^5} - \frac{106.000}{1{,}07^6} = 0$$

$$\text{EmK} = \frac{95.383{,}46}{100.000} = 0{,}953835 = 95{,}38\%.$$

Lösung zu Übungsaufgabe 5.23:

a) Die Investorin muss 50.000 · 0,64=32.000 € für die Nullkuponanleihen mit Nominalwert 50.000 € bezahlen, sodass sich folgendes Auszahlungsprofil ergibt:

Einzahlungs-/Auszahlungstabelle						
Zeit-	Einzahlungen		Auszahlungen			Rest-
punkt	Tilgung	Zinsen	Kauf	sonstige	Summe	forderung
0			32.000	1.000	–33.000	50.000
1						50.000
2						50.000
3						50.000
4						50.000
5						50.000
6	50.000				50.000	0

Die Rendite beträgt

$$i_{\text{eff}} = \sqrt[6]{\frac{50.000}{33.000}} - 1 = 0{,}0717 = 7{,}17\%.$$

b) Der Investorin zahlt 50.000 € (exklusive Spesen) und erhält dafür Anleihen im Nominalwert von 50.000/0,64=78.125 €. Die Spesen belaufen sich dann auf 78.125 · 0,02=1.562,50 €. Es ergibt sich folgende Tabelle:

Einzahlungs-/Auszahlungstabelle					
Zeit-	Einzahlungen	Auszahlungen			Rest-
punkt	Tilgung	Kauf	sonstige	Summe	forderung
0		50.000,00	1.562,50	–51.562,50	78.125,00
1					78.125,00
2					78.125,00
3					78.125,00
4					78.125,00
5					78.125,00
6	78.125,00			78.125,00	0,00

Lösung zu Übungsaufgabe 5.24:
Richtig sind a, c und e.

a) Richtig: Der „Dirty Price“ ist der Preis mit Stückzinsen, der „Clean Price“ der Preis ohne Stückzinsen, zu dem die Aktie am Markt notiert.

b) Falsch: Man kann das Auslosungsrisiko nur dann vermeiden wenn man den investierten Betrag *gleichmäßig* auf alle Serien verteilt.

c) Richtig: Zur Bewertung wird diese zwingend benötigt.

d) Falsch: Es gibt auch unechte Zerobonds, deren Tilgungskurs über 100% liegt.

e) Richtig: Übersteigt der Referenzzinssatz die Zinsobergrenze (den „Cap“), so wird die Höhe des Caps zur Verzinsung herangezogen.

Lösung zu Übungsaufgabe 5.25:
Richtig sind b, d und e.

a) Falsch: Stückzinsen fallen nur an, wenn die Anleihe in der Zeit zwischen zwei Kuponterminen gehandelt wird.

b) Richtig

c) Falsch: Eine Anleihe notiert immer zum Clean Price, unabhängig von der Bonität des Emittenten..

d) Richtig: Die Anleihe notiert am Markt immer zum Clean Price.

e) Richtig: Die Stückzinsen werden extra behandelt, um Anleihen mit verschiedenen Kuponterminen besser vergleichen zu können.

Lösung zu Übungsaufgabe 5.26:

a) Zur Berechnung des fairen Werts der Anleihe berechnet man den Barwert der zukünftigen Zins- und Tilgungszahlungen dieser Anleihe (in %):

$$B = \frac{8}{1{,}04} + \frac{8}{1{,}042^2} + \frac{8}{1{,}048^3} + \frac{108}{1{,}055^4} = 109{,}1901.$$

b) Man wäre bereit $10.000 \cdot 1{,}091901 = 10.919{,}01$ € dafür zu bezahlen. Stückzinsen fallen keine an, weil der letzte Kupon soeben ausbezahlt wurde.

c) In diesem Fall würde in einem halben Jahr der nächste Kupon in Höhe von $0{,}08 \cdot 10.000 = 800$ € anfallen. Die Hälfte davon, d.h. 400 € müssten als Stückzinsen bezahlt werden.

Lösung zu Übungsaufgabe 5.27:
Durch Aufstellen der Gleichung zur Berechnung des Anleihewerts lässt sich die fehlende Spot Rate ermitteln:

$$102{,}56 = \frac{4}{1{,}031} + \frac{104}{(1+i_2)^2}$$

$$i_2 = \sqrt[2]{\frac{104}{98{,}68}} - 1 = 0{,}0266 = 2{,}66\%.$$

Lösung zu Übungsaufgabe 5.28:

a) Der Kurs einer Floating Rate Note zum Zinsanpassungstermin beträgt genau 100%.

b) Zur Berechnung des Werts des Floaters wird der Wert der Anleihe am nächsten Kupontermin (100%) gemeinsam mit der Kuponzahlung (hier 5%) mit der entsprechenden Spot Rate für drei Monate auf den heutigen Zeitpunkt abgezinst:

$$B = \frac{105}{1{,}04^{3/12}} = 103{,}98.$$

Lösung zu Übungsaufgabe 5.29:
Der Wert der Kuponanleihe berechnet sich zu

$$B = \frac{6{,}5}{1{,}07} + \frac{6{,}5}{1{,}07^2} + \frac{106{,}5}{1{,}07^3} = 98{,}69,$$

jener der Nullkuponanleihe beträgt

$$B = \frac{100}{1{,}07^{0{,}5}} = 96{,}67,$$

und die Floating Rate Note hat einen theoretischen Wert von genau 100, da der letzte Kupon gerade gezahlt wurde.

Die Abweichungen zwischen dem theoretischen Wert und dem beobachteten Kurs betragen damit +0,69 Prozentpunkte bei der Kuponanleihe, –1,33 Prozentpunkte bei der Nullkuponanleihe und +2,00 Prozentpunkte bei der Floating Rate Note.

Richtig sind a und e.

a) Richtig

b) Falsch: Der theoretische Wert des Floaters ist mit 100% um 2 Prozentpunkte *höher* als der beobachtete Kurs.

c) Falsch: Die Nullkuponanleihe ist theoretisch nur 96,67% wert, müsste aber zum Kurs von 98% gekauft werden. Sie ist daher am Anleihemarkt um 1,33 Prozentpunkte überbewertet und sollte nicht gekauft werden.

d) Falsch: Anleihen notieren immer zum Clean Price, also ohne Stückzinsen. Diese müssen bei einem Kauf zusätzlich gezahlt werden.

e) Richtig: Der Floater ist mit einem theoretischen Wert von 100% am stärksten unterbewertet und damit am attraktivsten.

Lösung zu Übungsaufgabe 5.30:
Richtig sind a, b, c und e.

a) Richtig: Der Pfand dient zur kurzfristigen Kreditbesicherung.

b) Richtig: Die Basis für die Überziehungsprovision ist der in Anspruch genommene Kreditbetrag, um den das Kreditlimit überschritten wurde.

c) Richtig: Die teilweise Bezahlung vor Erhalt der Ware kommt einem Kredit vom Käufer an den Verkäufer in dieser Zeit gleich.

d) Falsch: Dies wäre die Bereitstellungsgebühr.

e) Richtig

Lösung zu Übungsaufgabe 5.31:
Wechsel werden mittels einfacher vorschüssiger Verzinsung diskontiert, die Bank rechnet dabei mit 360 Tagen pro Jahr. Der Barwert, den das Unternehmen heute erhält, beträgt daher

$$K_0 = 150.000 \cdot 0{,}7 \cdot \left(1 - \frac{60}{360} \cdot 0{,}075\right) = 113.687{,}50\,€.$$

Lösung zu Übungsaufgabe 5.32:
Richtig sind a und c.

a) Richtig

b) Falsch: Die Überziehungsprovision fällt nur für den Teil der Kreditsumme an, die das Kreditlimit übersteigt.

c) Richtig: Für den das Kreditlimit übersteigenden aufgenommenen Betrag fällt zusätzlich zu den Sollzinsen auch die Überziehungsprovision an.

d) Falsch: Sollzinsen werden für den gesamten aufgenommenen Kreditbetrag verrechnet.

e) Falsch: Die Bereitstellungsprovision wird für die Möglichkeit gezahlt, bei Bedarf den Kontokorrentkredit in Anspruch zu nehmen – sie fällt daher auch dann an, wenn davon nicht Gebrauch gemacht wurde.

Lösung zu Übungsaufgabe 5.33:
Die Zahlungen für den Kontokorrentkredit werden mittels einfacher nachschüssiger Verzinsung berechnet. Die Basis für die Bereitstellungsprovision ist das Kreditlimit, die Sollzinsen werden für den gesamten aufgenommen Kreditbetrag, und die Überziehungsprovision für den das Kreditlimit übersteigenden Betrag berechnet. Daher ergeben sich folgende Zahlungen:

$$\text{Bereitstellungsgebühr} = 50.000 \cdot \frac{0{,}006}{12} = 25{,}00,$$

$$\text{Sollzinsen} = 70.000 \cdot \frac{0{,}08}{12} = 466{,}67,$$

$$\text{Überziehungsprovision} = (70.000 - 50.000) \cdot \frac{0{,}02}{12} = 33{,}33.$$

Insgesamt sind also 25,00+466,67+33,33=525,00 € für den Kontokorrentkredit zu zahlen. Richtig ist daher Antwort d.

a) Falsch: Sie haben übersehen, dass die Zahlungen monatlich anfallen, die angegebenen p.a. Prozentsätze müssen daher durch 12 dividiert werden.

b) Falsch: Die Überziehungsprovision bezieht sich nur auf den Betrag, der das Kreditlimit übersteigt, nicht auf den gesamten Kreditbetrag.

c) Falsch: Sie haben für die Sollzinsen und die Überziehungsprovision jeweils eine falsche Basis herangezogen.

d) Richtig

e) Falsch: Sie haben für die Sollzinsen und die Überziehungsprovision jeweils eine falsche Basis zur Berechnung verwendet, und sämtliche Zahlungen auf ein Jahr (statt ein Monat) bezogen.

Lösung zu Übungsaufgabe 5.34:
Für beide Varianten wird der Barwert der Zahlung(en) berechnet. Bei Variante A werden nur 98% des ursprünglichen Preises auf zwei Zeitpunkte verteilt, um den Rabatt zu berücksichtigen.

1. Der Barwert der Zahlungen beträgt

$$BW = 25.200 \cdot 0{,}98 \cdot 0{,}25 + \frac{25.200 \cdot 0{,}98 \cdot 0{,}75}{1{,}08^{0{,}5}} = 23.996{,}80\,€.$$

2. In dieser Variante beträgt der Barwert der zukünftigen Zahlung

$$BW = \frac{25.200}{1{,}08^{0{,}5}} = 24.248{,}71\,€.$$

Der Unternehmer sollte aufgrund des niedrigeren Barwerts Variante 1 vorziehen.

Lösung zu Übungsaufgabe 5.35:
Richtig sind b und e.

a) Falsch: Die beiden Instrumente können nicht kombiniert werden, schließlich besteht der Lieferantenkredit darin, dass die Ware geliefert wird und der Kunde erst im Nachhinein zahlt, während bei der Kundenanzahlung der Kunde schon im Voraus einen Teil des Kaufpreises bezahlt, während die Ware erst später geliefert wird.

b) Richtig: Die Ware erhält man sofort, jedoch bleibt der Besitzanspruch beim Verkäufer, bis der gesamte Betrag bezahlt wurde.

c) Falsch: Der Zinssatz, der sich hier ergibt, ist relativ hoch, dafür braucht es keine extra Besicherung außer dem Eigentumsvorbehalt.

d) Falsch: Beim Lieferantenkredit gibt es keine vorherige Bonitätsprüfung.

e) Richtig

Lösung zu Übungsaufgabe 5.36:
Zur Berechnung wird die Formel für den effektiven Zinssatz bei zwei Zahlungen verwendet. Die Verzinsungsdauer N beträgt 33 Tage, dies entspricht dem Abstand zwischen dem ersten Zahlungsziel und dem zweiten Zahlungsziel.

Isoliert für diese Aufgabe betrachtet ist es immer sinnvoll, den Betrag möglichst knapp vor einem Zahlungsziel zu bezahlen, um bis dahin noch selbst Zinsen beziehen zu können.

$$i_{\text{eff,Tag}} = \sqrt[33]{\frac{100.000}{98.000}} - 1 = 0{,}00061239.$$

$$i_{\text{eff,Jahr}} = (1 + 0{,}00061239)^{365} - 1 = 0{,}250388 \simeq 25{,}04\%.$$

Lösung zu Übungsaufgabe 5.37:
Zur Berechnung wird wieder die Formel für den effektiven Zinssatz bei zwei Zahlungen verwendet:

$$i_{\text{eff,Tag}} = \sqrt[50]{\frac{1.000.000}{970.000}} - 1 = 0{,}00060937$$

$$i_{\text{eff,Jahr}} = (1 + 0{,}00060937)^{365} - 1 = 0{,}249011 \simeq 24{,}90\%$$

Richtig ist daher d.

a) Falsch: Sie haben den effektiven Tageszinssatz mit 365 Tagen multipliziert, anstatt korrekt auf den Jahreszinssatz umzurechnen.

b) Falsch: Sie haben auf die –1 in der Formel vergessen.

c) Falsch: Sie haben den Skontosatz linear auf das Jahr umgelegt.

d) Richtig

e) Falsch: Sie haben den Skontosatz linear auf das Jahr umgelegt und dabei noch eine falsche Laufzeit von zehn Tagen verwendet.

Lösung zu Übungsaufgabe 5.38:
Wenn x den Skontosatz bezeichnet, dann beträgt die Zahlung abzüglich Skonto $10.000 \cdot (1-x)$, und die Jahresrendite wird mittels

$$i_{\text{eff,Jahr}} = \left(\frac{10.000}{10.000 \cdot (1-x)} \right)^{\frac{365}{36}} - 1$$

berechnet. Da diese Jahresrendite 25% betragen soll, ergibt sich

$$i_{\text{eff,Jahr}} = \left(\frac{10.000}{10.000 \cdot (1-x)} \right)^{\frac{365}{36}} - 1 = 0{,}25$$

$$\Longrightarrow \quad x = 0{,}021768 \simeq 2{,}18\%.$$

Lösung zu Übungsaufgabe 5.39:
Richtig sind a und c.

a) Richtig

b) Falsch: Es herrscht reger Sekundärhandel mit Aktien.

c) Richtig

d) Falsch: Bei Aktien ist der zukünftige Zahlungsstrom nicht bekannt.

e) Falsch: Da Anleihen dem Fremdkapital zugeordnet sind, werden diese vorrangig vor Eigenkapital, also auch Aktien, behandelt.

Lösung zu Übungsaufgabe 5.40:
Richtig sind c, d und e.

a) Falsch: Das Gewinnbarwertmodell geht sogar explizit davon aus, dass der Gewinn konstant bleibt.

b) Falsch: Ansonsten müsste man den Wert ja nicht extra berechnen.

c) Richtig: Es wird ein konstanter Gewinn angenommen.

d) Richtig: Der Gewinn wird immer komplett ausgeschüttet.

e) Richtig: Daher kann man die Formel für unendliche Renten verwenden.

Lösung zu Übungsaufgabe 5.41:
Um den Wert der Aktie zu bestimmen, wird der Barwert aller zukünftigen erwarteten Zahlungen berechnet. Die Dividenden ab den Zeitpunkt t=4 können als ewige steigende Rente behandelt werden, ihr Barwert bezieht sich auf t=3 und wird dann noch drei Jahre auf t=0 abgezinst:

$$S_0 = \frac{2}{1{,}12} + \frac{3}{1{,}12^2} + \frac{3{,}5}{1{,}12^3} + \frac{4}{0{,}12 - 0{,}05} \cdot 1{,}12^{-3} = 47{,}34\,€.$$

Lösung zu Übungsaufgabe 5.42:
Der Lösungsweg ist gleich zu bestreiten wie in Aufgabe 5.41. Beachten Sie jedoch, dass im ersten Jahr keine Dividende anfällt, daher entfällt dieser Term in der Barwertberechnung.

$$S_0 = \frac{2}{1{,}14^2} + \frac{4}{1{,}14^3} + \frac{5}{0{,}14 - 0{,}1} \cdot 1{,}14^{-3} = 88{,}61\,€.$$

Lösung zu Übungsaufgabe 5.43:
Zur Berechnung wird das Gordon-Modell herangezogen und für die Prognosen eines jeden Analysten angewendet:

$$\text{A1:} \quad S_0 = \frac{G}{i - g} = \frac{4}{0{,}1 - 0{,}04} = 66{,}67\,€$$

$$\text{A2:} \quad S_0 = \frac{4}{0{,}11 - 0{,}035} = 53{,}33\,€$$

$$\text{A3:} \quad S_0 = \frac{4}{0{,}12 - 0{,}03} = 44{,}44\,€$$

Analyst 1 würde empfehlen, die Aktie zu kaufen, da sie laut seiner Einschätzung einen höheren Wert hat als der momentane Kurs beträgt. Analyst 2 würde empfehlen, die Aktie weder zu kaufen noch zu verkaufen (zu „halten“), da der rechnerische Wert den Aktienkurs fast entspricht (und beim Kauf bzw. Verkauf Spesen anfallen würden), und Analyst 3 würde zu einem Verkauf raten.

Lösung zu Übungsaufgabe 5.44:
Die rechnerischen Aktienkurse betragen gemäß dem Dividendenbarwertmodell

$$S_{0;A} = \frac{7}{0{,}17} = 41{,}18 \quad \text{und} \quad S_{0;B} = \frac{9}{0{,}10} = 90{,}00.$$

Die beiden KGVs werde folgendermaßen berechnet:

$$\text{KGV}_A = \frac{56}{7} = 8 \quad \text{und} \quad \text{KGV}_B = \frac{72}{9} = 8.$$

Richtig sind damit a und c.

a) Richtig: Bei den oben ermittelten theoretischen Werten der Aktien sollten Sie Aktien von Unternehmen A um 56 € verkaufen, da diese nur 41,18 € wert sein sollten, und Aktien von Unternehmen B kaufen, da diese nur 72 € kosten, aber 90 € wert sein sollten.

b) Falsch: A wird risikoreicher eingeschätzt, weshalb auch der risikoadjustierte Zinssatz höher ist.

c) Richtig

d) Falsch: Ein positives KGV alleine ist nicht ausreichend, um die Attraktivität einer Aktie zu beurteilen. Es gibt nur das Verhältnis von Kurs zu Gewinn an, welches als Vergleichsmaß zu anderen Aktien interpretiert werden kann. Erst im Vergleich entscheidet sich die Attraktivität.

e) Falsch: Da die zukünftigen Zahlungen unsicher sind, sollte der risikoadjustierte Zinssatz verwendet werden.

Lösung zu Übungsaufgabe 5.45:
Zur Berechnung des risikoadjustierten Zinssatzes wird zuerst die Formel zur Berechnung des KGV aufgestellt und auf den Kurs K umgeformt:

$$\text{KGV} = \frac{K}{G} = 20 \quad \Longrightarrow \quad K = \text{KGV} \cdot G.$$

Nun zieht man die Formel zur Berechnung des Aktienkurses nach dem Gordon-Modell heran,

$$K = \frac{G}{i-g},$$

und setzt die beiden Ausdrücke für K gleich:

$$\begin{aligned} 20 \cdot G &= \frac{G}{i-0{,}04} \\ 20 &= \frac{1}{i-0{,}04} \\ i &= \frac{1}{20} + 0{,}04 = 0{,}09 = 9\%. \end{aligned}$$

Lösung zu Übungsaufgabe 5.46:
Richtig sind c und d.

a) Falsch: Die Nutzungsdauer des Projekts hat keinen Einfluss auf den Kalkulationszinssatz.

b) Falsch: Durch die Realisierung des Projekts darf sich der Anteil von Eigen- und Fremdkapital im Unternehmen nicht ändern, d.h. die Finanzierung des Projekts muss im gleichen Verhältnis von Eigen- und Fremdkapital erfolgen wie die anderen Investitionsprojekte des Unternehmens.

c) Richtig

d) Richtig

e) Falsch: Bei der Durchführung des Projekts darf das Unternehmensrisiko nicht verändert werden, d.h. das Risiko des Projekts muss dem durchschnittlichen Risiko der anderen Investitionsprojekte entsprechen, und nicht nur bekannt und quantifizierbar sein.

Lösung zu Übungsaufgabe 5.47:
Der Marktwert des Eigenkapitals beträgt 2.000.000 · 24=48.000.000 €, jener des Fremdkapitals 10.000.000 · 0,9675=9.675.000 €. Der gewichtete Kapitalkostensatz WACC beträgt daher (alle Wert in 1.000 €)

$$r_{\text{WACC}} = \frac{48.000}{48.000 + 9.675} \cdot 0{,}08 + \frac{9.675}{48.000 + 9.675} \cdot 0{,}05 = 0{,}07497 \simeq 7{,}5\%.$$

Lösung zu Übungsaufgabe 5.48:
Folgende Maßnahmen können zur Abdeckung eines kurzfristigen Finanzierungsbedarfs dienen:

a) Einzahlungen vorziehen, z.B. durch Anreize wie Skonti

b) Auszahlungen aufschieben, z.B. durch Ausnutzen von Zahlungszielen

c) Vermögensumschichtungen vornehmen, z.B. durch den Verkauf von Wertpapieren

d) Kontokorrentkredite ausnutzen

Lösung zu Übungsaufgabe 5.49:
Richtig sind a und b.

a) Richtig: Banken bieten Kontokorrentkredite zur Überbrückung von kurzfristigen Finanzierungslücken an. Die unproblematische Bereitstellung muss jedoch mit einem verhältnismäßig hohem Zinssatz abgegolten werden.

b) Richtig: Auch ein Lombardkredit kann kurzfristig eingerichtet werden, wenn pfändungsfähige Werte verfügbar sind.

c) Falsch: Eine Anleihe ist ein langfristiges Finanzierungsinstrument. Die Emission ist mit beträchtlichem Aufwand verbunden, daher wird die Anleihe nur für entsprechend hohe Beträge und lange Laufzeiten verwendet.

d) Falsch: Auch eine Kapitalerhöhung ist langfristig, in der kurzen Zeit nicht zu bewerkstelligen und für diesen Betrag unbrauchbar.

e) Falsch: Der finanzielle Status des Kunden hat außer dem Zahlungsausfall keinen Einfluss auf die ABC-AG.

Lösung zu Übungsaufgabe 5.50:
Es werden für jedes Monat die Umsatzanteile, die aus dem aktuellen Monat sowie den Vormonaten entstehen, berechnet und aufsummiert. Im April werden beispielsweise 30% des Umsatzes vom März (50.000 · 0,3=15.000 €), sowie 50% des Aprils selbst (80.000 · 0,5=40.000 €) zu Einzahlungen. Daher sind insgesamt Einzahlungen in Höhe von 55.000 € im April zu erwarten.

	März	April	Mai	Juni
Umsatz	50.000	80.000		
Einzahlungen Umsatz März	25.000	15.000	7.500	
Einzahlungen Umsatz April		40.000	24.000	12.000
gesamte Einzahlungen	25.000	55.000	31.500	12.000

Lösung zu Übungsaufgabe 5.51:
Die Einzahlungen der einzelnen Monate werden in der folgenden Tabelle ermittelt:

	März	April	Mai	Juni
Umsatz	200.000	180.000	0	60.000
Einzahlungen Umsatz März	120.000	60.000	8.000	0
Einzahlungen Umsatz April		108.000	54.000	7.200
Einzahlungen Umsatz Mai			0	0
Einzahlungen Umsatz Juni				36.000
Summe	120.000	168.000	62.000	43.200

Richtig sind daher a, b und d.

a) Richtig

b) Richtig

c) Falsch: Sie haben den Umsatz vom Juni bereits im Mai angesetzt.

d) Richtig

e) Falsch: Sie haben die Reihenfolge des Liquidationsspektrum umgedreht.

Lösung zu Übungsaufgabe 5.52:
Richtig sind b, c und e.

a) Falsch: Der Finanzplan versucht, zukünftige Zahlungsströme abzubilden und ist kein Instrument zur Investitionsauswahl.

b) Richtig: Da Liquiditätsengpässe vorzeitig erkannt werden, kann rechtzeitig über Kreditlinien entschieden werden.

c) Richtig: Um Liquiditätsengpässe zu vermeiden, können Auszahlungen verschoben werden.

d) Falsch: Aktien und Anleihen sind langfristige Finanzierungsinstrumente, eine Auswahl zwischen den beiden kann nicht im Rahmen des Finanzplans erfolgen.

e) Richtig: Um Liquiditätsengpässe zu vermeiden, können Einzahlungen vorgezogen werden.

Lösung zu Übungsaufgabe 5.53:
Richtig sind a, b und e.

a) Richtig

b) Richtig

c) Falsch: Der Finanzplan berücksichtigt nur Zahlungen.

d) Falsch: Salden werden erst im Finanzplan selber gebildet.

e) Richtig

Lösung zu Übungsaufgabe 5.54:
Folgende Grundsätze sollten beachtet werden:

- Zahlungsbezug
- Zukunftsbezug
- Budgetvollständigkeit
- Wirtschaftlichkeit
- Bruttoprinzip
- Budgeteinheit
- Budgetgenauigkeit
- Budgetperiodizität

Lösung zu Übungsaufgabe 5.55:

a) Die Abschreibung ist keine Zahlung und wird daher nicht im Finanzplan berücksichtigt. Aus den übrigen Angaben erhält man folgenden Finanzplan:

	Mai	Juni
Anfangsbestand	6.200,00	–11.500,00
Einzahlungen Umsatz April	8.600,00	
Einzahlungen Umsatz Mai	24.000,00	6.400,00
Einzahlungen Umsatz Juni		36.000,00
Summe Einzahlungen	32.600,00	42.400,00
Auszahlungen Material	–8.400,00	–12.200,00
Auszahlungen Gehälter	–23.500,00	–23.500,00
Auszahlungen Miete	–5.600,00	–5.600,00
Auszahlungen Wartung	–12.800,00	
Bereitstellungsprovision	0,00	–75,00
Sollzinsen	0,00	–86,25
Überziehungsprovision	0,00	0,00
Summe Auszahlungen	50.300,00	–41.461,25
Zahlungsmittelendbestand	–11.500,00	–10.561,25

Aufgrund des positiven Kontostands Ende April fallen im Mai keine Zinsen für den Kontokorrentkredit an.

Ende Mai ergibt sich ein negativer Zahlungsmittelendbestand, der jedoch unter dem Kreditlimit liegt.

Im Juni sind daher Sollzinsen, aber keine Überziehungsprovision fällig. Die Sollzinsen betragen $11.500 \cdot 0{,}09/12 = 86{,}50$ €. Die Bereitstellungsprovision wird vier mal im Jahr bezahlt, d.h. die Zahlung im Juni deckt die Provision für drei Monate ab, sie beträgt daher $30.000 \cdot 0{,}01 \cdot 3/12 = 75{,}00$ €.

b) Im Juni selber kommen nur 75% des Juni-Umsatzes zur Einzahlung, dies muss bei der Berechnung berücksichtigt werden!

Der Zahlungsmittelendbestand im Juni ohne Berücksichtigung der Einzahlungen aus dem Juni-Umsatz würde $-10.561{,}25 - 36.000{,}00 = -46.561{,}25$ betragen. Damit der Zahlungsmittelendbestand gleich null ist, müssen also 75% des Juni-Umsatzes genau 46.561,25 betragen, bzw. der Juni-Umsatz muss $46.561{,}25/0{,}75 = 62.081{,}67$ € ausmachen.

Lösung zu Übungsaufgabe 5.56:

Der kurzfristige Finanzplan sieht folgendermaßen aus:

	Jänner	Februar	März
Anfangsbestand	0	450	–200
Einzahlungen Umsatz Jänner	3.000	1.000	750
Einzahlungen Umsatz Februar		17.400	5.800
Einzahlungen Umsatz März			17.400
Summe Einzahlungen	3.000	18.400	23.950
Auszahlungen Kosten Jänner	–2.550	–2.550	
Auszahlungen Kosten Februar		–16.500	–16.500
Auszahlungen Kosten März			–16.500
Zinsen Kontokorrentkredit	0	0	–2
Summe Auszahlungen	–2.550	–19.050	–33.002
Zahlungsmittelendbestand	450	–200	–9.252

Richtig sind daher c und d.

a) Falsch: Sie haben bei der Berechnung die Zinsen für den Kontokorrentkredit vergessen.

b) Falsch

c) Richtig

d) Richtig

e) Falsch: Im Jänner sind die Einzahlungen noch höher als die Auszahlungen.

11.6 Lösungen zu den Übungsaufgaben aus Kapitel 6

Lösung zu Übungsaufgabe 6.1:
Richtig sind d und e.

a) Falsch: Das wäre bei einer indirekten Finanzierung der Fall. Bei einer direkten Finanzierung treten Kapitalgeber und Kapitalnehmer ohne der Einschaltung eines Intermediärs direkt miteinander in Kontakt.

b) Falsch: Ein Leerverkauf liegt vor, wenn man Wertpapiere verkauft, deren Eigentümer man nicht ist.

c) Falsch: Der Gewinn ergibt sich, wenn eine ausgeliehene Aktie später billiger zurückgekauft werden kann (um sie zurückzugeben), als sie ursprünglich leerverkauft wurde.

d) Richtig: Wenn das Risiko sinkt, sinkt auch der Anteil der Risikoprämie, die in den Spread eingerechnet wird.

e) Richtig: Sicherheiten verringern das Risiko des Geldgebers, da er bei Rückzahlungsproblemen auf diese Sicherheiten zurückgreifen kann.

Lösung zu Übungsaufgabe 6.2:
Richtig sind b, d und e.

a) Falsch: Der Handel findet wie an allen Börsen regelmäßig an Werktagen statt.

b) Richtig: Dies ist eine der zentralen Aufgaben einer Börse.

c) Falsch: Wertpapiere können auch außerbörslich („over-the-counter“, OTC) gehandelt werden.

d) Richtig

e) Richtig: Kassageschäfte werden ehest möglich ausgeführt, während Terminbörsen Handelsgeschäfte mit bestimmten Lieferterminen anbieten.

Lösung zu Übungsaufgabe 6.3:
Richtig sind a und c.

a) Richtig

b) Falsch: Lange Handelszeiten schränken die Markttransparenz nicht ein.

c) Richtig

d) Falsch: An elektronischen Börsen werden auch Kassageschäfte abgeschlossen.

e) Falsch: Der Vorteil des Computerhandels ist ja, dass er nicht an einen bestimmten Standort gebunden ist.

Lösung zu Übungsaufgabe 6.4:
Zu den Bankgeschäften zählen insbesondere:

- Verwaltung von (Spar-)Einlagen (Anlagengeschäft)
- Girogeschäfte (bargeldloser Zahlungsverkehr)
- Kreditgeschäft
- Diskontierung von Wechseln (Diskontgeschäft)
- Verwahrung und Verwaltung von Wertpapieren (Depotgeschäft)
- Wertpapieremissionsgeschäft
- Handel mit Wertpapieren, Devisen/Valuten, Terminkontrakten
- Garantiegeschäft

Lösung zu Übungsaufgabe 6.5:
Der Marktzinssatz ist jener Zinssatz, den Schuldner mit erstklassiger Bonität (also Schuldner mit de facto keinem Ausfallrisiko) für die angestrebte Laufzeit bezahlen müssten.

Der Nominalzinssatz eines Darlehens an einen bestimmten Schuldner ergibt sich aus dem Marktzinssatz plus einem aufgeschlagenen Spread, der z.B. die Bonität des Schuldners berücksichtigt.

Lösung zu Übungsaufgabe 6.6:
Der Spread besteht aus drei Teilen:

- Prämie für die Kreditbearbeitung: Diese deckt die Kosten der Errichtung und laufenden Betreuung des Kredits ab, dazu gehören z.B. Kosten für die Kreditwürdigkeitsprüfung und die Kreditüberwachung.
- Prämie für das Kreditrisiko: Dieser Zuschlag dient zum Ausgleich der negativen Folgen der statistisch zu erwartenden Kreditausfälle.
- Prämie für die Eigenkapitalunterlegung: Banken müssen einen bestimmten Prozentsatz der vergebenen Kreditsumme als Eigenkapital zur Verfügung haben. Dies verursacht Kosten (z.B. durch Dividendenzahlungen), die durch diesen Zuschlag abgegolten werden sollen.

Lösung zu Übungsaufgabe 6.7:
Richtig sind b und c.

a) Falsch: Dies wäre die Kreditfähigkeit.

b) Richtig: Neben den finanziellen Aspekten werden auch die persönlichen Aspekte über den Kreditnehmer berücksichtigt.

c) Richtig

d) Falsch: Daten aus der Vergangenheit wie beispielsweise Rückzahlungsverhalten, Leumund, Geschäftserfolg, etc. stellen eine wichtige Basis für die Kreditwürdigkeitsprüfung dar und überwiegen sogar in der Beurteilung.

e) Falsch: Die Verlustquote bei Zahlungsausfall ist ein entscheidender Faktor.

Lösung zu Übungsaufgabe 6.8:
Richtig sind a und d.

a) Richtig: Dies sind die Hauptfaktoren, die den potenziellen finanziellen Verlust bestimmen.

b) Falsch: Die Verlustquote gibt jenen Anteil des Kredits an, der dem Kreditgeber bei Zahlungsausfall verloren geht.

c) Falsch: Die Sicherheiten müssen auf alle Fälle berücksichtigt werden.

d) Richtig

e) Falsch: Das Exposure At Default ist der gesamte aushaftende Kreditbetrag.

Lösung zu Übungsaufgabe 6.9:

a) Die Bank verhält sich risikoneutral, d.h. sie möchte im Erwartungswert den risikolosen Zinssatz von 7% als Rendite erzielen. Der verlangte Rückzahlungsbetrag muss also so hoch sein, dass der Erwartungswert der Zahlungen gleich $900.000 \cdot 1{,}07 = 963.000$ ist. Bezeichne x den verlangten Rückzahlungsbetrag, dann gilt:

$$0{,}94 \cdot x + 0{,}04 \cdot 300.000 + 0{,}02 \cdot 0 = 963.000 \quad \Longrightarrow \quad x = 1.011.702{,}13.$$

Wenn die Bank einen Rückzahlungsbetrag von 1.011.702,13 € verlangt, wird sie im Durchschnitt (unter Berücksichtigung der statistisch zu erwartenden Ausfälle) eine Rückzahlung von 963.000 € erhalten – dies entspricht der von ihr gewünschten Verzinsung von 7%.

b) Der notwendige Rückzahlungsbetrag von 1.011.702,13 € bestimmt die Höhe des risikoadjustierten Darlehenszinssatzes r:

$$900.000 \cdot (1 + r) = 1.011.702{,}13 \quad \Longrightarrow \quad r = 0{,}124113 \simeq 12{,}41\%.$$

Achtung: Unterscheiden Sie zwischen dem risikolosen Zinssatz von 7%, den die Bank als Kalkulationszinssatz bzw. als gewünschte Rendite verwendet, und dem risikoangepassten Nominalzinssatz des Darlehens, der die Rückzahlungssumme bestimmt! Die Bank verhält sich risikoneutral, daher möchte sie im Durchschnitt 7% Rendite erzielen. Wäre sie risikoscheu, würde sie hier noch einen Risikozuschlag zum Kalkulationszinssatz verrechnen und beispielsweise im Durchschnitt eine Verzinsung von 9% fordern.

c) Die Risikoprämie ist der Aufschlag in Prozentpunkten auf den risikolosen Zinssatz, der sich beim Darlehenszins ergibt:

$$\text{RP} = 0{,}1241 - 0{,}07 = 0{,}0541.$$

Die Risikoprämie beträgt 5,41 Prozentpunkte.

Lösung zu Übungsaufgabe 6.10:

a) Der Erwartungswert der Zahlungen bei der Kreditvergabe an U muss gleich hoch sein, wie wenn die Darlehenssumme zum risikolosen Zinssatz von 2% veranlagt würde (Zahlungen jeweils in 1.000 €):

$$\begin{aligned}
&0{,}96 \cdot 500 \cdot (1+r) + 0{,}04 \cdot (1-0{,}8) \cdot 500 \cdot (1+r) = 500 \cdot 1{,}02\\
&480 \cdot (1+r) + 4 \cdot (1+r) = 510\\
&r = 0{,}05372 \simeq 5,37\%
\end{aligned}$$

Die Bank wird einen risikoadjustierten Zins von 5,37% verrechnen.

b) Durch die Sicherheit bleibt der Bank beim Zahlungsausfall zusätzlich ein Betrag von 200.000 €, daher ergibt sich (Zahlungen wieder in 1.000 €):

$$\begin{aligned}
&0{,}96 \cdot 500 \cdot (1+r) + 0{,}04 \cdot ((1-0,8) \cdot 500 \cdot (1+r) + 200) = 500 \cdot 1,02\\
&480 \cdot (1+r) + 4 \cdot (1+r) + 8 = 510\\
&r = 0{,}03719 \simeq 3{,}72\%
\end{aligned}$$

Der risikoangepasste Darlehenszins beträgt jetzt 3,72%.

Beachten Sie, dass die Sicherheit von 200.000 € eine fixe Summe darstellt, die erst beim Zahlungsausfall in Anspruch genommen werden kann. D.h. dieser Wert wird nicht verzinst!

Lösung zu Übungsaufgabe 6.11:
Die Bank berechnet den risikoadjustierten Zinssatz so, dass der Kredit im Erwartungswert, den Ausfall eingerechnet, gleich viel Rendite erbringt wie ein sicherer Kredit mit 5% Rendite.

$$1.000.000 \cdot 1{,}05 = 0{,}9 \cdot 1.000.000 \cdot (1+r) + 0{,}1 \cdot 700.000$$

$$r = 0{,}08889 \simeq 8{,}89\%$$

Zieht man nun noch den risikofreien Zinssatz von 5% ab, erhält man ein Risikoprämie von 3,89 Prozentpunkten.

Hinweis: Die 700.000 €, zu denen bei Zahlungsausfall das Gebäude verwertet werden kann, werden nicht verzinst, da diese einen Fixbetrag darstellen, der auch erst bei der Verwertung des Gebäudes (in t=1) anfällt.

Lösung zu Übungsaufgabe 6.12:
Das Exposure At Default (EAD) entspricht der gesamten Forderung des Kreditgebers zum Zeitpunkt des Zahlungsausfalls, d.h. die aushaftende Kreditsumme und die zu zahlenden Zinsen:

$$\text{EAD} = 500.000 \cdot 1{,}09 = 545.000\,€.$$

Der erwartete Verlust unter Berücksichtigung der beigebrachten Sicherheiten beträgt

$$\text{EL} = (545.000 - 180.000) \cdot 0{,}03 + 0 \cdot 0{,}97 = 10.950\,€.$$

Alternativ kann der erwartete Verlust auch als Produkt der Ausfallwahrscheinlichkeit, dem Exposure At Default und der Verlustquote berechnet werden:

$$\text{EL} = 0{,}03 \cdot 545.000 \cdot \left(1 - \frac{180.000}{545.000}\right) = 10.950\,€.$$

Richtig sind b, c und d.

a) Falsch: Das Exposure At Default (EAD) umfasst auch die zu zahlenden Zinsen.

b) Richtig

c) Richtig

d) Richtig: Da die Sicherheiten zumindest einen Teil der Forderungen abdecken, kann die Verlustquote bei Ausfall nicht 100% betragen.

e) Falsch: Da die Sicherheiten geringer sind als das Exposure At Default, und die Risikoprämie nur die durchschnittlich erwarteten Zahlungsausfälle ausgleicht, ist der erwartete Verlust positiv.

Lösung zu Übungsaufgabe 6.13:
Richtig sind a, b und d.

a) Richtig: Aktien stellen Eigenkapital dar und stärken damit die Eigenkapitalbasis.

b) Richtig: Der Börsengang eines Unternehmens bewirkt im Allgemeinen hohe mediale Aufmerksamkeit und steigert damit den Bekanntheitsgrad.

c) Falsch: Das Unternehmen selbst hat kein Interesse an erweiterter Kontrolle, da diese das Unternehmen einschränkt und kostspielig ist.

d) Richtig: Über die Börse kann leichter zusätzliches Kapital angezogen werden, da der Erwerb von Eigenkapital über Aktien einfach und relativ kostengünstig durchführbar ist.

e) Falsch: Zusätzliche Publizitätspflichten erzeugen höhere Kosten und zwingen das Unternehmen, mehr Informationen preiszugeben als bisher.

Lösung zu Übungsaufgabe 6.14:
Richtig sind a, b, d und e.

a) Richtig

b) Richtig: Durch den Börsengang kann das Unternehmen nur noch eingeschränkt kontrollieren, wer Anteile und damit Einfluss auf das Unternehmen erwirbt.

c) Falsch: Die Kreditwürdigkeit wird durch die Stärkung des Eigenkapitals verbessert.

d) Richtig: Der Börsengang ist für das Unternehmen kostspielig. Die erwarteten Kosten sind gegen den erwarteten Vorteil abzuwiegen.

e) Richtig: Das Aktiengesetz ist in vielen Bereichen restriktiver als z.B. das Gesetz für Gesellschaften mit beschränkter Haftung.

Lösung zu Übungsaufgabe 6.15:
Die Emission von Wertpapieren wird meist von Investmentbanken begleitet. Handelt es sich bei den Wertpapieren um Aktien, unterscheidet man verschiedene Platzierungsverfahren. Drei bekannte Verfahren sind das Festpreisverfahren, das Bookbuilding-Verfahren und das Auktionsverfahren. Handelt es sich um die erstmalige Emission von Aktien auf dem Kapitalmarkt eines noch nicht börsennotierten Unternehmens, spricht man von einem Initial Public Offering (IPO).

Beim Festpreisverfahren wird der Emissionskurs des Wertpapiers zu Beginn der Verkaufsfrist festgesetzt. Es bietet den Vorteil, dass ab diesem Zeitpunkt der Emissionserlös bekannt ist, wenn die Emission erfolgreich ist. Das Platzierungsrisiko kann der Emittent noch mit einem Underwriting absichern.

Beim Bookbuilding-Verfahren setzt die konsortialführende Bank eine Preisspanne fest, innerhalb derer die Anleger ihre Kaufaufträge platzieren können. Während der Zeichnungsphase zeigt sich aufgrund der abgegebenen Aufträge, wie hoch die Nachfrage nach dem Wertpapier ist. Nach Ablauf der Frist werden dann die Zuteilungen basierend auf den Geboten vorgenommen. Bei stark überzeichneten Aktien kann es sein, dass eine Mehrzuteilungsoption (engl. greenshoe) angewandt wird und weitere Aktien bereitgestellt werden.

Beim Auktionsverfahren gibt das emittierende Unternehmen lediglich die Zeichnungsfrist, den Mindestpreis und die Mindeststückzahl an. Im Anschluss geben die potenziellen Käufer Gebote für Preise und gewünschte Mengen für die zu emittierenden Aktien ab. Nach der Zeichnungsfrist werden alle Gebote nach der Höhe der gebotenen Preise sortiert. Die höchsten Gebote erhalten beim Auktionsverfahren zuerst eine Zuteilung. Die Zuteilung erfolgt solange nach der Reihenfolge der Gebote, bis die gesamte Menge der emittierten Aktien, also das komplette Emissionsvolumen, verteilt wurde. Der Preis, zu dem die letzte

Zuteilung erfolgte, ist der Emissionspreis, der sich aus dem Auktionsverfahren ergibt.

Lösung zu Übungsaufgabe 6.16:
Wenn eine Aktiengesellschaft eine Kapitalerhöhung durchführt, erhöht sich die Anzahl der Aktien des Unternehmens um die zusätzlich ausgegebene Anzahl an jungen Aktien. Dies könnte ohne das Bezugsrechtssystem dazu führen, dass ein Altaktionär seinen zuvor am Unternehmen gehaltenen Prozentanteil nicht aufrecht erhalten kann und außerdem aufgrund des durch die Kapitalerhöhung entstehenden Mischkurses einen Wertverlust in den bereits besessenen Aktien erleidet.

Das Bezugsrechtssystem teilt jedem Altaktionär genau ein Bezugsrecht pro (alter) Aktie zu. Mit diesen Bezugsrechten können dann unter Berücksichtigung des Bezugsverhältnisses junge Aktien erworben werden, um den Prozentanteil am Unternehmen zu wahren sowie den Wertverlust der alten Aktien durch den Wertzuwachs der jungen Aktien (deren Kurs vom Emissionskurs zum Mischkurs ansteigt) auszugleichen. Möchte der Investor nicht zusätzlich in junge Aktien investieren, kann er die Bezugsrechte auch verkaufen und damit seinen Wertverlust ausgleichen.

Lösung zu Übungsaufgabe 6.17:
Richtig sind b und e.

a) Falsch: Das wäre das Bezugsrecht.

b) Richtig

c) Falsch: Dies ist über die Anzahl der Bezugsrechte in Kombination mit dem Bezugsverhältnis geregelt.

d) Falsch: Einem Altaktionär stehen genau so viele Bezugsrechte zu, wie er Aktien besitzt.

e) Richtig

Lösung zu Übungsaufgabe 6.18:
Richtig sind a, b, d und e.

a) Richtig: Das Bezugsverhältnis ist umso höher, je größer die Anzahl der alten im Verhältnis zur Anzahl der jungen Aktien ist. Ein höheres Bezugsverhältnis bedeutet daher (ceteris paribus) weniger junge Aktien und damit weniger neues Kapital.

b) Richtig: Da sich der Mischkurs auch aus dem Verhältnis der alten zu den jungen Aktien bildet, hat ein niedrigeres Bezugsverhältnis zur Folge, dass es mehr junge Aktien gibt und damit der Mischkurs stärker vom ursprünglichen Kurs abweicht.

c) Falsch: Da der Mischkurs mit steigendem Bezugsverhältnis weniger stark vom alten Aktienkurs abweicht (vgl. Punkt b), wird bei höherem Bezugsverhältnis auch das Bezugsrecht weniger wert.

   Ebenso kann man die Formel für den Wert des Bezugsrechts betrachten: Das Bezugsverhältnis steht im Nenner, ein höheres Bezugsverhältnis bewirkt damit einen niedrigeren Wert des Bezugsrechts.

d) Richtig: Ein niedriges Bezugsverhältnis bedeutet (ceteris paribus) eine große Anzahl junger Aktien und damit einen hohen Betrag an zusätzlichem Grundkapital.

e) Richtig: Da die jungen Aktien normalerweise einen Ausgabekurs unter dem ursprünglichen Aktienkurs aufweisen, ist die Differenz zwischen altem und neuem Kurs geringer und damit auch der rechnerische Wert des Bezugsrechts.

Lösung zu Übungsaufgabe 6.19:
Richtig sind b, c, d und e.

a) Falsch: Genau dann, wenn das Bezugsrecht verkauft (und nicht selbst ausgeübt) wird, verwässert der eigene Stimmrechtsanteil, da man nach der Kapitalerhöhung prozentual weniger Anteile am Unternehmen hält als vorher.

b) Richtig: Das Bezugsrechtssystem verhindert Vermögens- und Anteilsverluste von Altaktionären.

c) Richtig: Bezugsrechte können gehandelt werden und Angebot und Nachfrage bestimmen den Preis.

d) Richtig

e) Richtig: Wie viele dieser Bezugsrechte der Altaktionär braucht, um eine junge Aktie kaufen zu können, wird über das Bezugsverhältnis ermittelt.

Lösung zu Übungsaufgabe 6.20:

a) Der garantierte Emissionserlös beträgt $20.000.000 \cdot 41 = 820.000.000$ €, da bei einem Underwriting alle Aktien zum Emissionskurs an den Underwriter abgegeben werden.

b) Das Grundkapital nach der Emission ist gleich der Anzahl aller Aktien multipliziert mit dem Nennwert, also $70.000.000 \cdot 2 = 140.000.000$ €.

c) Das Bezugsverhältnis ist das Verhältnis der Anzahl zwischen alten und neuen Aktien:

$$\text{BV} = \frac{50.000.000}{20.000.000} = 5 : 2$$

d) Der theoretische Mischkurs liegt zwischen dem alten und neuen Kurs und berechnet sich als gewichteter Mittelwert des alten Aktienkurses und des Emissionskurses:

$$\text{Mischkurs} = \frac{50.000.000 \cdot 45 + 20.000.000 \cdot 41}{70.000.000} = 43{,}86\,€.$$

e) Der Wert eines Bezugsrechts beträgt

$$\text{B} = \frac{S_a - S_n}{\text{BV} + 1} = \frac{45 - 41}{5/2 + 1} = 1{,}1429\,€.$$

Alternativ könnte der Wert des Bezugsrechts auch als Differenz zwischen dem Kurs der alten Aktien (vor der Emission) und dem Mischkurs berechnet werden: 45,00–43,86=1,14 €.

f) Der Altaktionär besitzt 50.000.000 · 0,05=2.500.000 Aktien und erhält somit auch 2.500.000 Bezugsrechte (ein Bezugsrecht pro alter Aktie). Das Bezugsverhältnis beträgt 5:2, d.h. man benötigt 5 Bezugsrechte zum Kauf von 2 jungen Aktien. Der Altaktionär könnte daher 2.500.000/5 · 2=1.000.000 junge Aktien erwerben. Wenn er keine jungen Aktien erwirbt, sinkt sein Anteil am Unternehmen auf 2.500.000/70.000.000=3,5714%.

Lösung zu Übungsaufgabe 6.21:
Es werden im Zuge der Kapitalerhöhung insgesamt 700.000 · 0,125=87.500 junge Aktien emittiert. Das Bezugsverhältnis beträgt demnach 700.000:87.500=8:1, und der Wert des Bezugsrecht berechnet sich mit

$$\text{B} = \frac{S_a - S_n}{\text{BV} + 1} = \frac{90 - 72}{8/1 + 1} = 2{,}00\,€.$$

Der theoretische Mischkurs nach der Kapitalerhöhung ist gleich dem Kurs der alten Aktien abzüglich dem Wert des Bezugsrechts, also 90,00–2,00=88,00 €.
Richtig sind damit c, d und e.

a) Falsch: Das Bezugsverhältnis ist 8:1, nicht 1:8.

b) Falsch

c) Richtig

d) Richtig

e) Richtig: Es werden immer genau so viele Bezugsrechte ausgegeben, wie es alte Aktien gab.

Lösung zu Übungsaufgabe 6.22:
Das Bezugsverhältnis, das Verhältnis zwischen der Anzahl der alten und jungen Aktien, beträgt

$$\text{BV} = \frac{50.000}{10.000} = 5 : 1,$$

und der Wert des Bezugsrechts

$$B = \frac{S_a - S_n}{\text{BV} + 1} = \frac{36 - 34}{5/1 + 1} = 0{,}3333\,€.$$

Die Investorin besitzt vor der Kapitalerhöhung 50.000 · 0,1=5.000 Aktien, sie erhält daher 5.000 Bezugsrechte zugeteilt (ein Bezugsrecht pro alter Aktie). Ihr Ziel ist, nach der Kapitalerhöhung (50.000+10.000) · 0,12=7.200 Aktien zu besitzen, d.h. sie muss im Zuge der Kapitalerhöhung 2.200 junge Aktien kaufen. Für diese 2.200 jungen Aktien benötigt sie 2.200 · 5=11.000 Bezugsrechte. 5.000 Bezugsrechte wurden ihr bereits zugeteilt, 6.000 muss sie daher noch zusätzlich erwerben.

Die Investorin muss also insgesamt 6.000 Bezugsrechte und 2.200 junge Aktien kaufen, um einen Anteil von 12% der Aktien zu erreichen. Die gesamten Auszahlungen dafür betragen

$$6.000 \cdot 0{,}3333 + 2.200 \cdot 34 = 76.800\,€.$$

Richtig sind daher b, c, d und e.

a) Falsch: Sie haben das Bezugsverhältnis schon bei der Ermittlung der Anzahl der Bezugsrechte mit einbezogen. Die Investorin erhält aber genau so viele Bezugsrechte, wie sie alten Aktien besitzt – das Bezugsverhältnis wird erst dann benötigt, wenn man ermitteln möchte, wie viele Bezugsrechte notwendig sind, um eine junge Aktien zu kaufen.

b) Richtig

c) Richtig

d) Richtig

e) Richtig

Lösung zu Übungsaufgabe 6.23:
Der Emissionserlös berechnet sich durch die Anzahl der jungen Aktien multipliziert mit dem Emissionskurs, also 30.000.000 · 19=570.000.000 €. Das Bezugsverhältnis beträgt 100:30 oder 10:3, der Wert des Bezugsrechts

$$B = \frac{S_a - S_n}{\text{BV} + 1} = \frac{23{,}50 - 19{,}00}{10/3 - 1} = 1{,}0385\,€.$$

Der Investor besitzt 100.000.000 · 0,03=3.000.000 Aktien, nach der Kapitalerhöhung machen diese nur noch 3.000.000/130.000.000=0,023077≃2,308% der Aktien aus.

Nach der Kapitalerhöhung beträgt das gesamte Grundkapital der BANK AG 130.000.000 · 5=650.000.000 €.

Richtig sind c, d und e.

a) Falsch

b) Falsch: Jeder Altaktionär bekommt pro alter Aktie ein Bezugsrecht, d.h. insgesamt werden 100 Mio. Bezugsrechte ausgegeben.

c) Richtig

d) Richtig

e) Richtig

Lösung zu Übungsaufgabe 6.24:
Alle Antworten sind richtig.

a) Richtig: Die Emissionsbank muss alle nicht verkauften Aktien abnehmen, somit hat der Emittent selbst kein Nachfragerisiko mehr.

b) Richtig: Die Zeichnungsaufträge werden in einem Orderbuch gesammelt, auf dieser Basis wird dann der Emissionskurs ermittelt.

c) Richtig: Vor allem im angloamerikanischen Raum wird fast nur das Bookbuilding-Verfahren verwendet, das Festpreisverfahren ist dort so gut wie unbekannt.

d) Richtig: Da der Preis erst im Laufe des Verfahrens festgelegt wird, ist der Emissionserlös am Anfang nicht genau bekannt.

e) Richtig: Da der Preis durch die Gebote der Marktteilnehmer bestimmt wird, ist er auch marktkonform.

Lösung zu Übungsaufgabe 6.25:
Richtig sind b, c und d.

a) Falsch: Bei einer Privatplatzierung werden die Anleihen nur einem ausgewählten Kreis an Anlegern angeboten (idR institutionelle Investoren). Der Begriff „private“ bezieht sich also nicht auf private Investoren.

b) Richtig

c) Richtig

d) Richtig: Da die Platzierung nicht öffentlich ist, ist die Außenwirkung sehr begrenzt.

e) Falsch

Lösung zu Übungsaufgabe 6.26:
Richtig sind a, b und c.

a) Richtig

b) Richtig: Das Tenderverfahren (oder Auktionsverfahren) wird hier am häufigsten eingesetzt.

c) Richtig: Die Börsenzulassung kann, muss aber nicht erfolgen.

d) Falsch: Diese Aussage trifft auf ein Private Placement zu.

e) Falsch: Gerade beim Public Placement und dem Tenderverfahren ist der Erfolg der Emission hauptsächlich von der Nachfrage abhängig, die durch Marketingaktivitäten gesteigert werden kann.

Lösung zu Übungsaufgabe 6.27:
Richtig sind a, c, d und e.

a) Richtig: In anderen Worten: Falls der Kunde zahlungsunfähig wird, haftet dafür in einem bestimmten Ausmaß der Factor.

b) Falsch: Es wird ein Bündel an Forderungen verkauft.

c) Richtig

d) Richtig: Die Zahlung der erst später fällig werdenden Forderungen erfolgt schon jetzt.

e) Richtig: Factoringgesellschaften machen dies, um das Delkredererisiko abschätzen und die Factoring-Bedingungen entsprechend anpassen zu können.

Lösung zu Übungsaufgabe 6.28:
Richtig sind a, b, c und d.

a) Richtig: Es wird die Wahrscheinlichkeit dargestellt, dass der Schuldner seine Schulden nicht mehr zurückzahlen kann.

b) Richtig: Das Rating spiegelt die generelle wirtschaftliche Situation des Unternehmens wider.

c) Richtig

d) Richtig

e) Falsch: Nicht der Gläubiger, sondern das geratete Unternehmen (der Schuldner) wird herabgestuft, wenn dieses sich in der beschriebenen Situation befindet.

11.7 Lösungen zu den Übungsaufgaben aus Kapitel 7

Lösung zu Übungsaufgabe 7.1:
Richtig sind a,b, und c.

a) Richtig

b) Richtig

c) Richtig

d) Falsch: Hedging bezeichnet den Vorgang, sich durch den Kauf oder Verkauf von bestimmten (derivativen) Wertpapieren gegen ein bestehendes Risiko (z.B. Wechselkursschwankungen) abzusichern.

e) Falsch: Die Greenshoe-Option tritt im Zusammenhang mit der Emission von Wertpapieren (z.B. Aktien) auf. Ist sie vereinbart, kann das emittierende Unternehmen bei Überzeichnung zusätzliche Wertpapiere emittieren. Die Greenshoe-Option selber ist aber keine Option im Sinne eines Derivats.

Lösung zu Übungsaufgabe 7.2:
Richtig sind b und d.

a) Falsch: Ein derivatives Wertpapier kann auch schon vor dem Verfallstag bewertet werden (die Bewertung ist nur bei manchen Wertpapieren mathematisch eher anspruchsvoll).

b) Richtig

c) Falsch: Die Floating Rate Note ist kein Derivat.

d) Richtig

e) Falsch: Beim Hedging geht es um die Absicherung einer Risikoposition, nicht um die Erzielung eines Gewinns. Dementsprechend wird beim Hedging auch bei einem Kursanstieg nicht zwangsweise ein Gewinn erzielt.

Lösung zu Übungsaufgabe 7.3:
Richtig sind a, b und d.

a) Richtig: Dies ist die klassische Definition des Begriffs Hedging.

b) Richtig: Optionen können in verschiedensten Situationen eingesetzt werden, um Verluste zu vermeiden oder zu beschränken.

c) Falsch: Wetten auf Marktbewegungen bezeichnet man als Spekulation.

d) Richtig

e) Falsch: Arbitragemöglichkeiten können entstehen, wenn ein bestimmtes Gut auf verschiedenen Märkten zu unterschiedlichen Preisen gehandelt wird. Arbitragemöglichkeiten können aber nicht abgesichert werden – im Gegenteil existieren sie typischerweise nur sehr kurz, bis sie durch entsprechende Preisanpassungen (bedingt durch die Änderung von Angebot und Nachfrage) wieder verschwinden.

Lösung zu Übungsaufgabe 7.4:
Richtig sind a und b.

a) Richtig

b) Richtig

c) Falsch: Dies fällt unter den Begriff des Hedgings.

d) Falsch: Risiken werden typischerweise abgesichert (nicht abgegrenzt), und dieser Vorgang gehört außerdem zum Hedging.

e) Falsch: Dies bezeichnet man als Spekulation.

Lösung zu Übungsaufgabe 7.5:
Beim Forward treffen zwei Vertragspartner eine Vereinbarung über den Kauf bzw. Verkauf einer bestimmten Menge (Kontraktgröße) eines Basiswertes mit Erfüllung zu einem zukünftigen Zeitpunkt. Der Erfüllungszeitpunkt (Fälligkeitstag) und Erfüllungspreis (Basispreis) werden vorab fixiert. Die notwendigen Ausstattungsmerkmale sind also:

- Basiswert
- Kontraktgröße
- Basispreis
- Fälligkeitstag

Lösung zu Übungsaufgabe 7.6:
Der Käufer eines Forwards befindet sich in der Long Position, er verpflichtet sich, am Fälligkeitstag die vereinbarte Menge des Basiswertes abzunehmen und den Basispreis zu bezahlen. Der Verkäufer des Forwards (Short Position) verpflichtet sich, die vereinbarte Menge des Basiswertes gegen Bezahlung des Basispreises zu liefern.

Anmerkung: Der Abschluss eines Forwards ist kostenfrei, die Begriffe „Käufer“ und „Verkäufer“ eines Forwards sind daher etwas irreführend, haben sich aber trotzdem eingebürgert.

Lösung zu Übungsaufgabe 7.7:

a) Sie erhalten im Mai 10.000 Barrel Öl geliefert und bezahlen dann 60 $ pro Barrel dafür.

b) Liegt der Ölpreis im Mai bei 80 $, haben Sie durch den Abschluss des Forward-Kontrakts einen Gewinn erzielt, da Sie pro Barrel weniger bezahlen müssen als der aktuelle Preis ausmacht. Ihr Gesamtgewinn beträgt (80–60) · 10.000=200.000 $.

Lösung zu Übungsaufgabe 7.8:

a) Der Unternehmer erhält 800.000 US-Dollar, die er in Euro umwechseln möchte. Anders ausgedrückt, er möchte US-Dollar verkaufen und dafür einen Verkaufspreis in Euro einnehmen. Der Basiswert des Forwards ist daher der USD, und der Unternehmer geht eine Short Position ein. Es kommt die Quote zur Anwendung, bei der der Unternehmer einen niedrigeren Euro-Betrag erhält, also der Wechselkurs 1 EUR=1,110 USD.

b) Mit dem Forward-Kontrakt ist der Wechselkurs fixiert und der Unternehmer erhält 800.000/1,110=720.720,72 €. Wenn er den Forward nicht abgeschlossen hätte, hätte er allerdings 800.000/1,106=723.372,31 € erhalten. Der Abschluss des Forward-Vertrags hat sich also im Nachhinein als ungünstig herausgestellt, da dadurch ein Verlust von 2.606,59 € entstanden ist.

c) Wenn der aktuelle Wechselkurs am 30.6. etwas höher wäre als 1 EUR=1,110 USD, z.B. 1 EUR=1,111 USD, dann hätte sich der Abschluss des Forward-Vertrags als vorteilhaft herausgestellt. (Bei einem Kassakurs von 1 EUR= 1,111 USD hätte der Unternehmer ohne Forward-Vertrag nur 720.072,01 €, also 648,71 € weniger als mit dem Forward erhalten.)

Lösung zu Übungsaufgabe 7.9:

a) Das österreichische Unternehmen muss 350.000 GBP an seinen Lieferanten bezahlen, d.h. es muss GBP kaufen (um sie an den Lieferanten weiterzugeben) und dafür einen bestimmten Betrag in EUR aufwenden. Der Basiswert des Forwards die Fremdwährung (Pfund), das Unternehmen muss also einen Forward kaufen (eine Long Position einnehmen).

b) Durch den Abschluss des Forward-Vertrags zahlt das Unternehmen in fünf Monaten 350.000/0,7195=486.448,92 €, ohne den Forward-Kontrakt hätte es 350.000/0,7080=494.350,28 € zahlen müssen. Der Forward hat sich also als vorteilhaft herausgestellt, das Unternehmen hat dadurch einen Gewinn von 7.901,36 € erzielt.

Lösung zu Übungsaufgabe 7.10:
Durch den Forward-Vertrag zahlt das Unternehmen in drei Monaten einen Betrag von 600.000/3,626=165.471,59 €, ohne den Vertrag hätte es jedoch nur 600.000/3,638=164.925,78 € zahlen müssen. Der Forward-Vertrag hat sich demnach nachteilig ausgewirkt, der dadurch entstandene Verlust beläuft sich auf 165.471,59–164.925,78=545,81 €.
Richtig sind a, b und e.

a) Richtig: Ein Forward ist ein unbedingtes Termingeschäft, das Unternehmen muss also – unabhängig von der tatsächlichen Wechselkursentwicklung – genau diese Summe bezahlen.

b) Richtig

c) Falsch: Sie haben mit den Wechselkursen multipliziert statt durch sie zu dividieren.

d) Falsch: Bei einem Forward hat keiner der Vertragspartner ein Wahlrecht, es handelt sich um ein unbedingtes Termingeschäft.

e) Richtig: In diesem Fall würde ohne Forward-Vertrag durch einen niedrigeren Wechselkurs dividiert werden, der entstehende Euro-Betrag wäre dann höher als mit Forward-Vertrag.

Lösung zu Übungsaufgabe 7.11:

a) Die direkte Anlage würde ein Endvermögen von 50.000 · 1,025=51.250,00 € erbringen.

   Für das Endvermögen der zweiten Variante wird zunächst das Anfangsvermögen in Yen getauscht, dieser Betrag wird mit 1% p.a. verzinst und nach einem Jahr wieder in Euro zurück gewechselt:

$$50.000 \cdot 135{,}616 \cdot 1{,}01 \cdot \frac{1}{132{,}781} = 51.578,22.$$

   Die Investorin sollte also die zweite Veranlagungsmöglichkeit wählen.

b) Es gilt:

$$50.000 \cdot x \cdot 1{,}01 \cdot \frac{1}{132{,}781} = 51.250$$

$$\Longrightarrow \quad x = 134{,}753.$$

   Bei einer Spot Rate von 1 EUR=134,753 JPY wären die beiden Varianten gleichwertig.

Lösung zu Übungsaufgabe 7.12:
Bei der Veranlagung zum EUR-Zinssatz (erste Variante) beträgt das Endvermögen

$$\mathrm{EV}_1 = 100.000 \cdot \left(1 + \frac{0{,}02}{2}\right)^2 = 102.010{,}00,$$

bei der Veranlagung bei der kanadischen Bank (zweite Variante)

$$\mathrm{EV}_2 = 100.000 \cdot 1{,}4115 \cdot \left(1 + \frac{0,024}{2}\right)^2 \cdot \frac{1}{1{,}4204} = 101.772{,}69,$$

die Differenz der beiden Endvermögen beträgt damit 237,31 €.

Der EUR-Zinssatz, bei dem die erste Veranlagungsvariante das gleiche Endvermögen wie die zweiten Variante liefert, wird wie folgt berechnet:

$$100.000 \cdot \left(1 + \frac{i}{2}\right)^2 = 101.772{,}69$$

$$\Longrightarrow \quad i = 0{,}0176490 \simeq 1{,}765\%.$$

Richtig sind daher b und c.

a) Falsch: Die beiden Wechselkurse (Spot und Forward Rate) haben einen wesentlichen Einfluss auf das Endvermögen und dürfen daher bei der Entscheidung nicht ignoriert werden.

b) Richtig

c) Richtig

d) Falsch: Sie haben die halbjährliche Verzinsung bei der Veranlagung in kanadischen Dollar übersehen.

e) Falsch: Das wäre nur dann richtig, wenn die Spot Rate gleich der Forward Rate wäre.

Lösung zu Übungsaufgabe 7.13:
Forward Rate Agreements sind Forward-Kontrakte auf Zinssätze, die die Unsicherheit hinsichtlich zukünftiger Spot (Interest) Rates eliminieren. Wie beim Forward handelt es sich um „over-the-counter“ (OTC) Verträge, die direkt zwischen den beiden Vertragspartnern abgeschlossen werden.

Die resultierenden Zahlungsströme sind ähnlich zu einer fiktiven Vereinbarung über ein zukünftiges (kurzfristiges) Darlehen, das im Zeitpunkt T_1 aufgenommen werden soll. Der Abschluss des Forward Rate Agreements ist kostenfrei. Der vereinbarte Zinssatz orientiert sich an der Forward Rate für den entsprechenden Zeitpunkt. Es erfolgt eine Barabrechnung am Fälligkeitstag T_1 mittels Ausgleichszahlung.

Lösung zu Übungsaufgabe 7.14:
Die wichtigsten Abgrenzungskriterien sind in folgender Tabelle aufgelistet:

Forwards	Futures
private Verträge	börsengehandelte Kontrakte
nicht standardisiert	standardisiert
üblicherweise ein Lieferdatum	mehrere Lieferdaten
Abrechnung am Fälligkeitszeitpunkt	tägliche Abrechnung
Erfüllungsrisiko besteht	praktisch kein Erfüllungsrisiko
Lieferung oder Barabrechnung findet üblicherweise statt	Positionen oft vor dem Fälligkeitszeitpunkt geschlossen

Lösung zu Übungsaufgabe 7.15:
Richtig sind c und d.

a) Falsch: Auch der Future ist ein unbedingtes Termingeschäft, keiner der Vertragspartner hat ein Wahlrecht.

b) Falsch: Futurepositionen werden in der Praxis sehr oft vorzeitig geschlossen („glattgestellt“).

c) Richtig: Durch die tägliche Abrechnung über das Marginkonto ist das Erfüllungsrisiko praktisch nicht vorhanden.

d) Richtig

e) Falsch: Futures werden täglich abgerechnet, nicht Forwards.

Lösung zu Übungsaufgabe 7.16:
Richtig sind a und d.

a) Richtig

b) Falsch: Aufgrund der symmetrischen Gewinn-/Verlust-Struktur eines Futures ist eine einseitige Absicherung nur gegen Verluste nicht möglich.

c) Falsch: Abhängig von der Position im Basiswert (long oder short) müssen die entsprechenden Futures verkauft oder gekauft werden.

d) Richtig: Nur so ist der für das Hedging notwendige Ausgleich von Gewinnen und Verlusten möglich.

e) Falsch: Je größer der Hebeleffekt, umso *weniger* Kontrakte werden zur Absicherung benötigt.

Lösung zu Übungsaufgabe 7.17:
Richtig sind a, b und e.

a) Richtig

b) Richtig: Die tägliche Abrechnung hat denselben Effekt, wie wenn man den Future glattstellen und gleich wieder neu abschließen würde.

c) Falsch

d) Falsch: Forwards und nicht börsengehandelte Optionen werden erst am Fälligkeitszeitpunkt abgerechnet.

e) Richtig

Lösung zu Übungsaufgabe 7.18:

a) Das Unternehmen benötigt Öl, deshalb liegt die Gefahr im Steigen des Ölpreises.

b) In der Long Position in einem Future verpflichtet sich das Unternehmen, Öl zu einem bestimmten Preis zu kaufen. Damit kann es heute schon den zukünftig zu zahlenden Ölpreis fixieren.

c) 75.000 Liter entsprechen ungefähr 75.000/159=471,70 Barrel. Ein Future-Kontrakt bezieht sich auf 50 Barrel Öl, für 471,70 Barrel benötigt man theoretisch 9,43 Kontrakte. Da keine Bruchteile von Kontrakten gehandelt werden, und das Unternehmen sich vollständig gegen Preisschwankungen absichern möchte, wird aufgerundet. Das Unternehmen sollte also 10 Future-Kontrakte kaufen.

d) Wenn der Ölpreis um 73–68=5 $ steigt, hat das Unternehmen durch den Abschluss der Futures einen Vorteil erzielt: es kann trotz des gestiegenen Preises Öl zu niedrigeren Preis kaufen. Dieser Vorteil schlägt sich bei der täglichen Abrechnung als Gutschrift am Marginkonto nieder: der Kontostand steigt pro Future-Kontrakt um $50 \cdot 5$=250 $.

Lösung zu Übungsaufgabe 7.19:

Durch das Sinken des Goldpreises haben Sie einen Verlust erlitten, da Sie ohne Future jetzt Gold günstiger kaufen könnten. Dieser Verlust von (1.155–1.142) · 10.000=130.000 $ wird Ihrem Marginkonto angelastet, der neue Kontostand beträgt jetzt 438.580–130.000=308.580 $.

Lösung zu Übungsaufgabe 7.20:

Vom 1. auf den 2. März ist der Futurekurs um 2 $ gefallen, umgelegt auf die Kontraktgröße ergibt das einen Verlust von 2 · 100.000=200.000 $, die das Unternehmen auf das Marginkonto nachschießen muss.
Einen Tag später ist der Futurekurs wieder um 0,50 $ gestiegen, dem Unternehmen werden daher 0,50 · 100.000=50.000 $ gutgeschrieben, die es nun vom Marginkonto abheben kann.

Richtig ist daher Antwort b.

a) Falsch: Für die Abrechnung am 3. März wird vom Stand des 2. März ausgegangen, nicht vom Anfangsstand vom 1. März.

b) Richtig

c) Falsch: Vom 1. auf den 2. März wurde ein Verlust dem Marginkonto angelastet, das Unternehmen muss daher das Konto wieder auffüllen und eine entsprechende Einzahlung leisten.

d) Falsch

e) Falsch

Lösung zu Übungsaufgabe 7.21:
Am 11. Februar ist der Kurs um drei Indexpunkte gefallen, da der Anleger den Future gekauft hat, hat er einen Verlust erlitten. Von seinem Marginkonto werden $3 \cdot 50 = 150$ € abgebucht, d.h. er muss diesen Betrag nachschießen.

Am 12. Februar kann er hingegen aufgrund des Kursanstiegs einen Gewinn verbuchen und $(2.641 - 2.593) \cdot 50 = 2.400$ € vom Marginkonto entnehmen.

Beachten Sie, dass auch hier die Veränderung des Futurekurses mit der Kontraktgröße multipliziert wird.

Lösung zu Übungsaufgabe 7.22:

a) Die Spekulantin hat sich verpflichtet, 8.860.000 Kronen zu kaufen und dafür 1.000.000 € zu bezahlen. Wenn der Kurs auf 1 EUR=8,78 NOK fällt, müsste sie ohne Future-Kontrakt für 8.860.000 Kronen einen höheren Euro-Betrag zahlen, nämlich 8.860.000/8,78=1.009.111,62 € statt 1.000.000 €. Durch den Abschluss des Futures hat sie also einen Gewinn von 9.111,62 € erzielt, der ihrem Marginkonto gutgeschrieben wird. Der neue Kontostand ist jetzt 79.111,62 €.

   Während sich der Wechselkurs nur um (8,86–8,78)/8,86=0,009029≃0,903% verringert hat, hat sich das Guthaben am Marginkonto prozentuell um 9.111,62/70.000=0,130166≃13,107% erhöht. Das entspricht einer Hebelwirkung von 13,107/0,903≃14,4.

b) Der nunmalige Kursanstieg der Krone gegenüber dem Euro bringt der Spekulantin Verluste – ohne Future müsste sie jetzt für 8.860.000 Kronen nur 8.860.000/8,93=992.161,25 € bezahlen, also um 1.009.111,62–992.161,25= 16.950,36 € weniger als zum Zeitpunkt vor einem Monat (der Zeitpunkt der letzten Abrechnung). Dieser Verlust wird dem Marginkonto angelastet, der aktuelle Kontostand beträgt damit 79.111,62–16.950,36=62.161,25 €.

   Der Kursanstieg von (8,93–8,78)/8,78=0,017084≃1,708% führt also zu einem Verlust am Marginkonto von 16.950,36/79.111,62=0,214259≃21,426%, d.h. der Hebel beträgt jetzt 21,426/1,708≃12,5.

Lösung zu Übungsaufgabe 7.23:

Das Margin berechnet sich vom Euro-Wert des Futures und beträgt damit 2.000.000 · 0,09=180.000 €.

Der Spekulant hat sich verpflichtet, 2.000.000 · 1,04=2.080.000 Schweizer Franken um 2.000.000 € zu verkaufen. Bei einem Kursanstieg auf 1 EUR=1,06 CHF würde er ohne Future-Kontrakt für 2.080.000 Schweizer Franken nur 2.080.000/1,06=1.962.264,15 € bekommen. Durch den Abschluss des Futures hat er also einen Gewinn von 2.080.000,00–1.962.264,15=37.735,85 € erzielt, der seinem Marginkonto gutgeschrieben wird.

Richtig sind damit a, c und d.

a) Richtig

b) Falsch: Das Margin bezieht sich auf den Gegenwert des Futures in Euro.

c) Richtig

d) Richtig: Diese Hebelwirkung ist typisch für Futures.

e) Falsch: Hätte der Spekulant den Future gekauft, hätte er einen Verlust von 37.735,85 € erlitten.

Lösung zu Übungsaufgabe 7.24:

a) Bei einem Anstieg des Indexstands (bzw. Futurekurses) um einen Punkt werden dem Marginkonto dieser eine Punkt multipliziert mit der Kontraktgröße gutgeschrieben, der Kontostand steigt also um 25 €. Bezogen auf den Einsatz von 15.000 € (das erforderliche Margin, das hinterlegt werden musste) ergibt dies eine Rendite von 25/15.000=0,001667≃0,167%.

b) Wird direkt in den Index investiert, ergibt sich – bei einem Indexanstieg von einem Punkt und einem Anfangseinsatz von 11.060 Punkten – eine Rendite von 1/11.060=0,0000904≃0,009%. Der Hebel beträgt daher 0,167/0,009≃18,4.

Lösung zu Übungsaufgabe 7.25:

Bei der Investition in den Future erleidet der Anleger einen Verlust von (8.763–8.790) · 20=–540 €, bezogen auf den Einsatz von 8.000 € ergibt sich eine Tagesrendite von –540/8.000=–0,0675=–6,75%.

Investiert der Anleger hingegen direkt in den Index, erhält er eine negative Tagesrendite von nur (8.763–8.790)/8.790=–0,003072≃–0,307%.

Der Hebeleffekt des Futures beträgt daher 6,75/0,307=21,975≃22,0. Richtig sind daher b und e.

a) Falsch: Sie haben bei der Berechnung der Renditen durch den jeweiligen Wert (Indexstand bzw. Marginkontostand) in t=1 dividiert, statt durch den Ausgangswert in t=0.

b) Richtig

c) Falsch: Sie müssen die Veränderung des Marginkontostands in Relation zum Margin setzen, nicht den Indexstand von t=1.

d) Falsch: Sie haben die Kontraktgröße des Futures vernachlässigt.

e) Richtig

Lösung zu Übungsaufgabe 7.26:
Der Fonds ist eine Long Position in den Aktien eingegangen, zur Absicherung muss in den Futures die Gegenposition eingegangen werden, d.h. die Future-Kontrakte werden verkauft.

Wenn die Aktien im Fonds in der Zusammensetzung dem ATX entsprechen, heute insgesamt 15.000.000 € wert sind, und der ATX bei 2.505 Punkten steht, dann ist der Index 15.000.000/2.505=5.988,02 mal im Investmentfonds „enthalten". Da ein Future sich auf den 25-fachen Indexstand bezieht, muss die Fondsmanagerin also 5.988,02/25=239,52 oder aufgerundet 240 Kontrakte verkaufen, um sich gegen Kursschwankungen abzusichern.

Lösung zu Übungsaufgabe 7.27:

a) Der Endwert der Zahlungen, die mit dieser Strategie (sofortiger Kauf von 100 Unzen Silber und Lagerung für ein halbes Jahr) verbunden ist, beträgt

$$18{,}50 \cdot 100 \cdot e^{0{,}5 \cdot 0{,}012} + 0{,}20 \cdot 100 \cdot 6 = 1.981{,}13,$$

oder 19,81 $ je Unze.

b) Da die obige Strategie zum selben Ergebnis führt wie der Kauf eines Futures (nämlich dass Sie in einem halben Jahr 100 Unzen Silber besitzen), aber mit niedrigeren Auszahlungen verbunden ist (19,81 $ im Vergleich zu 20,10 $ je Unze), gibt es eine Arbitragemöglichkeit. Um diese auszunützen, müssen Sie die beiden Strategien so kombinieren, dass Sie den höheren Betrag als Einzahlung und den niedrigeren als Auszahlung erhalten – die Differenz ist dann der Arbitragegewinn. In diesem Beispiel müssen Sie also heute Silber kaufen und einlagern sowie einen Future-Kontrakt verkaufen. In einem halben Jahr erfüllen Sie den Future-Kontrakt und verkaufen das eingelagerte Silber um 20,10 $ je Unze.

c) Der Arbitragegewinn beträgt 2.010,00–1.981,13=28,87 $ pro Future-Kontrakt (100 Unzen), bzw. 0,29 $ pro Unze Silber.

d) Nein, aufgrund des Clearing- und Marginsystems gibt es de facto kein Erfüllungsrisiko bei Futures.

e) Andere Arbitrageure würden die Situation ebenfalls schnell erkennen und ausnützen. Wenn viele Marktteilnehmer den Future verkaufen, sinkt dessen Preis, während die hohe Nachfrage nach physischem Silber dessen Preis anheben wird, so dass innerhalb kurzer Zeit die Endwerte der Zahlungen der beiden Strategien sich decken werden und die Arbitragemöglichkeit verschwunden sein wird.

Lösung zu Übungsaufgabe 7.28:
Da der Arbitrageur den Future verkauft, muss der Futurekurs um 33,50 $ höher sein als der Endwert der Auszahlungen, die anfallen, wenn man heute Gold kauft und ein Jahr lagert. Aus den Gesamtkosten der Strategie, Gold zu kaufen und zu lagern, und den angegebenen Konditionen lässt sich der heutige Goldpreis errechnen:

$$x \cdot 1{,}02 + 1,50 = 1.167{,}00 - 33{,}50$$

$$\Longrightarrow \quad x = 1.109{,}8039.$$

Der aktuelle Goldpreis liegt also bei 1.109,80 $.

Lösung zu Übungsaufgabe 7.29:
Der Endwert der Zahlungen bei sofortigem Kauf und Lagerung von einer Tonne Aluminium beträgt

$$1.650 \cdot 1{,}045 + 5 \cdot 12 = 1.784{,}25,$$

ist also um 84,25 $ höher als der Futurekurs von 1.700,00 $. Da die beiden Werte nicht gleich hoch sind, gibt es eine Arbitragemöglichkeit.

Wenn Sie heute Aluminium verkaufen, dadurch in Folge Lagerkosten einsparen, und gleichzeitig einen Future-Kontrakt kaufen, erzielen Sie den gewünschten Effekt: Durch den Verkauf und die nicht anfallenden Lagerkosten erhalten Sie den Endwert von 1.784,25 $ als Einzahlung, davon verwenden Sie 1.700,00 $, um den Future-Kontrakt zu erfüllen und Aluminium zu kaufen, und übrigen bleibt ein Arbitragegewinn von 84,25 $.

Richtig sind daher a, b und c.

a) Richtig

b) Richtig

c) Richtig

d) Falsch: Abgesehen davon, dass der Endwert nicht stimmt – es ist egal, ob der Endwert der Zahlungen bei Kauf und Lagerung höher oder niedriger als der Futurekurs ist. Solange die beiden nicht übereinstimmen, gibt es eine Arbitragemöglichkeit.

e) Falsch: Die Arbitragestrategie verläuft genau umgekehrt.

Lösung zu Übungsaufgabe 7.30:
Alle Aussagen sind richtig.

a) Richtig

b) Richtig: Wie bei den Forwards können die Konditionen des Swaps individuell vereinbart werden.

c) Richtig

d) Richtig

e) Richtig: Der Swapkupon wird so festgelegt, dass aus heutiger Sicht keiner der Vertragspartner einen Vor- oder Nachteil aus dem Vertrag zu erwarten hat.

Lösung zu Übungsaufgabe 7.31:
Richtig ist b.

a) Falsch: Der Käufer leistet fixe Zinszahlungen (den Swapkupon).

b) Richtig

c) Falsch: Der Swap gehört zu den unbedingten Termingeschäften, keiner der Vertragspartner hat ein Wahlrecht.

d) Falsch: Der Abschluss des Swaps ist kostenfrei.

e) Falsch: Einmal abgeschlossen, müssen die Zahlungen des Swaps wie vereinbart geleistet werden.

Lösung zu Übungsaufgabe 7.32:
Die fixen Zinszahlungen betragen in jedem Jahr $500.000 \cdot 0{,}037 = 18.500$ €. Bei den variablen Zinszahlungen kann nur jene für $t=1$ berechnet werden (die zukünftigen EURIBOR-Werte können noch nicht beobachtet werden), sie beträgt $500.000 \cdot 0{,}033 = 17.500$ €. Die erste Ausgleichszahlung ($18.500 - 17.500 = 1.000$ €) geht daher vom Käufer an den Verkäufer des Swaps.

Richtig sind a und d.

a) Richtig

b) Falsch: Die Ausgleichszahlung für das erste Jahr beträgt zwar 1.000 €, geht aber vom Käufer an den Verkäufer. Die Zahlungen für die späteren Jahre können noch nicht berechnet werden.

c) Falsch: Die variablen Zahlungen für $t=2$ und $t=3$ können noch nicht ermittelt werden, da die zukünftigen EURIBOR-Werte noch unbekannt sind.

d) Richtig

e) Falsch

Lösung zu Übungsaufgabe 7.33:
Der Wert des Swaps setzt sich aus dem Wert einer entsprechenden Kuponanleihe (fixe Zinszahlungen) und einer Floating Rate Note (variable Zinszahlungen) zusammen. Hier im Beispiel hat das Unternehmen den Swap gekauft, d.h. es zahlt den fixen Swapkupon und erhält die variable Zinszahlung, daher geht der Wert der Kuponanleihe negativ und der Wert des Floaters positiv in den Wert des Swaps ein. Es gilt:

$$\mathrm{B_{fix}} = 4,5 \cdot \mathrm{e}^{-0,045 \cdot 0,75} + 4,5 \cdot \mathrm{e}^{-0,048 \cdot 1,75} + 104,5 \cdot \mathrm{e}^{-0,052 \cdot 2,75} = 99{,}06390$$

und

$$\mathrm{B_{var}} = 104 \cdot e^{-0,045 \cdot 0,75} = 100{,}54857.$$

Aus der Sicht des Unternehmens ergibt sich der Wert des Swaps mit

$$\frac{100{,}54857 - 99{,}06390}{100} \cdot 50.000.000 = 742.335{,}17\,€.$$

Anmerkung: Da die Barwerte der beiden Anleihen in Prozent gegeben sind, der Wert des Swaps aber in Euro berechnet werden soll, muss in der obigen Gleichung durch 100 dividiert werden.

Lösung zu Übungsaufgabe 7.34:
Es gilt:

$$\mathrm{B_{fix}} = 3{,}6 \cdot \mathrm{e}^{-0,0375 \cdot 0,5} + 3{,}6 \cdot \mathrm{e}^{-0,0360 \cdot 1,5} + 103{,}6 \cdot \mathrm{e}^{-0,0355 \cdot 2,5} = 101{,}74558,$$

bzw.

$$\mathrm{B_{var}} = 103{,}75 \cdot e^{-0,0375 \cdot 0,5} = 101{,}82281.$$

Das Unternehmen erhält fixe und zahlt variable Zinsen, aus seiner Sicht ergibt sich daher der Wert des Swaps mit

$$\frac{101{,}74558 - 101{,}82281}{100} \cdot 10.000.000 = -7.722{,}80\,€.$$

Richtig ist daher d.

a) Falsch: Sie haben bei der Bewertung der Kuponanleihe nicht den Swapkupon, sondern den zuletzt beobachteten EURIBOR als Kupon herangezogen.

b) Falsch: Das Unternehmen erhält fixe und zahlt variable Zinsen, der Wert der Kuponanleihe geht daher positiv, und jener der Floating Rate Note negativ in die Gleichung ein.

c) Falsch: Bei der Bewertung der Floating Rate Note muss der zuletzt beobachtete EURIBOR (3,75%) als zukünftiger Kupon verwendet werden, nicht der Swapkupon von 3,60%.

d) Richtig

e) Falsch: Sie haben die Kuponanleihe wie eine Floating Rate Note bewertet.

Lösung zu Übungsaufgabe 7.35:

a) Call-Option:

Der Käufer (Besitzer, Long Position) hat das Recht (aber nicht die Pflicht), eine Aktie der XYZ-AG nächsten Freitag um 40 € zu kaufen. Wenn er dieses Recht ausübt, muss der Verkäufer der Option (Schreiber, Stillhalter, Short Position) ihm die Aktie um 40 € verkaufen. Wenn der Käufer der Option die Aktie nicht kaufen möchte, kann er die Option verfallen lassen, der Verkäufer der Option muss dann nichts weiter tun.

Put-Option:

Der Besitzer der Put-Option hat das Recht (aber nicht die Pflicht), eine Aktie der XYZ-AG um 40 € an den Stillhalter der Option zu verkaufen. Der Stillhalter muss dann die Aktie zu diesem Preis abnehmen. Möchte der Besitzer der Option die Aktie nicht verkaufen, kann er die Option verfallen lassen.

b) Call-Option:

Die Call-Option gibt dem Besitzer der Option das Recht, die Aktie um 40 € vom Stillhalter zu kaufen. Ist die Aktie an der Börse nur 35 € wert, wird der Besitzer der Option diese verfallen lassen – er wird nicht freiwillig 40 € für eine Aktie zahlen, die er an der Börse für 35 € bekommen könnte. Liegt hingegen der Börsenkurs der XYZ-Aktie bei 44 €, wird der Besitzer der Option diese ausüben. Er bekommt damit eine Aktie, die 44 € wert ist, um 40 €. Selbst wenn er die Aktie eigentlich gar nicht haben möchte, wird er die Option ausüben – er kann ja die Aktie gleich wieder an der Börse um 44 € weiter verkaufen.

Put-Option:

Die Put-Option gibt dem Besitzer der Option das Recht, die XYZ-Aktie um 40 € zu verkaufen. Wenn der Börsenkurs 35 € beträgt, wird der Besitzer der Option diese ausüben – er bekommt damit 40 € für eine Aktie, die eigentlich nur 35 € wert ist. Wird hingegen die Aktie an der Börse um 44 € gehandelt, wird er die Option verfallen lassen – er wird nicht freiwillig die Aktie um 40 € mit Hilfe der Option verkaufen, wenn er an der Börse 44 € dafür bekommen kann.

Hinweis: Unterscheiden Sie immer zwischen dem Käufer/Verkäufer der Option und dem Käufer/Verkäufer des Basiswerts!

Lösung zu Übungsaufgabe 7.36:
Richtig sind a, b und c.

a) Richtig

b) Richtig

c) Richtig

d) Falsch: Eine Wahlmöglichkeit wird zwar auch als „Option“ bezeichnet, hat aber in diesem Fall nichts mit dem derivativen Wertpapier zu tun.

e) Falsch: Bei einer Optionsanleihe wird zusätzlich zur Anleihe ein Optionsrecht auf den Bezug von Aktien des emittierenden Unternehmens vergeben. Die Tilgung der Optionsanleihe (oder allgemein einer Anleihe) hat dagegen nichts mit Optionen zu tun.

Lösung zu Übungsaufgabe 7.37:
Richtig sind a, b und e.

a) Richtig

b) Richtig

c) Falsch: Das cost-of-carry Modell wird zur Bewertung von Futures herangezogen, zur Bewertung von Optionen ist es nicht geeignet.

d) Falsch: Der Begriff „Amerikanische Option“ beschreibt einzig und allein die Tatsache, dass die Option bis zum (und nicht nur am) Verfallstag ausgeübt werden kann.

e) Richtig

Lösung zu Übungsaufgabe 7.38:
Richtig sind a, c, d und e.

a) Richtig: Das Recht, die Aktie zum Ausübungspreis kaufen zu dürfen, kann nicht mehr wert sein als dieser Ausübungspreis selber.

b) Falsch: Je höher der Ausübungspreis ist, umso mehr muss man bei der Ausübung der Option für die Aktie bezahlen, und umso niedriger ist daher der Wert der Option (ceteris paribus).

c) Richtig

d) Richtig: Am Verfallstag ist der Zeitwert gleich null, der Optionswert reduziert sich damit auf den inneren Wert.

e) Richtig: Die Amerikanische Option gibt dem Besitzer mehr Rechte als die Europäische Option, da sie bis zum und nicht nur am Verfallstag ausgeübt werden kann. Daher ist sie auch (ceteris paribus) mehr wert als die Europäische Option.

Lösung zu Übungsaufgabe 7.39:
Alle Antworten sind richtig.

a) Richtig: Der Wert (Preis) der Option ist die Summe aus innerem Wert und Zeitwert, wobei der Zeitwert am Verfallstag gleich null ist. Der innere Wert ist damit zum überwiegenden Teil niedriger als der Wert der Option.

b) Richtig: Bei out-of-the-money Optionen ist der innere Wert gleich null, während der Zeitwert (außer am Verfallstag) positiv ist.

c) Richtig

d) Richtig

e) Richtig

Lösung zu Übungsaufgabe 7.40:
Richtig sind a, b und c.

a) Richtig: Dies ist die allgemeine Definition des Begriffs „in the money".

b) Richtig: Wenn bei einer Put-Option der Kurs des Basiswertes höher ist als der Ausübungspreis, sollte die Option nicht ausgeübt werden, da der Verkaufserlös über die Option niedriger wäre als bei einem Verkauf an der Börse. Die Option ist daher „out of the money".

c) Richtig: Wenn bei einer Call-Option der Kurs des Basiswertes höher ist als der Ausübungspreis, sollte der Besitzer die Option ausüben, da er den Basiswert mit Hilfe der Option billiger kaufen kann als an der Börse. Die Option ist daher „in the money".

d) Falsch: Auch wenn eine Option ausgeübt wird, kann sich insgesamt trotzdem noch ein Verlust für den Besitzer ergeben, da der ursprüngliche Kaufpreis der Option ja auch berücksichtigt werden muss.

e) Falsch

Lösung zu Übungsaufgabe 7.41:

a) Sie werden die Option am Verfallstag ausüben, da Sie damit die zugrundeliegende Aktie um 62 € kaufen können, obwohl sie an der Börse um 68 € gehandelt wird. Daraus ergibt sich ein Gewinn von 6 €, allerdings haben Sie anfangs 4 € für die Option gezahlt, so dass sich Ihr Gesamtgewinn auf 6–4=2 € reduziert.

b) Optionen sind Nullsummenspiele, der Gewinn des einen ist gleich dem Verlust des anderen Vertragspartners. Der Stillhalter erzielt daher ein Ergebnis von –2 €.
Ausführlicher argumentiert: Der Stillhalter erhält anfangs aus dem Verkauf

der Option 4 €. Am nächsten Tag wird der Käufer der Option diese jedoch ausüben, so dass der Stillhalter ihm die Aktie um 62 € verkaufen muss, obwohl sie eigentlich 68 € wert ist. Insgesamt ergibt sich daher ein Ergebnis von 4–6=–2 €.

Lösung zu Übungsaufgabe 7.42:
Richtig sind b und c.

a) Falsch: Der erzielte Gewinn bzw. Verlust einer Option hängt immer vom Kurs der zugrundeliegenden Aktie ab.

b) Richtig: Gestern wäre es für den Käufer der Option nicht vorteilhaft gewesen, diese auszuüben, da er die zugrundeliegende Aktie damit (freiwillig) um 100 € verkauft hätte, obwohl sie eigentlich 102 € wert gewesen wäre.

c) Richtig: Das Gesamtergebnis aus dem Optionsgeschäft beträgt 3–(100–90)=–7 €.

d) Falsch: Je niedriger der Aktienkurs ist, umso höher ist der Verlust des Stillhalters einer Put-Option.

e) Falsch: Die Call-Option gibt dem Besitzer das Recht, die Aktie zu einem bestimmten Preis zu kaufen. Wenn der Aktienkurs allerdings unter den Ausübungspreis von 100 € sinkt, ist die Call-Option wertlos und bietet daher in diesem Fall keinen Schutz vor Verlusten.

Lösung zu Übungsaufgabe 7.43:
Es werden zunächst alle Optionen einzeln bewertet und anschließend die Gewinne und Verluste addiert:

$$\begin{array}{ll} \text{Call long:} & \max(80-50;0)-10=20 \\ \text{Put long:} & \max(60-80;0)-15=-15 \\ \text{Put short:} & -\max(60-80;0)+7=7 \end{array}$$

Der Gesamtgewinn beträgt daher 20–15+7=12 €.

Lösung zu Übungsaufgabe 7.44:
Das Gewinn-/Verlustdiagramm ist in Abbildung 11.5 dargestellt, das Gesamtergebnis zu den verschiedenen Aktienkursen kann dort abgelesen werden. Beim Aktienkurs von 70 € beträgt das Gesamtergebnis –5 €, beim Aktienkurs von 105 € wird ein Gesamtgewinn von 10 € erzielt.

Alternativ könnte das jeweilige Gesamtergebnis auch analog zur Übungsaufgabe 7.43 einzeln berechnet werden.

Lösung zu Übungsaufgabe 7.45:
Die Grafik zur Lösung ist in Abbildung 11.6 dargestellt, die richtigen Antworten können daraus abgelesen werden.

Richtig sind daher b und c.

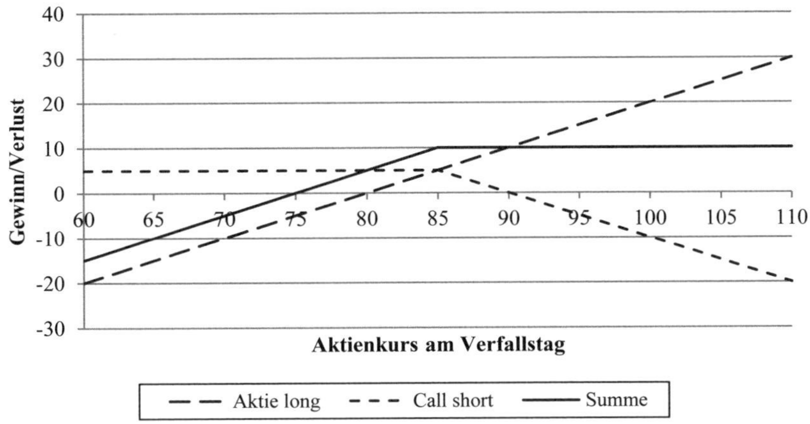

Abbildung 11.5: Gewinn-/Verlustdiagramm zu Übungsaufgabe 7.44

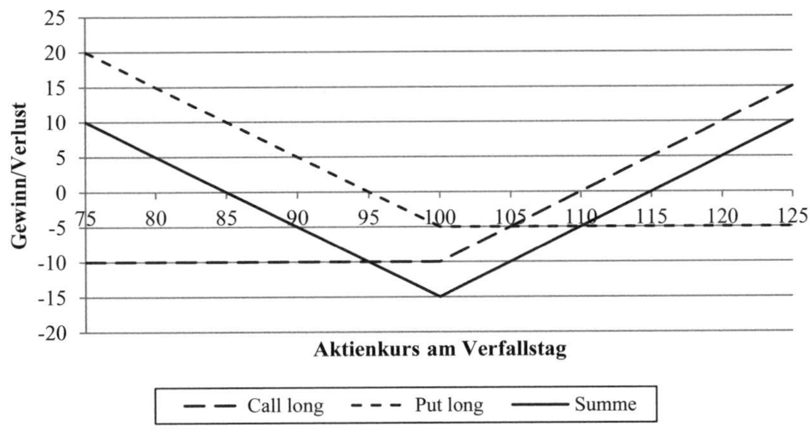

Abbildung 11.6: Gewinn-/Verlustdiagramm zu Übungsaufgabe 7.45

a) Falsch

b) Richtig

c) Richtig: In diesem Fall beträgt der Gesamtverlust 15 €.

d) Falsch

e) Falsch: Der maximal mögliche Gesamtgewinn ist theoretisch unbegrenzt.

Lösung zu Übungsaufgabe 7.46:
Am Folgetag besteht das Portfolio des Anlegers besteht aus 60 Aktien (die er schon länger besessen hat), die zu jeweils 39 € notieren, und 30 Call-Optionen short. Für die Optionen hat er am Vortag einen Verkaufserlös von 3 € je Stück erzielt, allerdings wird der Käufer sie heute ausüben, so dass sich für den Anleger jeweils ein Wert von –max(39–35; 0)=–4 € ergibt. Unter Berücksichtigung des aufgezinsten Optionspreises ergibt sich damit ein Portfoliowert von

$$\mathrm{PF} = 39 \cdot 60 - 4 \cdot 30 + 3 \cdot 30 \cdot \mathrm{e}^{0{,}05/365} = 2.310{,}01\,€.$$

Lösung zu Übungsaufgabe 7.47:
Der Wert der Option am Verfallstag beträgt 4 € (der Investor hat das Recht, die Aktie um 10 € zu verkaufen, obwohl sie nur 6 € wert ist). Unter Berücksichtigung des ursprünglich gezahlten Optionspreises von 3 € ergibt sich die Tagesrendite von

$$i_{\mathrm{eff,Tag}} = \sqrt[4]{\frac{4}{3}} - 1 = 0{,}07457 \simeq 7{,}46\% \text{ pro Tag.}$$

Richtig ist daher d.

a) Falsch: Sie haben den Ausübungspreis in Relation zum Aktienkurs am Verfallstag gesetzt (statt den Wert der Option am Verfallstag in Relation zum gezahlten Optionspreis), und vergessen, von vier Tagen auf einen Tag zurückzurechnen.

b) Falsch: Sie haben die 4-Tages-Rendite statt der Tagesrendite berechnet.

c) Falsch: Sie haben den Ausübungspreis in Relation zum Aktienkurs am Verfallstag gesetzt (statt den Wert der Option am Verfallstag in Relation zum gezahlten Optionspreis).

d) Richtig

e) Falsch: Sie haben die Tagesrendite bei Investition in die Aktie ermittelt.

Lösung zu Übungsaufgabe 7.48:
In der ersten Veranlagungsvariante kauft die Anlegerin 100 Aktien, wenn diese am nächsten Tag jeweils 12 € wert sind, beträgt ihr Vermögen 1.200 €.

In der zweiten Variante kauft sie 500 Call-Optionen mit einem Ausübungspreis von 11 €. Diese sind am nächsten Tag (beim Aktienkurs von 12 € jeweils 1 € wert, ihr Vermögen beträgt damit 500 €, um 700 € weniger als bei der ersten Variante. Die Anlegerin hat hier also eine negative Rendite von (500–1.000)/1.000=–50% erzielt.

Wäre die Aktie am nächsten Tag wertlos, hätte auch die Call-Option einen Wert von null, bei beiden Varianten würde die Rendite daher –100% betragen.

Bei einem Aktienkurs von 13,75 € würde die Rendite der Aktienveranlagung (13,75–10)/10=37,5% betragen. Die Call-Option wäre in diesem Fall 13,75–11=2,75 € wert, und die Rendite würde sich ebenfalls auf (2,75–2)/2= 37,5% belaufen.

Richtig sind daher a, c, d und e.

a) Richtig

b) Falsch: Die Rendite bei der Investition in die Option muss nicht zwangsläufig höher sein als bei der Aktieninvestition. Sie wird bei Kursverlusten typischerweise negativ und damit niedriger sein, bzw. gibt es auch Fälle, in denen die beiden Renditen übereinstimmen (wie bei den Antwortmöglichkeiten d und e).

c) Richtig

d) Richtig

e) Richtig

Lösung zu Übungsaufgabe 7.49:
Das Unternehmen erhält Rubel, die es in Euro umtauschen möchte, d.h. das Unternehmen möchte Rubel verkaufen (und dafür einen Verkaufserlös in Euro erhalten). Folgende Absicherungsvarianten sind möglich:

- Absicherung mittels Forward: Das Unternehmen verkauft einen Forward auf Rubel, d.h. es verpflichtet sich, in sechs Monaten zu einem schon jetzt fixierten Kurs Rubel zu verkaufen.

  Der Vorteil dieser Variante ist, dass die Bedingungen des Forwards individuell auf das Unternehmen zugeschnitten werden können, und dass der Abschluss des Forwards keine Auszahlungen verursacht. Zu den Nachteilen gehört ein mögliches Erfüllungsrisiko, und dass das Unternehmen an den Vertrag gebunden ist, also bei einer für es günstigen Wechselkursentwicklung trotzdem den Vertrag erfüllen muss.

- Absicherung mittels Future: Das Unternehmen verkauft einen Future auf Rubel.

  Vorteilhaft an dieser Variante ist die Ausschaltung des Erfüllungsrisikos, die Möglichkeit, den Future vorzeitig glattstellen zu können, und der kostenfreie Abschluss, während sich die Standardisierung der Kontrakte und die Tatsache, dass es sich wieder um ein unbedingtes Termingeschäft handelt, nachteilig auswirken können.

- Absicherung mittels Option: Das Unternehmen kauft eine Put-Option auf Rubel, damit hat es das Recht (aber nicht die Pflicht), Rubel zum vorab fixierten Kurs zu verkaufen.

  Je nachdem, ob es sich um eine OTC- oder eine börsengehandelte Option handelt, können entweder die Konditionen individuell vereinbart (OTC) oder das Erfüllungsrisiko ausgeschalten werden (börsengehandelte Option). Der Vorteil bei der Absicherung mit Optionen liegt darin, dass es sich um ein bedingtes Termingeschäft handelt, das Unternehmen also bei einer günstigen Wechselkursentwicklung die Option auch verfallen lassen kann. Zu den Nachteilen gehört, dass der Abschluss nicht kostenfrei ist, beim Kauf der Option ist der entsprechende Optionspreis zu bezahlen.

Lösung zu Übungsaufgabe 7.50:
Richtig sind a, d und e.

a) Richtig: Die gekaufte Put-Option gibt das Recht, USD zu einem bestimmten Kurs zu verkaufen, die X-AG kann die Option in drei Monaten aber auch verfallen lassen, wenn sie mit dem dann geltenden Wechselkurs einen höheren Euro-Betrag erhalten würde.

b) Falsch: Ein Forward ist ein unbedingtes Termingeschäft.

c) Falsch: Die Call-Option auf USD gibt dem Besitzer das Recht, USD zu kaufen – die X-AG möchte aber USD verkaufen (und Euro dafür bekommen).

d) Richtig

e) Richtig: Als Verkäufer eines USD-Futures verpflichtet sich die X-AG, USD zu festgelegten Kurs zu verkaufen.

Lösung zu Übungsaufgabe 7.51:
Richtig sind b, c und d.

a) Falsch: Optionen verursachen beim Kauf entsprechende Auszahlungen.

b) Richtig

c) Richtig. Dies ist der zentrale Vorteil, den die Optionsvariante aufweist.

d) Richtig

e) Falsch: Während beim Future der Abschluss im Prinzip kostenfrei ist (das hinterlegte Margin bekommt man ja wieder zurückerstattet), fallen beim Kauf der Option Auszahlungen an. Zum Ausgleich kann man die Option auch verfallen lassen, während der Future erfüllt werden muss, was sich nachteilig auswirken kann. Eine allgemeine Aussage wie in dieser Antwortalternative ist daher nicht möglich.

Lösung zu Übungsaufgabe 7.52:

a) Das entsprechende Gewinn-/Verlustdiagramm ist in Abbildung 11.7 dargestellt.

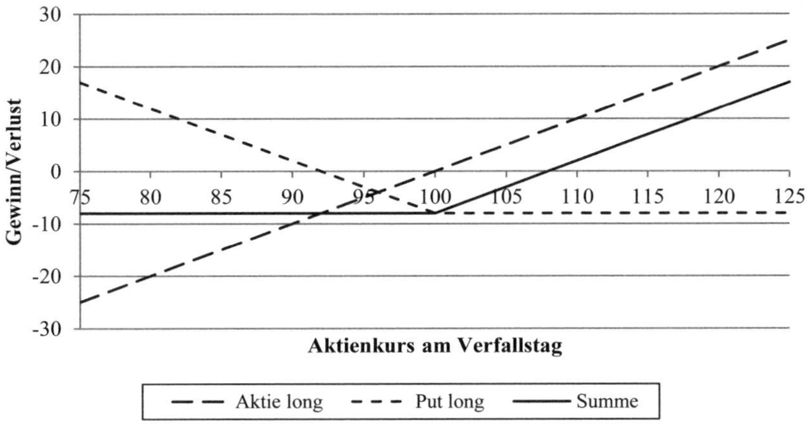

Abbildung 11.7: Gewinn-/Verlustdiagramm zu Übungsaufgabe 7.52, Punkt a

b) Wie im Diagramm zu erkennen ist, entspricht die Form der Gewinn-/Verlustkurve der Gesamtposition jener einer Call-Option aus der Sicht des Besitzers.

c) Eine leerverkaufte Aktie kann man mit Hilfe einer gekauften Call-Optionen gegen Verluste im Fall steigender Aktienkurs absichern. Abbildung 11.8 zeigt das entsprechende Gewinn-/Verlustdiagramm für das Beispiel einer Call-Option mit einem Ausübungspreis von 100 € und einem Optionspreis von 8 €.

Lösung zu Übungsaufgabe 7.53:

a) Unter der Annahme, dass x Call-Optionen gekauft werden, wird für jedes Szenario der Portfoliowert (152 Aktien long und x gekaufte Call-Optionen) berechnet. Danach werden die beiden Portfoliowerte gleichgesetzt und x ausgerechnet.

Anmerkung: Man könnte im Ansatz auch davon ausgehen, dass die Call-Optionen verkauft werden. Allerdings passieren dann erfahrungsgemäß mehr Fehler, als wenn man von der Käufersicht ausgeht. Da das Endergebnis jedenfalls das selbe bleibt, empfehlen wir daher den in Folge beschriebenen Rechenweg.

- Szenario 1 (Aktienkurs 130 €): Die Call-Option mit Ausübungspreis 140 € ist wertlos:

$$\mathrm{PF}_{S_T=130} = 152 \cdot 130 + 0 \cdot x - 3{,}40 \cdot x \cdot \mathrm{e}^{\frac{0{,}05 \cdot 10}{365}}$$

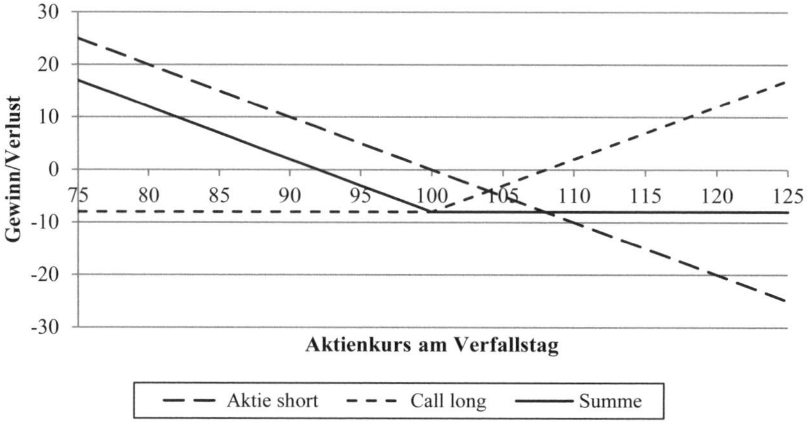

Abbildung 11.8: Gewinn-/Verlustdiagramm zu Übungsaufgabe 7.52, Punkt c

- Szenario 2 (Aktienkurs 150 €): Die Call-Option mit Ausübungspreis 140 € hat einen Wert von 10 €:

$$PF_{S_T=150} = 152 \cdot 150 + 10 \cdot x - 3{,}40 \cdot x \cdot e^{\frac{0{,}05 \cdot 10}{365}}$$

Gleichsetzen der beiden Portfoliowerte liefert:

$$152 \cdot 130 - 3{,}40 \cdot x \cdot e^{\frac{0{,}05 \cdot 10}{365}} = 152 \cdot 150 + 10 \cdot x - 3{,}40 \cdot x \cdot e^{\frac{0{,}05 \cdot 10}{365}}$$
$$x = -304.$$

Es müssen also –304 Call-Optionen *ge*kauft, oder anders ausgedrückt, 304 Call-Optionen *ver*kauft werden, um gegen jede Kursänderung abgesichert zu sein.

b) Der Portfoliowert nach 10 Tagen beträgt beim Aktienkurs von 130 €

$$PF_{S_T=130} = 152 \cdot 130 - 0 \cdot 304 + 3{,}40 \cdot 304 \cdot e^{\frac{0{,}05 \cdot 10}{365}} = 20.795{,}02,$$

beim Aktienkurs von 150 € ergibt sich ebenfalls

$$PF_{S_T=150} = 152 \cdot 150 - 10 \cdot 304 + 3{,}40 \cdot 304 \cdot e^{\frac{0{,}05 \cdot 10}{365}} = 20.795{,}02.$$

Das Portfolio ist daher risikolos: Unabhängig vom Szenario in zehn Tagen ergibt sich ein und derselbe Portfoliowert.

Lösung zu Übungsaufgabe 7.54:
Es wird wieder unterstellt, dass der Plantagenbesitzer x Put-Optionen kauft, und die daraus resultierenden Portfoliowerte werden gleichgesetzt.

Da hier nur die Anzahl der notwendigen Optionen und nicht auch der zugehörige Portfoliowert gefragt ist, kann der Kaufpreis der Optionen von Anfang an vernachlässigt werden – dieser würde ja nach dem Gleichsetzen auf jeder Seite der Gleichung stehen und damit sowieso gekürzt werden.

Damit ergibt sich:

- Szenario 1 (Kakaopreis 2.020 €): Die Put-Option mit dem Ausübungspreis von 1.980 € ist wertlos:

$$\mathrm{PF}_{S_T=2.020} = 20 \cdot 2.020 + 0 \cdot x$$

- Szenario 2 (Kakaopreis 1.060 €): Die Put-Option mit dem Ausübungspreis von 1.980 € hat einen Wert von 20 €:

$$\mathrm{PF}_{S_T=1.960} = 20 \cdot 1.960 + 20 \cdot x$$

Gleichsetzen der beiden Portfoliowerte liefert:

$$20 \cdot 2.020 = 20 \cdot 1.960 + 20 \cdot x \quad \Longrightarrow \quad x = 60.$$

Der Plantagenbesitzer muss also 60 Put-Optionen kaufen, um sein Ziel zu erreichen.

Richtig ist daher d.

a) Falsch: Sie haben sich beim Vorzeichen des Optionswertes geirrt.

b) Falsch: Die Anzahl der zu kaufenden Optionen muss nicht zwangsweise der Anzahl des Tonnen Kakao entsprechen.

c) Falsch

d) Richtig

e) Falsch

Lösung zu Übungsaufgabe 7.55:
Hier ist darauf zu achten, dass die Aktien nicht gekauft, sonder leerverkauft wurden. Davon abgesehen erfolgt die Berechnung analog zu den vorigen Beispielen:

- Szenario 1 (Aktienkurs 86 €): Die Put-Option mit Ausübungspreis 87 € hat einen Wert von 1 €:

$$\mathrm{PF}_{S_T=86} = -100 \cdot 86 + 1 \cdot x$$

- Szenario 2 (Aktienkurs 83 €): Die Put-Option mit Ausübungspreis 87 € hat einen Wert von 4 €:

$$\mathrm{PF}_{S_T=83} = -100 \cdot 83 + 4 \cdot x$$

Gleichsetzen der beiden Portfoliowerte liefert:

$$-100 \cdot 86 + 1 \cdot x = -100 \cdot 83 + 4 \cdot x \quad \Longrightarrow \quad x = -100.$$

Der Anleger muss daher zur Absicherung 100 Put-Optionen verkaufen.

Lösung zu Übungsaufgabe 7.56:
Hier ist (im Unterschied zu den vorherigen Beispielen) die Anzahl der Aktien gesucht, um ein risikoloses Portfolio zu bilden. Man geht daher jetzt davon aus, dass x Aktien gekauft werden. Es gilt:

- Szenario 1 (Aktienkurs 63 €): Die Call-Optionen haben einen Wert von jeweils 3 €:

  $$\mathrm{PF}_{S_T=63} = x \cdot 63 + 200 \cdot 3$$

- Szenario 2 (Aktienkurs 58 €): Die Call-Optionen sind wertlos:

  $$\mathrm{PF}_{S_T=58} = x \cdot 58 + 200 \cdot 0$$

Gleichsetzen der beiden Portfoliowerte liefert:

$$x \cdot 63 + 200 \cdot 3 = x \cdot 58 + 200 \cdot 0 \quad \Longrightarrow \quad x = -120.$$

Die Investorin muss also 120 Alpha-Aktien verkaufen.

Lösung zu Übungsaufgabe 7.57:
Bei der ersten Absicherungsvariante ergibt sich ein Portfoliowert (berechnet beim Aktienkurs von 19 €) von

$$\mathrm{PF}_1 = 30 \cdot 19 - 70 \cdot 0 + 70 \cdot 2{,}10 \cdot e^{0{,}01/365} = 717{,}00,$$

bei der zweiten Variante beträgt der Portfoliowert (unter Verwendung des Aktienkurses von 26 €)

$$\mathrm{PF}_2 = 30 \cdot 26 + 42 \cdot 0 - 42 \cdot 1{,}50 \cdot e^{0{,}01/365} = 717{,}00.$$

(Anmerkung: Die Aktienkurse wurden jeweils so gewählt, dass der Wert der Option für dieses Szenario gleich null ist. Man kann natürlich auch den jeweils anderen Aktienkurs zur Berechnung verwenden – beide angegebenen Portfolios sind risikolos, es muss daher jeweils der selbe Portfoliowert herauskommen.) Richtig ist daher b.

a) Falsch: Die beiden angegebenen Portfolios sind risikolos, das heißt aber nur, dass sich – für jedes Portfolio einzeln betrachtet – in beiden Szenarien der selbe Portfoliowert ergibt. Dieser Wert könnte aber für das Portfolio mit den Call-Optionen durchaus vom Wert des Portfolios mit den Put-Optionen abweichen.

b) Richtig

c) Falsch: Die korrekte Bewertung hängt immer vom risikolosen Zinssatz ab. Abgesehen davon könnten durchaus auch beide Optionen – trotz übereinstimmendem Portfoliowert – falsch bewertet sein.

d) Falsch

e) Falsch

Lösung zu Übungsaufgabe 7.58:

a) Der Anleger besitzt heute genau 9.700 € (100 Aktien zum heutigen Kurs von 97 €). Er hat zwei Möglichkeiten, diesen Betrag risikolos bis zum nächsten Tag zu veranlagen:

- Er bildet das in der Angabe beschriebene risikolose Portfolio. Diese hat am nächsten Tag folgenden Portfoliowert (berechnet beim Aktienkurs von 95 €):

$$100 \cdot 95 - 200 \cdot 0 + 2 \cdot 200 \cdot e^{0{,}04/365} = 9.900{,}04.$$

- Alternativ kann der Anleger den Betrag von 9.700 € einen Tag zu risikolosen Zinssatz von 4% p.a. investieren, dann beträgt sein Endvermögen

$$9.700 \cdot e^{0{,}04/365} = 9.701{,}06.$$

Das Endvermögen ist bei der ersten Variante höher, die darin enthaltene Call-Option ist daher nicht korrekt bewertet und es existiert eine Arbitragemöglichkeit.

b) Wenn man heute 9.700 € für einen Tag zu 4% ausleiht und in das beschriebene risikolose Portfolio investiert (also 100 Aktien kauft und 200 Call-Optionen verkauft), dann am nächsten Tag aus dem Portfoliovermögen den geliehenen Betrag inklusive Zinsen zurückzahlt, erzielt man einen Arbitragegewinn von 9.900,04–9.701,06=198,98 €.

c) Der arbitragefreie Preis der Call-Option, C_0, ist jener, bei dem das Endvermögen der beiden Anlagestrategien gleich hoch ist. Es gilt also

$$100 \cdot 95 - 200 \cdot 0 + C_0 \cdot 200 \cdot e^{0{,}04/365} = 9.701{,}06 \quad \Longrightarrow \quad C_0 = 1{,}005.$$

Lösung zu Übungsaufgabe 7.59:
Der arbitragefreie Preis der Put-Option (P_0) ist jener, bei dem der Portfoliowert am nächsten Tag gleich hoch ist wie das Endvermögen einer Veranlagung des Ausgangskapitals zum risikolosen Zinssatz für einen Tag:

$$1.000 \cdot 20 + 2.000 \cdot 4 - 2.000 \cdot P_0 \cdot e^{0{,}05/365} = 1.000 \cdot 22 \cdot e^{0{,}05/365}$$

$$\Longrightarrow \quad x = 2{,}998 \simeq 3{,}00$$

Richtig ist daher c.

a) Falsch: Der Gewinn beim Kursanstieg ist im Portfoliowert ja schon berücksichtigt.

b) Falsch

c) Richtig

d) Falsch: Die Option ist nicht korrekt bewertet, daher existiert eine Arbitragemöglichkeit.

e) Falsch: Es ist egal, ob die Option zu billig oder zu teuer ist – solange sie nicht korrekt bewertet ist, gibt es eine Arbitragemöglichkeit.

Lösung zu Übungsaufgabe 7.60:
Der Investor benötigt kein Anfangsvermögen, er hat sowohl die Aktien als auch die Optionen verkauft, und dafür $50 \cdot 70$=3.500 € bzw. $50 \cdot P_0$ als Einzahlung erhalten.

Beim Aktienkurs von 71 € am nächsten Tag beträgt der Portfoliowert

$$\text{PF} = 3.500 \cdot e^{0{,}05/365} + 50 \cdot P_0 \cdot e^{0{,}05/365} - 50 \cdot 71 - 50 \cdot 4.$$

Dabei beschreiben die ersten beiden Terme die aufgezinsten Verkaufserlöse der Aktien und Put-Optionen, der dritte Ausdruck die für den Rückkauf der Aktien erforderliche Auszahlung, und der letzte Term den Wert der Put-Optionen aus der Sicht des Stillhalters. Fasst man die Terme zusammen, erhält man

$$\text{PF} = -249{,}52 + 50 \cdot P_0 \cdot e^{0{,}05/365}.$$

Genauso könnte man bei der Berechnung vom Aktienkurs von 74 € ausgehen, da das Portfolio risikolos ist, muss der Portfoliowert ja derselbe sein:

$$\begin{aligned} \text{PF} &= 3.500 \cdot e^{0{,}05/365} + 50 \cdot P_0 \cdot e^{0{,}05/365} - 50 \cdot 74 - 50 \cdot 1 \\ &= -249{,}52 + 50 \cdot P_0 \cdot e^{0{,}05/365}. \end{aligned}$$

Da das Portfolio kein eigenes Startkapital erfordert hat, muss auch der Portfoliowert am nächsten Tag gleich 0 sein, andernfalls gäbe es eine Arbitragemöglichkeit. Also ergibt sich

$$-249{,}52 + 50 \cdot P_0 \cdot e^{0{,}05/365} = 0 \quad \Longrightarrow \quad P_0 = 4{,}99.$$

Kapitel 12

Lösung zur Fallstudie

Hinweis: Antworten zu den Theoriefragen werden nur kurz skizziert – genauere Ausführungen zu den einzelnen Themen sind im Lehrbuch „Grundlagen der Finanzierung“ zu finden.

12.1 Lösungen zur Fallstudie: Teil 1

a) Die Entscheidung, ob zusätzliches Eigenkapital herangezogen werden oder die Finanzierung über Fremdkapital erfolgen soll, hängt einerseits davon ab, wie viel Fremdeinfluss die drei Unternehmer zulassen wollen. Ein Eigenkapitalgeber hätte in den meisten Fällen, neben anderen Rechten, Mitspracherecht und Anspruch auf Gewinnbeteiligung. Andererseits hätte – gerade in der Situation eines Start-ups – Eigenkapital den Vorteil, dass es grundsätzlich unbefristet zur Verfügung steht. Das Unternehmen hätte, anders als bei Fremdkapital, keine späteren Abflüsse durch Tilgungszahlungen und könnte daher längerfristig auf die vollständige Anfangssumme zurückgreifen. Eigenkapital erlaubt auch das Aufrechterhalten größerer zukünftiger finanzieller Flexibilität, da der Verschuldungsgrad geringer ist und damit Potenzial erhalten bleibt, zu einem zukünftigen Zeitpunkt weiteres Fremdkapital zur Projektfinanzierung aufzunehmen.

b) Auch wenn Eigenkapital nicht so offensichtliche Zinszahlungen fordert wie Fremdkapital, erwarten Investoren dennoch eine Rendite ihres eingesetzten Kapitals, die mittel- bis langfristig mindestens ihre Opportunitätskosten deckt. Unter Opportunitätskosten versteht man jene Renditen, die der Investor mit seinem eingesetzten Kapital in einem anderen, im Risiko vergleichbaren oder sogar weniger risikoreichen Projekt erwirtschaften könnte. Daher sind die Opportunitätskosten mindestens mit der Höhe des risikolosen Zinssatzes anzusetzen. Eigenkapital erfordert meist höhere Renditen als Fremdkapital, da neben den Projektrisiken auch noch das Risiko des nachrangigen Kapitals getragen wird.

c) Eine Komplettfinanzierung über Fremdkapital ist meist nicht möglich und auch nur sehr selten sinnvoll. Mit steigendem Verschuldungsgrad erhöht sich das Risiko des Unternehmens und damit steigen auch die Beschaffungskosten für Fremdkapital, da die Bonität sinkt. Zusätzlich wird sich das Unternehmen kaum mehr finanzielle Flexibilität für zukünftige Projekte erhalten können. Ein dem Unternehmen angepasster Mix an Eigen- und Fremdkapital ist daher die sinnvollere Variante.

d) Neben dem risikolosen Marktzinssatz verrechnet die Bank noch einen Spread, der sich aus Aufschlägen für die Kreditbearbeitung, das Kreditrisiko und die Eigenkapitalunterlegung zusammensetzt.

e) Der zur Verfügung stehende Betrag errechnet sich aus der Darlehenssumme abzüglich der einmaligen Bearbeitungsgebühr von 1%:

$$20.000 \cdot 0{,}99 = 19.800\,€.$$

f) In der Angabe ist ein Darlehenszins von 3% p.a. bei jährlicher Verzinsung gegeben, die Rückzahlung des Darlehens soll aber in monatlichen Teilbeträgen erfolgen. Daher muss der Zinssatz von jährlicher auf monatliche Verzinsung umgerechnet werden. Der konforme Jahreszinssatz bei monatlicher Verzinsung beträgt

$$i_{\text{kon},12} = 12 \cdot \left(\sqrt[12]{1{,}03} - 1 \right) = 0{,}029595 \simeq 2{,}96\% \text{ p.a.},$$

der entsprechende Monatszinssatz, der in den Tilgungsplänen zur Anwendung gelangt, beträgt dann $0{,}029595/12 = 0{,}002466 \simeq 0{,}247\%$ pro Monat.

Im Darlehen mit konstanter Tilgung ist die monatliche Tilgungszahlung gleich der Darlehenssumme dividiert durch die Anzahl der Darlehensmonate, also $20.000/120 = 166{,}67\,€$. Die Zinszahlung wird jeweils auf Basis der Restschuld am Ende des Vormonats berechnet, sodass sich für die ersten sechs Monate folgende Ein- und Auszahlungen und Schuldenstände ergeben:

Einzahlungs-/Auszahlungstabelle						
Zeitpunkt	Einzahlungen	Auszahlungen			Summe	Schuldenstand
		Tilgung	Zinsen	sonstige		
0	20.000,00			200,00	19.800,00	20.000,00
1		166,67	49,33	0	–215,99	19.833,33
2		166,67	48,91	0	–215,58	19.666,67
3		166,67	48,50	0	–215,17	19.500,00
4		166,67	48,09	0	–214,76	19.333,33
5		166,67	47,68	0	–214,35	19.166,67
6		166,67	47,27	0	–213,94	19.000,00

(Beachten Sie, dass im Tilgungsplan der ungerundete Zinssatz zur Berechnung verwendet wurde.)

Für die Annuitätentilgung ergibt sich ein konstanter monatlicher Rückzahlungsbetrag in Höhe von

$$A_{\text{Darlehen}} = 20.000{,}00 \cdot \frac{0{,}002466 \cdot 1{,}002466^{120}}{1{,}002466^{120} - 1} = 192{,}75\,€,$$

der Tilgungsplan der für die ersten sechs Monate lautet dann folgendermaßen:

Einzahlungs-/Auszahlungstabelle						
Zeitpunkt	Einzahlungen	Auszahlungen			Summe	Schuldenstand
		Tilgung	Zinsen	sonstige		
0	20.000,00			200,00	19.800,00	20.000,00
1		143,42	49,33		–192,75	19.856,58
2		143,78	48,97		–192,75	19.712,80
3		144,13	48,62		–192,75	19.568,67
4		144,49	48,26		–192,75	19.424,18
5		144,84	47,91		–192,75	19.279,34
6		145,20	47,55		–192,75	19.134,14

g) Die Restschuld ist bei der Annuitätentilgung höher, da sich hier am Anfang der Laufzeit aufgrund des höheren Zinsanteils niedrigere Tilgungszahlungen ergeben.

h) Die Bank verhält sich risikoneutral, d.h. sie möchte im Erwartungswert den risikolosen Zinssatz von 4% als Rendite erzielen. Der verlangte Rückzahlungsbetrag (bzw. der Darlehenszinssatz, der diesen Rückzahlungsbetrag ergibt) muss also so hoch sein, dass der Erwartungswert der Zahlungen gleich $100.000 \cdot 1{,}04 = 104.000\,€$ ist.

i) Bezeichne x den verlangten Rückzahlungsbetrag, dann gilt:

$$0{,}98 \cdot x + 0{,}02 \cdot 0 = 104.000 \quad \Longrightarrow \quad x = 106.122{,}45$$

Wenn die Bank einen Rückzahlungsbetrag von 106.122,45 € verlangt, wird sie im Durchschnitt (unter Berücksichtigung der statistisch zu erwartenden Zahlungsausfälle) eine Rückzahlung von 104.000 € erhalten – dies entspricht der von ihr gewünschten Verzinsung von 4%. Die Bank müsste den Zinssatz also auf

$$106.122,45/100.000 - 1 = 0{,}06122 \simeq 6{,}12\%$$

setzen, um eine durchschnittliche Rendite von 4% zu erwirtschaften.

ii) In diesem Fall gibt es keinen Totalausfall, d.h. die Kunden bezahlen bei Ausfall zumindest die Hälfte des fälligen Betrags von $100.000 \cdot (1+i)$ (und nicht des ursprünglichen Darlehensbetrags von 100.000):

$$0{,}98 \cdot 100.000 \cdot (1+i) + 0{,}02 \cdot \frac{100.000 \cdot (1+i)}{2} = 104.000$$

$$\Longrightarrow \quad i = 0{,}05051 \simeq 5{,}05\%.$$

Wenn die Bank also einen Darlehenszinssatz von 5,05% verlangt, wird sie im Durchschnitt (unter Berücksichtigung der statistisch zu erwartenden Ausfälle) die gewünschte Verzinsung von 4% erzielen.

iii) Auch in diesem Fall gibt es keinen Totalausfall, hier haften die Kunden mit dem Wert der Sicherheit bei Zahlungsausfall. (Beachten Sie, dass die Sicherheit nicht verzinst wird.)

$$0{,}98 \cdot 100.000 \cdot (1+i) + 0{,}02 \cdot 30.000 = 104.000$$

$$\Longrightarrow \quad i = 0{,}05510 \simeq 5{,}51\%.$$

Hier müsste die Bank den Zinssatz des Darlehens also mit 5,51% festlegen, um im Schnitt 4% zu erwirtschaften.

i) Kreditsicherheiten werden in zwei Gruppen unterteilt, Sachsicherheiten und Personalsicherheiten. Die wichtigsten Sicherheiten sind in der folgenden Tabelle angeführt:

Sachsicherheiten	Personalsicherheiten
Pfandrecht	Bürgschaft
Hypothek	Garantie
Eigentumsvorbehalt	Patronatserklärung
Sicherungsabtretung	Schuldbeitritt

In der Situation der drei Unternehmer kommen folgende Sicherheiten in Frage:

- Pfandrecht: Wenn die drei Vermögensgegenstände besitzen, die sie als Pfand der Bank aushändigen können (z.B. Wertpapiere, Schmuck), bietet das Pfandrecht eine Möglichkeit zur Kreditbesicherung.
- Hypothek: Für diese Absicherungsvariante müsste eine oder einer der drei Unternehmer ein Grundstück besitzen, das als Sicherheit dient.
- Bürgschaft: Verwandte oder Freunde könnten bei der Bank für die drei Unternehmer bürgen – gerade bei kleinen Start-ups ist dies sehr häufig der Fall.
- Garantie: Juristisch gibt es zwar einige Unterschiede zwischen Bürgschaft und Garantie, die Funktionsweise ist aber sehr ähnlich, daher wäre auch dieses Absicherungsinstrument geeignet.
- Schuldbeitritt: Auch diese Variante ist möglich, ähnlich zur Bürgschaft und der Garantie haftet auch hier eine dritte Person für die Verpflichtungen des Darlehensnehmers.

Nicht geeignet wären hingegen:

- Eigentumsvorbehalt: Dieser kommt fast ausschließlich zur Anwendung, wenn ein Lieferant ein Zahlungsziel gewährt, zur Absicherung eines Bankdarlehens ist er nicht gedacht.
- Sicherungsabtretung: Da Emma, Sofia und Daniel aus ihrem (noch gar nicht gegründeten) Unternehmen noch keine offenen Forderungen haben, die sie als Sicherheit an die Bank abtreten könnten, kann diese Variante hier nicht angewendet werden.
- Patronatserklärung: Darunter versteht man die Erklärung einer Muttergesellschaft, die Zahlungsfähigkeit der Tochtergesellschaft sicherzustellen. Mangels einer Muttergesellschaft ist diese Sicherungsvariante für die drei Unternehmer nicht geeignet.

j) Unter einem Liquidationsspektrum versteht man die zeitliche Verteilung der durch Umsätze generierten Einzahlungen. Nicht jeder Umsatz liefert sofort eine Einzahlung, manche führen erst später, andere auch gar nicht zu einer Einzahlung.

In diesem Beispiel erwartet Emma, dass 60% der Umsätze in dem Monat, in dem sie generiert werden, auch zu Einzahlungen führen,

30% im Monat darauf und 5% im zweitfolgenden Monat. Die restlichen 5% der Umsätze sind uneinbringlich.

k) Auch wenn Firmen beliefert werden sollen, denen ein Zahlungsziel eingeräumt wird, wird der Großteil des Umsatzes doch eher direkt in der Eisdiele erzielt werden, wo die Kunden das gekaufte Eis sofort bezahlen. Das Liquidationsspektrum ist daher wahrscheinlich etwas zu pessimistisch angesetzt.

l) Der Zahlungsplan basiert auf den prognostizierten Umsätzen, Ein- und Auszahlungen. Die gegebenen Absatzzahlen werden mit dem Verkaufspreis von 1,40 € pro Kugel Eis multipliziert und mit Hilfe des Liquidationsspektrums in Einzahlungen umgerechnet, die variablen Auszahlungen werden ermittelt und die fixen Auszahlungen für Maschinen, Werbung und die Raten des Annuitätendarlehens berücksichtigt.

Beispielweise kommen im Juni 60% der Juni-Umsätze und 30% der Mai-Umsätze zur Einzahlung,

$$0{,}6 \cdot 3.000 \cdot 1{,}45 + 0{,}3 \cdot 2.000 \cdot 1{,}45 = 3.480\,€,$$

während die variablen Auszahlungen für Rohstoffe und Personal im Juni

$$3.000 \cdot (0{,}30 + 0{,}20) = 1.500\,€$$

betragen. Insgesamt ergibt sich folgender Zahlungsplan:

	Mai	Juni	Juli
Anfangsbestand	49.800,00	–152,75	–1.365,50
Einzahlungen Umsatz Mai	1.740,00	870,00	145,00
Einzahlungen Umsatz Juni		2.610,00	1.305,00
Einzahlungen Umsatz Juli			7.830,00
Summe Einzahlungen	1.740,00	3.480,00	9.280,00
variable Auszahlungen	–1.000,00	–1.500,00	–4.500,00
fixe Auszahlungen	–2.800,00	–2.800,00	–2.800,00
Kreditrate	–192,75	–192,75	–192,75
Maschinen, Einrichtung	–45.000,00	–200,00	
Marketing	–2.700,00		
Summe Auszahlungen	–51.692,75	–4.692,75	–7.492,75
Zahlungsmittelendbestand	–152,75	–1.365,50	421,75

m) Ein Finanzplan sollte folgende Grundsätze befolgen:

- Zahlungsbezug: Es werden im Finanzplan ausschließlich Zahlungen erfasst.
- Zukunftsbezug: Der Finanzplan bezieht sich auf zukünftige Ein- und Auszahlungen.
- Budgetvollständigkeit: Es sollten alle anfallenden Zahlungen im Finanzplan berücksichtigt werden, wobei Kleinstbeträge natürlich zusammengefasst werden können.
- Wirtschaftlichkeit: Der Aufwand der Erstellung sollte in einem vernünftigen Verhältnis zum Nutzen stehen, den man aus dem Finanzplan zieht.
- Bruttoprinzip: Ein- und Auszahlungen werden getrennt erfasst und erst im Finanzplan saldiert.
- Budgeteinheit: Der Finanzplan sollte für das gesamte Unternehmen erstellt werden.
- Budgetgenauigkeit: Zahlungen sollten so genau wie möglich erfasst werden.
- Budgetperiodizität: Zahlungen werden für die Perioden erfasst, in denen sie anfallen. Die Länge der Planungsperioden sollte dabei an den entsprechenden Planungshorizont angepasst werden.

n) Im Finanzplan werden nun zusätzlich die Auszahlungen für den Kontokorrentkredit erfasst. (Beachten Sie, dass beim Kontokorrentkredit üblicherweise einfache Verzinsung vereinbart ist.)

Die Sollzinsen beziehen sich jeweils auf die aktuell benötigte Kreditsumme. Zum Beispiel müssen im Juni $152{,}75 \cdot 0{,}08/12 = 1{,}02$ € an Zinsen bezahlt werden. (Die Zinsen werden monatlich fällig, daher muss der Jahreszinssatz auf ein Monat umgerechnet werden.)

Die Überziehungsprovision wird nur für jenen Teil der Kreditsumme zu bezahlt, der das Kreditlimit übersteigt. Auch hier muss der angegebene Jahreszinssatz wieder auf das Monat umgelegt werden. Daher fällt im Juli eine Überziehungsprovision in Höhe von $(1.366{,}51 - 1.000{,}00) \cdot 0{,}02/12 = 0{,}61$ € an.

Jedes Quartal wird ein Viertel der Bereitstellungsprovision (in Höhe von 0,5% des Kreditlimits) beglichen. Dementsprechend beträgt sie im Juli $1.000{,}00 \cdot 0{,}005/4 = 1{,}25$ €.

Der vollständige Finanzplan sieht daher folgendermaßen aus:

	Mai	Juni	Juli
Anfangsbestand	49.800,00	–152,75	–1.366,52
Einzahlungen Umsatz Mai	1.740,00	870,00	145,00
Einzahlungen Umsatz Juni		2.610,00	1.305,00
Einzahlungen Umsatz Juli			7.830,00
Summe Einzahlungen	1.740,00	3.480,00	9.280,00
variable Auszahlungen	–1.000,00	–1.500,00	–4.500,00
fixe Auszahlungen	–2.800,00	–2.800,00	–2.800,00
Kreditrate	–192,75	–192,75	–192,75
Maschinen, Einrichtung	–45.000,00	–200,00	
Marketing	–2.700,00		
Bereitstellungsprovision			–1,25
Sollzinsen		–1,02	–9,11
Überziehungsprovision			–0,61
Summe Auszahlungen	–51.692,75	–4.693,77	–7.503,72
Zahlungsmittelendbestand	–152,75	–1.366,52	409,76

o) Sofia beschreibt einen Lieferantenkredit. Der Lieferantenkredit ist eigentlich ein Kredit des Lieferanten an den Kunden, indem entweder früher (hier nach 10 Tagen) ein geringerer Betrag bezahlt werden kann (hier Kaufpreis abzüglich Skonto) oder später (hier nach 30 Tagen) ein höherer Betrag. Das heißt, der Kunde kann die gekauften Waren 20 Tage später (nach Ablauf der Frist, innerhalb der er Skonto abziehen darf) bezahlen, zahlt aber dann einen etwas höheren Betrag. Dies entspricht einem Kredit. Der Lieferantenkredit bzw. das Angebot des Skontoabzugs kann verwendet werden, um die Kunden zu früherer Zahlung zu motivieren.

Der Tages- bzw. Jahreszinssatz, der sich aus dem Abzug des Skontos ergibt, berechnet sich wie folgt:

$$i_{\text{eff,Tag}} = \sqrt[20]{\frac{100}{98}} - 1 = 0{,}00101065.$$

$$i_{\text{eff,Jahr}} = (1 + 0{,}00101065)^{365} - 1 = 0{,}445852927 \simeq 44{,}59\%.$$

Der effektive Jahreszinssatz dieses Lieferantenkredits beträgt somit 44,59% p.a.

p) Die Kundenanzahlung stellt einen Kredit des Kunden an den Lieferanten dar. Der Kunde bezahlt einen Teil bereits vor Erhalt der Ware und gewährt damit dem Lieferanten einen Kredit. Dieser wird meist damit abgegolten, dass auf den Kaufpreis ein Rabatt gewährt wird, der Kunde also weniger bezahlen muss.

Ohne Anzahlung würde sich in einem Monat eine Einzahlung über die vollen 100 € ergeben, deren Barwert beträgt

$$BW = 100 \cdot 1{,}03^{-1/12} = 99{,}75.$$

Mit Anzahlung wird ein Rabatt von 10% gewährt, daher sind insgesamt nur 90 € zu bezahlen, davon 45 € sofort und 45 € in einem Monat. Der Barwert der erhaltenen Zahlungen beläuft sich dann auf

$$BW = 45 + 45 \cdot 1{,}03^{-1/12} = 89{,}89.$$

Der entgangene Barwert beträgt also 99,75–89,89=9,86 €.

q) Beim Factoring handelt es sich um den Ankauf noch nicht fälliger Forderungen aus Lieferungen und Leistungen durch eine spezialisierte Finanzinstitution. Dies kann dazu verwendet werden, die Forderungen früher in einen Geldstrom zu verwandeln, für gewöhnlich gegen einen Abschlag. Man unterscheidet zwischen echtem, unechtem, offenem und stillem Factoring.

r) Bei der Kreditwürdigkeitsprüfung versucht der Kreditgeber, die Kreditwürdigkeit des Schuldners einzuschätzen. Zu den dabei verwendeten Quellen gehören die Befragung und Beobachtung des Kreditnehmers durch den Kreditgeber selbst, externe Auskünfte (z.B. Referenzen), öffentliche Register (z.B. Grundbücher), der Jahresabschluss des Unternehmens sowie diverse Planungsrechnungen (z.B. der Finanzplan). Darauf aufbauend werden ein Finanzrating und ein qualitatives Rating erstellt, die sowohl die Bonität des Kreditnehmers untersuchen als auch die Qualität der beigebrachten Sicherheiten überprüfen sollen. Große Problemfelder liegen dabei in der starken Gewichtung vergangenheitsbezogener Daten (wie z.B. Jahresabschlüsse) und in der Unsicherheit von Prognoserechnungen.

12.2 Lösungen zur Fallstudie: Teil 2

a) Es handelt sich hier um eine Entscheidung über die relative Vorteilhaftigkeit. Da die Nutzungsdauern der beiden Maschinenvarianten (mit und ohne Kühlmittelrückgewinnung) gleich lang sind, ist es unerheblich, ob einmalig oder identisch reinvestiert wird – die Kapitalwertmethode ist jedenfalls geeignet, um eine Entscheidung zu treffen.

Alternativ könnte – aufgrund der gleichen Nutzungsdauer auch bei einmaliger Investition – ebenso die Annuitätenmethode herangezogen werden, die Empfehlung wird aber jedenfalls dieselbe wie bei der Verwendung der Kapitalwertmethode sein.

b) Zunächst müssen die mit der jeweiligen Maschinenvariante verbundenen Ein- und Auszahlungen ermittelt werden. Mit der Maschine „SuperFreddo" können im Durchschnitt 24 Liter Eis pro Stunde erzeugt werden, das entspricht bei der angegebenen möglichen Betriebsdauer von $10 \cdot 5 \cdot 52$=2.600 Stunden einer Jahresproduktionsmenge von $24 \cdot 2.600$=62.400 Liter im Jahr. Die Kapazität reicht also aus, um die prognostizierten Absatzzahlen zu decken.

Pro Liter fallen Auszahlungen für Rohstoffe und Personal in Höhe von 2,15+2,10=4,25 € an.

In der Variante ohne Kühlmittelrückgewinnung betragen die anteiligen Auszahlungen für Strom $10{,}80 \cdot 0{,}08/24$=0,036 € pro Liter. Daraus errechnet sich ein Deckungsbeitrag pro Liter in Höhe von 4,60–4,25–0,036=0,314 €.

Die von der Produktionsmenge unabhängigen Auszahlungen setzen sich zusammen aus der Anschaffungsauszahlung in t=0, den laufenden Auszahlungen für Kühlmittel und der Entsorgungsauszahlung in t=4.

Damit ergibt sich folgende Tabelle:

SuperFreddo ohne Kühlmittelrückgewinnung				
Zeitpunkt	Deckungsbeitrag	Auszahlungen	Summe Zahlungen	Barwert (3%)
0		20.570,00	–20.570,00	–20.570,00
1	15.700,00	1.600,00	14.100,00	13.689,32
2	16.328,00	1.600,00	14.728,00	13.882,55
3	17.270,00	1.600,00	15.670,00	14.340,27
4	18.212,00	7.100,00	11.112,00	9.872,87
Kapitalwert (3%)				31.215,01

Der Kapitalwert ist positiv, die Maschine ist somit absolut vorteilhaft.

Wird zusätzlich die optionale Kühlmittelrückgewinnungsanlage angeschafft, reduziert sich der Stromverbrauch auf 10,80–4,50=6,30 kWh, die entsprechenden Auszahlungen für Strom betragen dann nur noch $6{,}30 \cdot 0{,}08/24 = 0{,}021$ € pro Liter. Der Deckungsbeitrag je Liter erhöht sich auf 4,60–4,25–0,021=0,329 €. Weiters reduzieren sich die jährlichen Auszahlungen für Kühlmittel auf 800,00 €, während die Anschaffungsauszahlung auf 20.570,00+4.680,00=25.250,00 € steigt.

Der Kapitalwert dieser Variante berechnet sich daher wie folgt:

SuperFreddo mit Kühlmittelrückgewinnung				
Zeitpunkt	Deckungsbeitrag	Auszahlungen	Summe Zahlungen	Barwert (3%)
0		25.250,00	–25.250,00	–25.250,00
1	16.450,00	800,00	15.650,00	15.194,17
2	17.108,00	800,00	16.308,00	15.371,85
3	18.095,00	800,00	17.295,00	15.827,37
4	19.082,00	6.300,00	12.782,00	11.356,64
Kapitalwert (3%)				32.500,05

Der Kapitalwert ist hier ebenfalls positiv und höher als in der Variante ohne Kühlmittelrückgewinnung, daher wird sich Emma für diese Variante entscheiden.

c) Der Kapitalwert eines Investitionsprojekt entspricht dem Barwert der Differenz des Endvermögens bei Realisierung des Projekts und des Endvermögens, das sich bei der Veranlagung der Anschaffungsauszahlung zum Kalkulationszinssatz ergibt.

d) Die internen Zinssätze der beiden Varianten betragen

$$i^*_{\text{ohne}} = 58{,}04\% \quad \text{bzw.} \quad i^*_{\text{mit}} = 50{,}24\%.$$

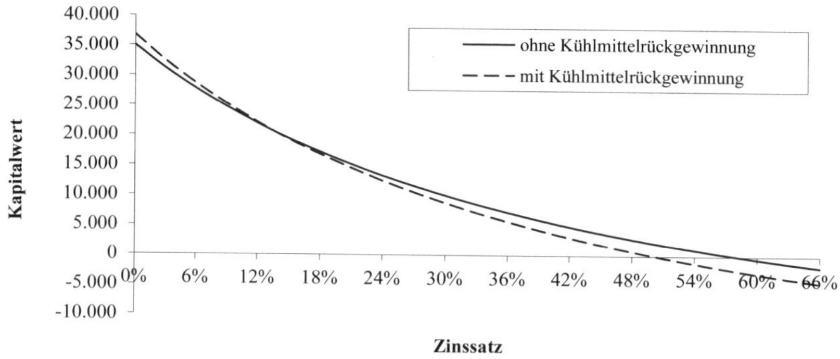

Abbildung 12.1: Schneidende Kapitalwertfunktionen

Die Interne-Zinssatz-Methode empfiehlt daher die Maschinenvariante ohne Kühlmittelrückgewinnung und steht damit im Widerspruch zur Kapitalwertmethode. Der Widerspruch ergibt sich in diesem Fall durch die einander schneidenden Kapitalwertfunktionen der beiden Maschinenvarianten (vgl. Abbildung 12.1). Es zeigt sich, dass eine höhere Rendite nicht automatisch gleichbedeutend mit einem höheren Endvermögen ist. Die Interne-Zinssatz-Methode sollte daher bei Entscheidungen über die relative Vorteilhaftigkeit zweier Investitionsprojekte nicht verwendet werden, selbst wenn es sich bei beiden Projekten um Normalinvestitionen handelt.

e) Der gesamte jährliche konstante Entnahmebetrag entspricht der Annuität:

$$A_{\text{mit}} = 32.500{,}05 \cdot \frac{0{,}03 \cdot 1{,}03^4}{1{,}03^4 - 1} = 8.743{,}39.$$

Jeder der drei Unternehmer kann daher 8.743,39/3=2.914,46 € jedes Jahr während der Nutzungsdauer der Maschine entnehmen.

f) Da bereits ermittelt wurde, dass bei der Maschine „SuperFreddo“ die Variante mit Kühlwasserrückgewinnung vorzuziehen ist, genügt es, nur diese Variante mit der Maschine „FreezeTec“ zu vergleichen. Im Folgenden bezieht sich daher die Bezeichnung „SuperFreddo“ immer auf die Variante mit Kühlmittelrückgewinnung.

Zu den allgemeinen Vorteilen von „SuperFreddo“ zählt die niedrigere Anschaffungsauszahlung, der geringere Stromverbrauch, die höhere Produktionskapazität sowie die niedrigeren Auszahlungen für Kühlmittel. „FreezeTec“ weist dafür eine längere Nutzungsdauer und niedrigere Entsorgungsauszahlungen auf und bietet außerdem die Möglichkeit, auch Frozen Yoghurt herzustellen. Die zahlungswirksamen Eigenschaften (z.B. Kühlmittel- und Stromverbrauch, Anschaffungs- und Entsorgungszahlungen) werden in der Investitionsrechnung berücksichtigt, die anderen Punkte (z.B. Flexibilität durch Produkterweiterung, mögliche Werbeeffekte durch die Verwendung umweltfreundlicher und stromsparender Maschinen, negative Effekte bei Nicht-Erfüllung der prognostizierten Nachfrage wegen fehlender Kapazitäten) müssen gesondert diskutiert werden.

Unter der Voraussetzung, dass nur einmalig investiert werden soll, kommt die Kapitalwertmethode zur Anwendung.

Die jährliche Produktionskapazität von „FreezeTec“ (wenn man wieder von der durchschnittlich erzielten Stundenleistung ausgeht) beträgt $20 \cdot 2.600 = 52.000$ Liter, das bedeutet, dass ab dem dritten Jahr die prognostizierte Nachfrage nicht mehr zur Gänze erfüllt werden kann. Die Produktionsmenge beträgt dann im ersten Jahr 50.000 Liter und ab den zweiten Jahr 52.000 Liter pro Jahr.

Die anteiligen Stromkosten belaufen sich auf $8{,}50 \cdot 0{,}08/20 = 0{,}034$ € je Liter, damit ergibt sich ein Deckungsbeitrag pro Liter in Höhe von 4,60–4,25–0,034=0,316 €. Insgesamt erhält man folgende Tabelle zur Berechnung des Kapitalwerts:

FreezeTec				
Zeitpunkt	Deckungsbeitrag	Auszahlungen	Summe Zahlungen	Barwert (3%)
0		28.980,00	–28.980,00	–28.980,00
1	15.800,00	1.450,00	14.350,00	13.932,04
2	16.432,00	1.450,00	14.982,00	14.121,97
3	16.432,00	1.450,00	14.982,00	13.710,65
4	16.432,00	1.450,00	14.982,00	13.311,31
5	16.432,00	5.650,00	10.782,00	9.300,65
Kapitalwert (3%)				35.396,62

Der Kapitalwert ist höher als jener von „SuperFreddo“, daher sollte die Maschine „FreezeTec“ angeschafft werden.

g) Sofia bezieht sich auf die dynamische Amortisationsrechnung. Die entsprechenden Kennzahlen werden in der folgenden Tabelle berechnet:

Zeit-	SuperFreddo		FreezeTec	
punkt	Barwert	kum. Barwert	Barwert	kum. Barwert
0	–25.250,00	–25.250,00	–28.980,00	–28.980,00
1	15.194,17	–10.055,83	13.932,04	–15.047,96
2	15.371,85	5.316,03	14.121,97	–925,99
3	15.827,37		13.710,65	12.784,66
4	11.356,64		13.311,31	
5			9.300,65	
		$N^* = 2$ Jahre		$N^* = 3$ Jahre

Die dynamische Amortisationsrechnung empfiehlt die Maschine „SuperFreddo" wegen der kürzeren Amortisationsdauer.

h) Die dynamische Amortisationsrechnung verwendet als Entscheidungskriterium die Amortisationsdauer, was allerdings nicht zum Ziel der Vermögensmaximierung passt – Vermögen kann schließlich nicht in Zeiteinheiten gemessen werden. Darüber hinaus ignoriert die dynamische Amortisationsrechnung sämtliche Zahlungen, die nach der erstmaligen Amortisation des Projektes anfallen, und vernachlässigt damit Informationen, die durchaus für eine Entscheidung wichtig sein können.

Zur Berücksichtigung des Risikos zukünftiger Zahlungen gibt es eigens dafür bestimmte Vorgangsweisen, man braucht dafür nicht auf die methodisch problematische dynamische Amortisationsrechnung zurückgreifen.

i) Risiko kann in der Investitionsrechnung mittels zweier verschiedener Ansätze berücksichtigt werden: Entweder man ersetzt sämtliche unsicheren Zahlungen durch das jeweilige Sicherheitsäquivalent des Entscheidungsträgers und berechnet auf Basis dieser Sicherheitsäquivalente und unter Verwendung des risikolosen Kalkulationszinssatzes den Kapitalwert des Projekts. Alternativ ersetzt man die unsicheren Zahlungen durch deren Erwartungswerte und verwendet einen entsprechenden risikoadjustierten Kalkulationszinssatz bei der Ermittlung des Kapitalwerts.

j) Bei Entscheidungen über die relative Vorteilhaftigkeit bei identischer Reinvestition zweier Projekte mit unterschiedlicher Nutzungsdauer aber gleichem Risiko können die Annuitäten oder die Kettenkapitalwerte verglichen werden.

k) Hier in diesem Beispiel sind, auch wenn die selben Maschinentypen immer wieder angeschafft werden, die Voraussetzungen der identischen Reinvestition nicht erfüllt, da die Absatzprognosen (und damit die Einzahlungen) in den einzelnen Jahren verschieden hoch sind.

Beispielsweise wird für das erste Jahr ein Absatz von 50.000 Liter erwartet, für das fünfte Jahr (und die Folgejahre) aber 58.000 Liter. Wenn man die Maschine „SuperFreddo" in t=4 das zweite Mal anschafft, muss man für diese zweite Realisierung mit den höheren Absatzzahlen (und entsprechend höheren Einzahlungen) arbeiten. Man kann also nicht einfach den bereits berechneten einfachen Kapitalwert „in die Zukunft verschieben".

Man kann auch nicht der Einfachheit halber annehmen, dass die Absatzzahlen vom fünften bis zum achten Jahr gleich sind wie jene vom ersten bis zum vierten Jahr, da man parallel bei der Maschine „FreezeTec" im fünften Jahr (dem letzten Jahr der Nutzungsdauer) sehr wohl mit einem höheren Absatz rechnet. Für „FreezeTec" müsste man bei unterstellter identischer Reinvestition wiederum im sechsten Jahr mit einem Absatz von nur 50.000 Litern rechnen – das würde erst recht wieder im Widerspruch zum angenommenen Absatz bei „SuperFreddo" stehen.

l) Wenn man unter diesen Umständen eine Entscheidung für die nächsten 20 Jahre treffen will, muss man die vollständigen Zahlungsreihen für diese 20 Jahre aufstellen – die Einzahlungen hängen dabei dann von den jeweiligen tatsächlich prognostizierten Absatz- bzw. Nachfragezahlen ab. Anschließend werden die Kapitalwerte für die Zahlungsreihen berechnet und verglichen.

m) Aufgrund der jetzt im Zeitablauf konstanten Nachfrage ist das oben geschilderte Problem nicht mehr gegeben, und die Annahme der identischen Reinvestition ist sinnvoll.

Die Nachfrage beträgt entweder 58.000 oder 62.000 Liter, die Kapazität der Maschine „SuperFreddo" reicht in beiden Fällen aus. Je nach Szenario werden unterschiedliche Einzahlungen erzielt. Anders bei „FreezeTec", hier können nur 52.000 Liter im Jahr hergestellt werden – der tatsächliche Absatz und damit auch die Einzahlungen sind also in jedem Szenario gleich hoch.

Bei der Maschine „SuperFreddo" ist also mit den Zahlungen ein gewisses Risiko verbunden, das durch die Verwendung des risikoangepassten Kalkulationszinssatzes von 5% berücksichtigt wird. „FreezeTec" liefert hingegen fixe Zahlungen, unabhängig vom eintretenden Szenario, so dass hier kein Risiko auftritt und daher der risikolose Zinssatz von 3% zur Berechnung herangezogen wird.

Insgesamt handelt es sich also um den Vergleich zweier Investitionsprojekte mit unterschiedlichen Nutzungsdauern und unterschiedlichem Risiko bei identischer Reinvestition – das einzig geeignete Investitionsrechenverfahren ist die Kapitalwertmethode (mit dem Vergleich der Kettenkapitalwerte).

Bei Anschaffung der Maschine „SuperFreddo" kann ein erwarteter jährlicher Absatz von $0{,}75 \cdot 58.000 + 0{,}25 \cdot 62.000 = 59.000$ Litern erzielt werden, der erwartete jährliche Deckungsbeitrag beträgt damit $0{,}329 \cdot 59.000 = 19.411{,}00$ €.

Insgesamt ergibt sich für den einfachen Kapitalwert

SuperFreddo				
Zeitpunkt	E(Deckungsbeitrag)	Auszahlungen	Summe Zahlungen	Barwert (5%)
0		25.250,00	–25.250,00	–25.250,00
1	19.411,00	800,00	18.611,00	17.724,76
2	19.411,00	800,00	18.611,00	16.880,73
3	19.411,00	800,00	18.611,00	16.076,88
4	19.411,00	6.300,00	13.111,00	10.786,45
Kapitalwert (5%)				36.218,82

und für den auf 20 Jahre bezogenen Kettenkapitalwert

$$36.218{,}82 \cdot \left(1 + \frac{1}{1{,}05^4} + \frac{1}{1{,}05^8} + \frac{1}{1{,}05^{12}} + \frac{1}{1{,}05^{16}}\right) = 127.290{,}71.$$

Wird die Maschine „FreezeTec" gewählt, werden jedes Jahr jedenfalls 52.000 Liter Eis abgesetzt, dies ergibt einen jährlichen Deckungsbeitrag von $0{,}316 \cdot 52.000 = 16.432{,}00$ €. Der einfache Kapitalwert errechnet sich mit

FreezeTec				
Zeit-punkt	Deckungs-beitrag	Aus-zahlungen	Summe Zahlungen	Barwert (3%)
0		28.980,00	–28.980,00	–28.980,00
1	16.432,00	1.450,00	14.982,00	14.545,63
2	16.432,00	1.450,00	14.982,00	14.121,97
3	16.432,00	1.450,00	14.982,00	13.710,65
4	16.432,00	1.450,00	14.982,00	13.311,31
5	16.432,00	5.650,00	10.782,00	9.300,65
Kapitalwert (3%)				36.010,22

und der auf 20 Jahre bezogene Kettenkapitalwert mit

$$36.010{,}22 \cdot \left(1 + 1{,}03^{-5} + 1{,}03^{-10} + 1{,}03^{-15}\right) = 116.981{,}52\,€.$$

Aufgrund des höheren Kettenkapitalwertes ist in diesem Fall die Maschine „SuperFreddo“ vorzuziehen.

12.3 Lösungen zur Fallstudie: Teil 3

a) Die wichtigsten Abgrenzungskriterien sind in folgender Tabelle aufgelistet:

Kriterium	Aktie	Anleihe
rechtliche Stellung	Eigentümerstellung	Gläubigerstellung
Zahlungsanspruch	Gewinn- und Verlustbeteiligung	Tilgung und Zinsen, keine Erfolgsbeteiligung
Geschäftsführung	idR ja (Mitsprache-, Stimm- und Kontrollrechte)	nein
zeitliche Verfügbarkeit	unbefristet	idR befristet
Haftung	ja	nein
Liquiditätsbelastung	nicht fix (nur bei Gewinnausschüttung)	fix (Zinsen- und Kapitaldienst)
Steuerbelastung	Ausschüttung versteuerter Gewinne	Zinsen steuerlich absetzbar

Wenn das zentrale Kriterium ist, möglich viel Eigenkontrolle über das Unternehmen zu erhalten, erscheint die Anleihe als bessere Finanzierungsform.

b) Bei der endfälligen Kuponanleihe bleiben die Zinszahlungen (Kupons) stets gleich hoch, da während der Laufzeit nur die vorab vereinbarten Zinsen bezahlt werden und keine Tilgung erfolgt. Es handelt sich hier also um eine endfällige Tilgung. Folgende Tabelle stellt die Ein- und Auszahlungen dar (alle Zahlen in 1.000 €):

Einzahlungs-/Auszahlungstabelle						
Zeit-punkt	Einzahlungen	Auszahlungen			Summe	Schuldenstand
		Tilgung	Zinsen	sonstige		
0	70.000			700	69.300	70.000
1		0	2.800	15	–2.815	70.000
2		0	2.800	15	–2.815	70.000
3		0	2.800	15	–2.815	70.000
4		0	2.800	15	–2.815	70.000
5		0	2.800	15	–2.815	70.000
6		70.000	2.800	15	–72.815	0

c) Bei der Floating Rate Note variieren die Zinszahlungen in Abhängigkeit vom Referenzzinssatz, daher ist immer nur die Höhe der jeweils nächsten Zinszahlung bekannt. Auch hier erfolgt die Tilgung endfällig. Die Ein- und Auszahlungen sind in der folgenden Tabelle gegeben (alle Zahlen wieder in 1.000 €):

Einzahlungs-/Auszahlungstabelle						
Zeit-	Einzah-	Auszahlungen				Schulden-
punkt	lungen	Tilgung	Zinsen	sonstige	Summe	stand
0	70.000			700	69.300	70.000
1		0	2.800	15	–2.815	70.000
2		0	?	15	?	70.000
3		0	?	15	?	70.000
4		0	?	15	?	70.000
5		0	?	15	?	70.000
6		70.000	?	15	?	0

d) Bei der Nullkuponanleihe fallen keine laufenden Tilgungs- oder Zinszahlungen an. Die Rendite ergibt sich daher nur aus dem Unterschied zwischen dem Emissionskurs und dem Tilgungskurs der Anleihe, bzw. dem Emissionserlös und dem Rückzahlungsbetrag am Ende der Laufzeit (da laut Angabe auch keine einmaligen oder laufenden Spesen anfallen). Der Emissionserlös der echten Nullkuponanleihe entspricht daher dem mit der erwünschten Rendite abgezinsten Rückzahlungsbetrag:

$$70.000.000 \cdot 1{,}04^{-6} = 55.322.017\,€,$$

und die Einzahlungs-/Auszahlungstabelle hat folgendes Aussehen (Werte wieder in 1.000 €):

Einzahlungs-/Auszahlungstabelle				
Zeit-	Einzah-	Auszahlungen		Schulden-
punkt	lungen	Tilgung	Summe	stand
0	55.322		55.322	70.000
1		0	0	70.000
2		0	0	70.000
3		0	0	70.000
4		0	0	70.000
5		0	0	70.000
6		70.000	–70.000	0

e) Bei einer Serienanleihe wird das Nominale der Anleihe in Serien aufgeteilt und jedes Jahr eine Serie getilgt. Dementsprechend sinkt auch die Zinsbelastung jährlich, da die ausstehende Restschuld stetig verringert wird. Die Tilgungsform entspricht also einer konstanten Tilgung. Die entsprechende Einzahlungs-/Auszahlungstabelle lautet (Zahlen wieder in 1.000 €):

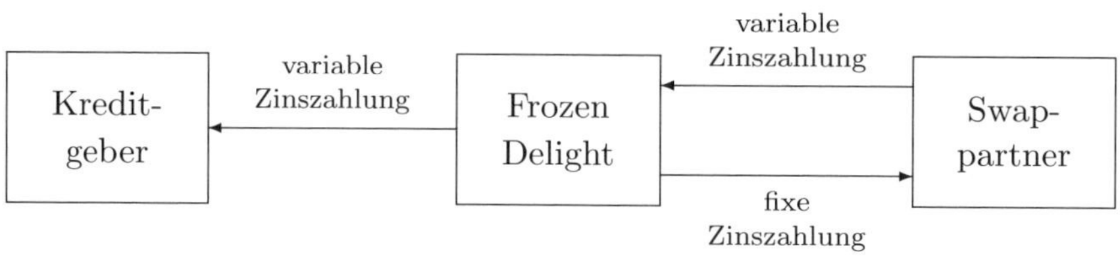

Abbildung 12.2: Zahlungen von „Frozen Delight“ nach Abschluss des Zinsswaps

Einzahlungs-/Auszahlungstabelle						
Zeit-	Einzah-	Auszahlungen				Schulden-
punkt	lungen	Tilgung	Zinsen	sonstige	Summe	stand
0	70.000		0	700	69.300	70.000
1		11.667	2.800	15	–14.482	58.333
2		11.667	2.333	15	–14.015	46.667
3		11.667	1.867	15	–13.548	35.000
4		11.667	1.400	15	–13.082	23.333
5		11.667	933	15	–12.615	11.667
6		11.667	467	15	–12.148	0

f) Aufgrund der früheren Tilgung ist bei der Serienanleihe die geringste Zinsbelastung zu erwarten.

g) Ein Zinsswap ist ein „over-the-counter“ gehandeltes Finanzinstrument, bei der sich der Käufer des Swaps verpflichtet, fixe Zinszahlungen (Kupons) auf Basis des Nominalbetrags des Swaps an den Verkäufer zu leisten. Im Gegenzug erhält er variable Zinsen, ebenfalls basierend auf dem Swapnominale, von der Gegenposition. Die Zinsleistungen werden gegeneinander aufgerechnet, sodass nur der Differenzbetrag tatsächlich zu leisten ist.

h) Da „Frozen Delight“ ohne den Zinsswap variable Zinszahlungen leisten muss und gerne fixe Zinszahlungen leisten würde, geht das Unternehmen die Käuferposition im Swap ein. Dadurch erhält es variable Zahlungen vom Swappartner, die es an den Kreditgeber weiterreichen kann, und muss dafür wie gewünscht im Swap die fixen Zinszahlungen leisten.

Eine schematische Darstellung der Zahlungsströme für „Frozen Delight“ ist in Abbildung 12.2 gegeben.

i) Einmal abgeschlossen, muss ein Swap auch erfüllt werden. Der Swap lässt sich allerdings „glattstellen" und damit de facto auflösen, indem die Gegenposition in einem anderen Swap mit genau denselben Bedingungen eingegangen wird. In diesem Fall würden sich die zukünftigen Zahlungsströme genau ausgleichen und die Position wäre glattgestellt.

   Wenn sich das Zinsumfeld verändert hat, werden die fixen Zinszahlungen nun gegen veränderte variable Zinszahlungen getauscht. Folglich ändert sich der Wert bzw. Kaufpreis des Swaps. Dadurch kann entweder ein Gewinn oder ein Verlust entstehen.

   Ein Beispiel: Wenn ein Swapkäufer seine Position glattstellen möchte, muss er in einem anderen gleichartigen Swap die Verkäuferposition einnehmen. Ist der Wert des Swaps inzwischen gesunken, hat er einen Verlust erlitten, da er als Käufer früher für den Swap mehr bezahlt hat, als er jetzt als Verkäufer eingenommen hat.

j) Swaps werden „over-the-counter" (OTC), also außerbörslich gehandelt.

k) Unter einem Nullsummenspiel versteht man die Tatsache, dass bei einem derivativen Wertpapier der Gewinn des einen Vertragspartners immer genau dem Verlust des anderen Partners entspricht. Es ist also nicht möglich, dass beide Parteien gleichzeitig gewinnen oder verlieren. Da sich Gewinne und Verluste in einem Derivat immer zu null aufaddieren, werden sie auch als „Nullsummen"-Spiel bezeichnet.

l) Emma ist Käuferin des Swaps. Der Wert des Swaps setzt sich aus dem Wert einer entsprechenden Kuponanleihe (fixe Zinszahlungen) und einer Floating Rate Note (variable Zinszahlungen) zusammen. Hier im Beispiel hat „Frozen Delight" den Swap gekauft, d.h. es zahlt den fixen Swapkupon und erhält die variable Zinszahlung, daher geht der Wert der Kuponanleihe negativ und der Wert des Floaters positiv in den Wert des Swaps ein. Es gilt:

$$B_{\text{fix}} = 4 \cdot \mathrm{e}^{-0{,}02 \cdot 0{,}5} + 4 \cdot \mathrm{e}^{-0{,}02 \cdot 1{,}5} + 104 \cdot \mathrm{e}^{-0{,}02 \cdot 2{,}5} = 106{,}76984$$

   und

$$B_{\text{var}} = 102{,}3 \cdot e^{-0{,}02 \cdot 0{,}5} = 101{,}28210.$$

Aus der Sicht des Unternehmens ergibt sich der Wert des Swaps mit

$$\frac{101{,}28210 - 106{,}76984}{100} \cdot 1.000.000 = -54.877{,}44\,€.$$

(Anmerkung: Da die Barwerte der beiden Anleihen in Prozent gegeben sind, der Wert des Swaps aber in Euro berechnet werden soll, muss in der obigen Gleichung durch 100 dividiert werden.)

m) Die drei Unternehmer hätten für die damals aufgenommenen Kredite entweder eine fixe Verzinsung, oder bei variabler Verzinsung eine Zinsobergrenze („Cap") vereinbaren können.

n) Um sich gegen jede Preisänderung abzusichern und den zukünftigen Zuckerpreis heute schon zu fixieren, können sowohl Forwards als auch Futures verwendet werden. Die wichtigsten Abgrenzungskriterien sind in folgender Tabelle aufgelistet:

Forwards	Futures
private Verträge	börsengehandelte Kontrakte
nicht standardisiert	standardisiert
üblicherweise ein Lieferdatum	mehrere Lieferdaten
Abrechnung am Fälligkeitszeitpunkt	tägliche Abrechnung
Erfüllungsrisiko besteht	praktisch kein Erfüllungsrisiko
Lieferung oder Barabrechnung findet üblicherweise statt	Positionen oft vor dem Fälligkeitszeitpunkt geschlossen

o) Da „Frozen Delight" in der Zukunft Zucker kaufen muss, ist das Eingehen einer Long Position in einem Forward oder Future sinnvoll: Damit verpflichtet sich das Unternehmen, Zucker zum festgelegten Basispreis (bzw. Futurekurs) zu kaufen. Schwankungen im Marktpreis für Zucker haben dann keine Auswirkungen mehr den Kaufpreis, den das Unternehmen zahlen muss.

p) „Frozen Delight" könnte sich einseitig gegen steigende Zuckerpreise mit dem Kauf einer Call-Option absichern. Damit erwirbt das Unternehmen das Recht, Zucker zum Ausübungspreis der Option (also um 13 $ je Tonne) zu kaufen. Liegt am Fälligkeitstag der Option der Zuckerpreis unter 13 $, kann das Unternehmen die Option verfallen lassen und den Zucker (billiger) am Weltmarkt kaufen.

q) Die Kosten der Absicherung entsprechen dem Kaufpreis der Option. Da der aktuelle Marktpreis bei 15 $ und der Ausübungspreis bei

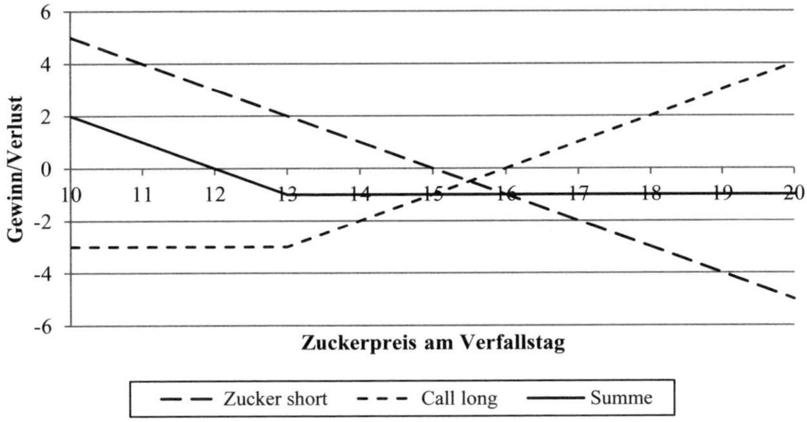

Abbildung 12.3: Gewinn-/Verlustdiagramm zur einseitigen Absicherung gegen steigende Zuckerpreise

13 \$ liegt, hat die Option jedoch schon einen intrinsischen Wert und würde (wenn heute der Fälligkeitstag wäre) schon einen Gewinn von 2 \$ erbringen, der gegen den Kaufpreis aufgerechnet werden kann.

r) Da das Unternehmen in der Zukunft Zucker kaufen muss und daher von einem Preisanstieg negativ betroffen wäre, entspricht die entsprechende Gewinn-/Verlustkurve einer Short Position in Zucker. Das Gewinn-/Verlustdiagramm, das sich aus der Kombination mit einer gekauften Call-Option ergibt, ist in Abbildung 12.3 dargestellt.

s) Die einseitige Absicherung gegen Verluste ist typischerweise mit Auszahlungen verbunden, während die beidseitige Absicherung (unter Vernachlässigung von Transaktionskosten und Bid-Ask-Spreads) praktisch kostenlos zu bewerkstelligen ist.

t) Unter der Annahme, dass x Call-Optionen gekauft werden, wird für jedes Szenario der Wert des Portfolios (bestehend aus 100 Tonnen Zucker und x gekaufte Call-Optionen) berechnet. Danach werden die beiden Portfoliowerte gleichgesetzt und x ausgerechnet.

- Szenario 1 (Zuckerpreis 12 \$): Die Call-Option mit Ausübungspreis 13 \$ ist wertlos:

$$\mathrm{PF}_{S_T=12} = 100 \cdot 12 + 0 \cdot x - 3 \cdot x \cdot \mathrm{e}^{\frac{0{,}01 \cdot 30}{365}}$$

- Szenario 2 (Zuckerpreis 17 \$): Die Call-Option mit Ausübungspreis 13 \$ hat einen Wert von 4 \$:

$$PF_{S_T=17} = 100 \cdot 17 + 4 \cdot x - 3 \cdot x \cdot e^{\frac{0,01 \cdot 30}{365}}$$

Gleichsetzen der beiden Portfoliowerte liefert:

$$100 \cdot 12 + 0 \cdot x - 3 \cdot x \cdot e^{\frac{0,01 \cdot 30}{365}} = 100 \cdot 17 + 4 \cdot x - 3 \cdot x \cdot e^{\frac{0,01 \cdot 30}{365}}$$
$$x = -125.$$

Es müssen also −125 Call-Optionen *ge*kauft, oder anders ausgedrückt, 125 Call-Optionen *ver*kauft werden, um gegen jede Preisänderung abgesichert zu sein.

u) Der Portfoliowert nach 30 Tagen beträgt beim Zuckerpreis von 12 \$

$$PF_{S_T=12} = 100 \cdot 12 - 0 \cdot 125 + 3 \cdot 125 \cdot e^{\frac{0,01 \cdot 30}{365}} = 1.575,31 \text{ €},$$

beim Preis von 17 \$ ergibt sich ebenfalls

$$PF_{S_T=17} = 100 \cdot 17 - 4 \cdot 125 + 3 \cdot 125 \cdot e^{\frac{0,01 \cdot 30}{365}} = 1.575,31 \text{ €}.$$

Das Portfolio ist daher risikolos: Unabhängig vom Szenario in 30 Tagen ergibt sich ein und derselbe Portfoliowert.